單晶片交換式電源－設計與應用技術
（附範例光碟片）

沙占友　等編著

梁適安　　校訂

電子工業出版社
PHEI PUBLISHING HOUSE OF ELECTRONICS INDUSTRY

全華科技圖書股份有限公司　印行

內容簡介

　　本書是《單晶片交換式電源的設計與應用》一書的增訂版，新增內容約佔60%，充分反應了國內外在該領域的最新科技研究及應用成果。本書共 7 章。第 1 章為單晶片交換式電源概述。第 2 章至第 4 章介紹了 39 種單晶片交換式電源模組的設計。第 5 章重點闡述了利用電腦設計單晶片交換式電源的方法，以及 3 種新設計軟體的應用。第 6 章、7 章分別介紹單晶片交換式電源電磁相容性設計及週邊電路關鍵元件的選擇。

　　本書題材新穎，內容豐富，具有科學性、先進性及很高的實用價值，可供各類電子技術人員、技職師生和電子愛好者閱讀。

前言

交換式電源(Switch Mode Power Supply，即 SMPS)被譽爲高效率節能型電源，它代表著穩壓電源的發展方向，現已成爲穩壓電源的主流產品。半個世紀以來，交換式電源大致經歷了四個發展階段。早期的交換式電源全部由分立元件構成，不僅切換頻率低，效率不高，而且電路複雜，不易除錯。在 20 世紀 70 年代研製出的脈波調變器積體電路，僅對交換式電源中的控制電路實現了積體化；80 年代問世的單晶片交換式穩壓器，從本質上講仍屬於 DC/DC 電源轉換器。隨著各種類型單晶片交換式電源積體電路(以下簡稱單晶片交換式電源)的問世，AC/DC 電源轉換器的積體化才變爲現實。

單晶片交換式電源積體電路具有高整合度、高性能、最簡週邊電路、最佳性能準則等優點，能構成高效率無電力頻率變壓器的隔離式交換式電源以及各種特種交換式電源。單晶片交換式電源自 20 世紀 90 年代中期問世以來便顯示出強大的生命力，目前已成爲國際上開發中、小功率交換式電源、精密交換式電源及交換式電源模組的優選積體電路。它們可廣泛用於儀器儀錶、辦公室自動化設備、無線通信設備、筆記型電腦、彩色電視機、攝錄影機、AC/DC電源適配器等領域。所構成的交換式電源在成本上與相同功率的線性穩壓電源相當，而電源效率顯著提高，體積與重量大爲減小，爲新型交換式電源的推廣與普及創造了良好條件。

爲了推廣單晶片交換式電源的應用技術，我們曾編著《單晶片交換式電源的設計與應用》一書，2001 年由電子工業出版社出版後，受到專家與廣大讀者的好評並多次重印。鑒於單晶片交換式電源近來又獲得了快速發展，新技術與新產品大量湧現，亟待推廣應用，而廣大讀者迫切需要系統地掌握該領域的新技術。本書是在系統綜合作者從事單晶片交換式電源研究工作所積累的經驗及部分研究成果的基礎上，參考國外廠家提供的最新資料對原書做了大幅度精簡後撰寫而成的。該書刪去了 TOPSwitch、MC33370 等早期單晶片交換式電源系列產品，大量補充了近年來湧現出的TOPSwitch-GX、TinySwitch-II、LinkSwitch、LinkSwitch-N、VIPer12A/22A、DPA-Switch 等系列的新產品，詳細介紹了 39 種單晶片交換式電源模組的設計，此外還詳細闡述了利用電腦設計單晶片交換式電源的 3 種新軟體。

本書融合科學性、先進性、系統性、實用性於一體，主要有以下特點：

第一，全面、深入地闡述了國內外在單晶片交換式電源領域的新技術和新成果。主要包括幾十個系列數百種型號的單晶片交換式電源設計原理、設計方法、典型應用及檢測技術。特別是關於利用電腦設計單晶片交換式電源的方法步驟，提高電源效率的方法，適配微控制器(MCU)的單晶片交換式電源電路設計，精密交換式電源及電源模組的設計，電磁相容性設計，均反應出該領域的國際最新科技成果。

　　第二，結構嚴謹，條理清晰，邏輯性強。內容由淺入深，循序漸進。本書以原理為基礎，把設計列為核心技術，將應用作為重點。各章之間保持相對的獨立性，讀者既可通讀全書，亦可選讀部分章節的內容。

　　第三，具有很高的實用價值。全書不僅提供幾百種單晶片交換式電源及電源模組的電路，還詳細介紹了設計方法、設計要點、關鍵元件的選擇、代換及檢測方法。本書對廣大讀者研製新型交換式電源及電源模組，開發電子、電腦、通信、現代辦公設備、家用電器等領域的新產品具有重要參考價值。

　　第四，充分反應了國內外在該領域的最新科技成果。例如，在第 5 章深入闡述了由作者自主開發的 KDP Expert 2.0 版專家系統的設計原理與使用指南，此外還介紹了國外新推出的 StarPlug、VIPer 兩種專家系統的典型應用。

　　第五，資訊量大，知識面廣，便於讀者觸類旁通，靈活運用。

　　沙占友教授任本書主編，馬洪濤、沙江、許雲峰、王彥朋、葛家怡、文環明、睢丙東、王曉君、李春明、白雲飛、曲國明、趙曉平任副主編。沙占友撰寫了第 1 章和第 4 章，並與呂磊合撰了第 5 章。李春明、趙曉平、安兵菊撰寫了第 2 章。白雲飛、孟志永、王書海、劉阿芳撰寫了第 3 章。睢丙東、曲國明、遠松靈撰寫了第 6 章。葛家怡、安國臣、張永昌、張紅聯撰寫了第 7 章。參加本書撰寫工作的還有馬洪濤、張英、沙江、許雲峰、王彥朋、文環明、王曉君、李學芝、陳慶華、張文清、宋懷文、王志剛、劉立新、張啓明、劉東明、趙偉剛、宋廉波、劉建民、李志清、鄭國輝等。

　　由於作者學養有限，書中難免存在缺點和不足之處，歡迎廣大讀者指正。

作者　謹識

編輯部序

「系統編輯」是我們的編輯方針,我們所提供給您的,絕不只是一本書,而是關於這門學問的所有知識,它們由淺入深,循序漸進。

交換式電源(Switch Mode Power Supply,即 SMPS)被譽為高效率節能型電源,它代表著穩壓電源的發展方向,現已成為穩壓電源的主流產品;而單晶片交換式電源積體電路具有高整合度、高性能、最簡週邊電路、最佳性能準則等優點,能構成高效率無電力頻率變壓器的隔離式交換式電源以及各種特種交換式電源。本書共分為 7 章。第 1 章為單晶片交換式電源概述;第 2 章至第 4 章介紹了 39 種單晶片交換式電源模組的設計;第 5 章重點闡述了利用電腦設計單晶片交換式電源的方法及 3 種新設計軟體的應用;第 6 章、7 章分別介紹單晶片交換式電源電磁相容性設計及週邊電路關鍵元件的選擇。本書題材新穎,內容豐富,具有科學性及很高的實用價值,最適合電子相關技術人員和有興趣的讀者閱讀。

同時,為了使您能有系統且循序漸進研習相關方面的叢書,我們以流程圖方式,列出各有關圖書的閱讀順序,以減少您研習此門學問的摸索時間,並能對這門學問有完整的知識。若您在這方面有任何問題,歡迎來函連繫,我們將竭誠為您服務。

相關叢書介紹

書號：05442017
書名：燃料電池(附 Femlab Demo
　　　光碟片)(修訂版)
編著：黃鎮江
20K/424 頁/580 元

書號：02637
書名：高頻交換式電源供應器
　　　原理與設計
編譯：梁適安
20K/384 頁/360 元

書號：05734
書名：產品設計中的 EMC
　　　技術
編譯：李 迪.王培清
　　　王見銘
16K/408 頁/450 元

書號：03297
書名：最新交換式電源技術
編譯：溫坤禮.陳德超
20K/248 頁/240 元

書號：0340001
書名：變頻器驅動技術(修訂版)
編譯：羅國杰
20K/464 頁/440 元

書號：05046
書名：交換式穩壓電源的高諧波
　　　干擾對策
編譯：鄭振東
20K/312 頁/320 元

書號：05494
書名：雜訊對策之基礎和要點
編譯：卓聖鵬
20K/152 頁/180 元

◎上列書價若有變動，請
　以最新定價為準。

流程圖

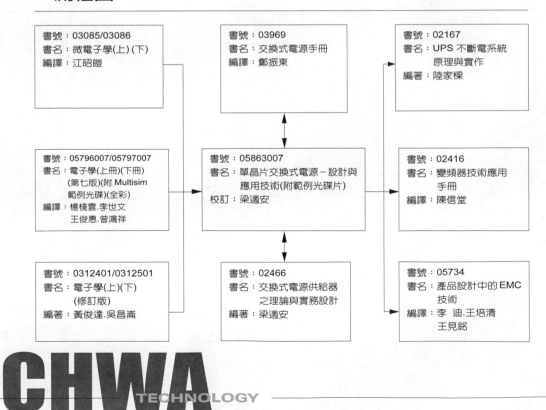

CHWA
TECHNOLOGY

第 5 章　單晶片交換式電源設計指南　5-1

第 6 章 單晶片交換式電源的電磁相容性設計與測試技術 6-1

第 7 章　單晶片交換式電源週邊電路中關鍵元件的選擇　7-1

CONTENTS

單晶片交換式電源概述

單晶片交換式電源自 20 世紀 90 年代中期問世以來，便顯示出強大的生命力，並以其優良特性倍受人們的青睞。目前，它已成爲開發國際通用的高效率中、小功率交換式電源的優選 IC，也爲新型交換式電源的推廣和普及創造了條件。本章首先闡述交換式電源的發展趨勢和基本工作原理，然後簡要介紹單晶片交換式電源的發展趨勢及主要特點、產品分類、工作模式以及回授電路的類型，最後給出 7 種單晶片交換式電源典型產品的技術指標。

1.1　交換式電源的發展趨勢

電源是各種電子設備不可或缺的組成部分，其性能優劣直接關係到電子設備的技術指標及能否安全可靠地工作。目前常用的直流穩壓電源分爲線性電源和交換式電源兩大類。線性穩壓電源亦稱串聯調整式穩壓電源，其穩壓性能好，輸出漣波電壓很小，但它必須使用笨重的電力頻率變壓器與電路進行隔離，並且調整管的功率損耗較大，致使電路的體積和重量大、效率低。交換式電源 SMPS(Switch Mode Power Supply)被譽爲高效率節能電源，它代表著穩壓電源的發展方向，現已成爲穩壓電源的主流產品。交換式電源內部關鍵元件工作在高頻開關狀態，本身消耗的能量很低，電源效率可達 70 %～90 %，比普通線性穩壓電源提高近一倍。交換式電源亦稱無電力頻率變壓器的電源，它是利用體積很小的高頻變壓器來實現電壓變換及電路隔離的，不僅能去掉笨重的電力頻率變壓器，還可採用體積較小的濾波元件和散熱器，這就爲研究與開發高效率、高密度、高可靠性、體積小、重量輕的交換式電源奠定了基礎。

1.1.1　交換式電源的發展歷史

　　交換式電源已有幾十年的發展歷史。早期產品的切換頻率很低，成本昂貴，僅用於衛星電源等少數領域。20 世紀 60 年代出現過閘流體(如 SCR)相位控制式交換式電源，70 年代由分立元件製成的各種交換式電源，均因效率不夠高、切換頻率低、電路複雜、除錯困難而難於推廣，使之應用受到限制。70 年代後期以來，隨著積體電路設計與製造技術的進步，各種交換式電源專用晶片大量問世，這種新型節能電源才重獲發展。目前，切換頻率已從 20kHz 左右提高到幾百千赫至幾兆赫。與此同時，供交換式電源使用的元件也獲得進一步發展。MOS 功率切換電晶體(MOSFET)、肖特基二極體(SBD)、超快速恢復二極體(SRD)、暫態電壓抑制器(TVS)、壓敏電阻器(VSR)、熔斷電阻器(FR)、自恢復保險絲(RF)、線性光耦合器、可調式精密並聯穩壓器(TL431)、電磁干擾濾波器(EMI Filter)、高導磁率磁性材料、由非晶合金製成的磁珠(Magnetic Bead)、三重絕緣線(Triple Insulated Wire)、玻璃珠(Glass Beads)膠合劑等一大批新元件、新材料正被廣泛採用。所有這些，都為交換式電源的推廣與普及提供了必要條件。

1.1.2　單晶片交換式電源的發展趨勢

　　近 20 多年來，整合交換式電源沿著下述兩個方向不斷發展。第一個方向是對交換式電源的核心單元——控制電路實現整合化。1977 年國外首先研製成功脈寬調變(PWM)控制器積體電路，美國摩托羅拉(Motorola)公司、矽通用(Silicon General)公司、尤尼特德(Unitrode)公司等相繼推出一批 PWM 晶片，典型產品有 MC3520、SG3524、UC3842。20 世紀 90 年代以來，國外又研製出切換頻率達 1MHz 的高速 PWM、PFM(脈衝頻率調變)晶片，典型產品如 UC1825、UC1864。第二個方向則是對中、小功率交換式電源實現單晶片整合化。這大致分兩個階段：20 世紀 80 年代初，意-法半導體有限公司(SGS-Thomson，簡稱 ST 公司)率先推出 L4960 系列單晶片開關式穩壓器。該公司於 90 年代又推出了 L4970A 系列。其特點是將脈寬調變器、功率輸出級、保護電路等整合在一個晶片中，使用時需配電力頻率變壓器與電路隔離，適於製作低壓連續可調式輸出(5.1～40V)、中功率(400W以下)、大電流(1.5～10A)、高效率(可超過90％)的交換式電源。但從本質上講，它仍屬於DC/DC電源轉換器。1994年，美國電源整合公司(Power Integrations Inc，簡稱PI公司)在世界上首先研製成功三端隔離、脈寬調變型反激式單晶片交換式電源，被人們譽為"頂級交換式電源"。其第一代產品為 TOPSwitch 系列，第二代產品則是 1997 年問世的 TOPSwitch-II系列。第三代和第四代產品是在2000年1月和11月相繼推出的 TOPSwitch-FX、TOPSwitch-GX系列單晶片交換式電源，詳見表1.1.1。該公司還於1998年、2001年分別開發出高效率、小功率、低價位的TinySwitch系列、TinySwitch-II系列微型單晶片交換式電源，參見表1.1.2。2000年，PI公司相繼推出TOPSwitch-FX系列五端單晶片交換式電源、TOPSwitch-GX系列單晶片交換式電源。

在2002年～2004年期間，PI公司最新推出了LinkSwitch系列高效率恒壓/恒流式三端微型節能單晶片交換式電源、LinkSwitch-TN系列四端隔離式、微型節能單晶片交換式電源和 DPA-Switch 系列高效率單晶片 DC/DC 電源轉換器，參見表1.1.3。

表 1.1.1　通用型單晶片交換式電源的產品分類

第一代產品	第二代產品	第三代產品	第四代產品
TOPSwitch 系列	TOPSwitch-II 系列	TOPSwitch-FX	TOPSwitch-GX
TOP100/TOP200	TOP221～TOP227	TOP232～TOP234	TOP242～TOP250
1994 年	1997 年	2000 年 1 月	2000 年 11 月～2002 年 1 月
三端元件		五端元件 適配微控制器(MCU)	六端/五端元件 適配微控制器(MCU)
最大輸出功率$P_{OM} \leq 150W$		$P_{OM} \leq 75W$	$P_{OM} \leq 290W$
切換頻率 $f = 100kHz$		$f = 130kHz/65kHz$	$f = 132kHz/66kHz$
交流輸入電壓範圍 $u = 85～265V$(寬範圍輸入)，或220V±15 %(固定輸入)			
電源效率$\eta = 80$％左右			

表 1.1.2　微型單晶片交換式電源的產品分類

第一代產品		第二代產品
TinySwitch 系列		TinySwitch-II 系列
TNY253~TNY255	TNY256	TNY264~TNY268
1998 年	1999 年	2001 年 3 月
四端元件		
$P_{OM} \leq 410W$	$P_{OM} \leq 19W$	$P_{OM} \leq 23W$
$f = 44kHz$	$f = 130kHz$	$f = 132kHz$

表 1.1.3　3 種高效率節能型單晶片交換式電源的產品分類

LinkSwitch 系列	LinkSwitch-TN 系列	DPA-Switch
恒壓/恒流式單晶片交換式電源	隔離式、節能型單晶片交換式電源專用 IC	單晶片 DC/DC 電源轉換器
LNK500，LNK501，LNK520	LNK304P~LNK306	DPA423~DPA426
2002 年 9 月~2004 年 3 月	2004 年 1 月	2002 年
三端元件	四端元件	六端元件
$P_O < 5.5W$	$I_O < 360mA$	$P_O < 100W$
$f = 42kHz$	$f = 66kHz$	$f = 400kHz/300kHz$

　　此外，意-法半導體有限公司(簡稱ST公司)最近也相繼開發出VIPer12A、VIPer22A、VIPer50A、VIPer50B、VIPer53、VIPer100、VIPer100A和VIPer100B等中、小功率單晶片交換式電源系列產品，並在國際上得到推廣應用。

　　荷蘭飛利浦(Philips)公司於2000年研製成功TEA1510、TEA1520系列單晶片交換式電源，它屬於反激式交換式電源，其中，TEA1524 的最大輸出功率為50W。該公司還開發出TEA1501、TEA1504、TEA1562、TEA1563、TEA1564、TEA1565、TEA1566、TEA1569 等型號的單晶片交換式電源，最大輸出功率可達125W。

　　美國安森美(Onsemi)半導體公司在 1998 年～2001 年期間，也相繼開發出 NCP1000、NCP1050 系列單晶片交換式電源。其最大輸出功率為 40W，可廣泛用於家用電器的輔助電源、攜帶型電池充電器、數據機、消費類電子產品的備用電源。此外，該公司最近還研製成功 NCP1200 型單晶片交換式電源以及 NCP1650 型功率因數補償器專用積體電路。

　　上述產品的大量問世，充分展示出單晶片交換式電源蓬勃發展的新局面和良好的應用前景。

　　單晶片交換式電源屬於 AC/DC 電源轉換器。以 TOPSwitch-II 系列為例，它內部包含控制電壓源、能隙參考電壓源、振盪器、並聯調整器/誤差放大器、脈寬調變器、門驅動級、高壓功率切換電晶體(MOSFET)、過電流保護電路、過熱保護及通電重置電路、關斷/自動重啟動電路和高壓電流源。晶片的整合度很高，週邊電路簡單，透過輸入整流濾波器，適配 85～265V、47～440Hz 的交流電，可構成世界通用的各種交換式電源或電源模組。它在價格上完全可以和同等功率的線性穩壓電源相競爭，而電源效率顯著提高，體積和重量則大為減小。單晶片交換式電源的迅速發展與應用，使人們多年來所追求的高性能、無電力頻率變壓器式交換式電源得以實現。

1.2　交換式電源的基本原理

　　目前生產的交換式電源大多採用脈寬調變方式，少數採用脈波頻率調變或混合調變方式。下面對交換式電源控制方式及脈寬調變的基本原理作簡要介紹。

1.2.1　交換式電源的控制方式

　　無電力頻率變壓器交換式電源的控制方式，大致有以下三種：

1. 脈波寬度調變方式，簡稱脈寬調變(Pulse Width Modulation，縮寫為 PWM)式。其特點是固定切換頻率，透過改變脈波寬度來調節工作週期。因開關週期也是固定的，這就為設計濾波電路提供了方便。其缺點是受功率切換電晶體最小導通時間的限制，對輸出電壓不能作寬範圍調節；另外輸出端一般要接假負載(亦稱預負載)，以防止空載時輸出電壓升高。目前，整合交換式電源大多採用 PWM 方式。

2. 脈波頻率調變方式，簡稱脈頻調變(Pulse Frequency Modulation，縮寫為 PFM)式。它是將脈波寬度固定，透過改變切換頻率來調節工作週期的。在電路設計上要用固定脈寬產生器來代替脈寬調變器中的鋸齒波產生器，並利用電壓/頻率轉換器(例如壓控振盪器VCO)改變頻率。其穩壓原理是，當輸出電壓U_O升高時，控制器輸出信號的脈波寬度不變而週期變長，使工作週期減小，U_O降低。PFM 式交換式電源的輸出電壓調節範圍很寬，輸出端可不接假負載。

PWM 方式和 PFM 方式的調變波形分別如圖 1.2.1(a)、(b)所示，t_p 表示脈波寬度(即功率切換電晶體的導通時間t_{ON})，T代表週期。從中很容易看出二者的區別。但它們也有共同之處：

(1) 均採用時間比率控制(TRC)的穩壓原理，無論是改變t_p還是T，最終調節的都是脈波工作週期。儘管採用的方式不同，但控制目標一致，可謂殊途同歸。

(2) 當負載由輕變重，或者輸入電壓從高變低時，分別透過增加脈寬、升高頻率的方法，使輸出電壓保持穩定。

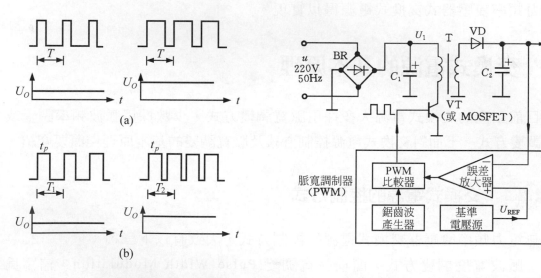

圖 1.2.1　兩種控制方式的調變波形　　　圖 1.2.2　脈寬調變式交換式電源的基本原理圖

3. 混合調變方式，是指脈波寬度與切換頻率均不固定，彼此都能改變的方式，它屬於PWM和PFM的混合方式。由於t_p和T均可單獨調節，因此工作週期調節範圍最寬，適合製作供實驗室使用的輸出電壓可以寬範圍調節的交換式電源。

1.2.2　脈寬調變式交換式電源的基本原理

脈寬調變式交換式電源的基本原理如圖 1.2.2 所示。交流 220V 輸入電壓經過整流濾波後變成直流電壓 U_I，再由功率切換電晶體 VT(或 MOSFET)截波、高頻變壓器 T 降壓，得到高頻矩形波電壓，最後透過輸出整流濾波器 VD、C_2，獲得所需要的直流輸出電壓 U_O。脈寬調變器是這類交換式電源的核心，它能產生頻率固定而脈衝寬度可調的驅動信號，控制功率切換電晶體的通斷狀態，來調節輸出電壓的高低，達到穩壓目的。鋸齒波發生器提供時脈信號。利用誤差放大器和 PWM 比較器構成閉迴路閉迴路調節系統。假如由於某種原因致使 U_O 下降，脈寬調變器就改變驅動信號的脈衝寬度，亦即改變工作週期 D，使截波後的平均值電壓升高，導致 U_O 上升。反之亦然。

1.3　單晶片交換式電源的主要特點

單晶片交換式電源積體電路具有高整合度、高性價比、最簡週邊電路、最佳性能準則、能構成高效率無電力頻率變壓器的隔離式交換式電源等特點。目前，單晶片交換式電源已形成了幾十個系列、數百種型號。各系列產品的主要特點見表 1.3。

表 1.3　單晶片交換式電源的主要特點

產品系列或型號	主要特點
TOPSwitch 系列	三端單晶片交換式電源的第一代產品。內含振盪器、誤差放大器、脈寬調變器、門電路、高壓功率切換電晶體(MOSFET)、偏置電路、過電流保護電路、過熱保護及通電重置電路、關斷/自動重啓動電路。能以最簡方式構成無電力頻率變壓器的反激式交換式電源。交流輸入電壓範圍是 85～265V，或 220V±15％。切換頻率爲 100kHz，工作週期調節範圍是 1.7％～67％。最大輸出功率爲 150W，電源效率爲 80％左右。
TOPSwitch-II 系列	三端單晶片交換式電源的第二代產品。內部功率切換電晶體的耐壓值均提高到 700V，適宜製作 150W 以下的普通型和精密型交換式電源或電源模組。
TOPSwitch-FX 系列	單晶片交換式電源第三代產品。具有多功能、使用靈活、效率高、適配微控制器等優點。與 TOPSwitch-II 相比，主要增加了下述功能：從外部設定極限電流值、軟啓動、頻率彈跳、過電壓關斷、欠電壓保護、過熱落後關斷、遙控、同步。能配微控制器或區域網路，遠端啓動或關切斷交換式電源。最大輸出功率爲 75W。

表 1.3　單晶片交換式電源的主要特點(續)

產品系列或型號	主要特點
TOPSwitch-GX 系列	單晶片交換式電源第四代產品。最大輸出功率從 75W 擴展到 290W。新增加了線路檢測端(L)和從外部設定極限電流端(X)這兩個接腳，用來代替TOPSwitch-FX 的多功能端(M)的全部控制功能，使用更加靈活、方便。將切換頻率提高到 132kHz，這有助於減小高頻變壓器及整個交換式電源的體積。當交換式電源的負載很輕時，能自動將切換頻率從 132kHz 降低到 30kHz(半頻模式下則由 66kHz 降至 15kHz)，可降低切換損耗，進一步提高電源效率。採用了被稱做EcoSmart®的節能新技術，顯著降低了在遠端通/斷模式下晶片的功率消耗。
TinySwitch 系列	四端小功率、低成本單晶片交換式電源，比TOPSwitch-II增加了致能端，利用該端可從外部關斷 MOSFET 。它用開/關控制器來代替 PWM 調變器，可等效為 PFM 調變器。適合構成 10W 以下的電源適配器、電池充電器和待機電源。TNY256 還增加了自動重啓動計數器、欠電壓檢測電路和頻率彈跳特性，並將最大輸出功率提高到 19W。
TinySwitch-II 系列	最大輸出功率提高到23W，進一步降低了晶片的功率消耗。切換頻率從44kHz提高到132kHz，這不僅能提高電源轉換效率，還允許使用低價格、小尺寸的鐵心，減小高頻變壓器的體積。晶片內部增加了自動重啓動計數器、極限電流狀態機和輸入欠電壓檢測電路。一旦發生輸出短路、控制環開路或者斷電故障，均能保護晶片不受損壞。將TinySwitch的致能端(EN)改為雙功能引出端"致能/欠電壓端"(EN/UV)。增加了切換頻率彈跳功能，能有效抑制音頻雜訊和開關雜訊。此外，它還降低了功率MOSFET汲極極限電流的容許偏差。
LinkSwitch 系列	採用 EcoSmart®節能技術，適合構成具有恆壓/恆流(CV/CC)輸出特性的特種交換式電源。用做電源適配器時晶片工作在恆壓區，可為負載提供穩定的電壓，此時恆流區用來提供過載保護及短路時的自動重啓動保護。用做電池充電器時晶片工作在恆流區，充電完畢自動轉入恆壓區。在寬範圍輸入(交流85V～265V)時最大輸出功率為 3W，交流 230V 固定輸入時最大輸出功率為4W。週邊電路簡單，成本低廉，價格能與線性電源相媲美。
LinkSwitch-TN 系列	能以最少數量的週邊元件構成非隔離式、微型節能交換式電源。與傳統的"無源(靠電容降壓)" 解決方案相比，LinkSwitch-TN能達到比電容降壓式線性穩壓電源更高的效率。其週邊電路簡單，使用靈活，既可設計成正壓輸出的降壓式(Buck)電路，亦可設計成負壓輸出的降壓或升壓式(Buck-Boost)電路、降壓式LED恆流驅動電路，可滿足不同使用者的需要。輸入電壓範圍寬。有兩種工作模式可供選擇：連續模式(CCM)，不連續模式(MDCM)。抗幹擾能力強，利用頻率彈跳技術能將電磁幹擾降低 10dB。最大輸出電流為 360mA，適用於家用電器中的控制電源以及 LED 點陣驅動器。

表 1.3　單晶片交換式電源的主要特點(續)

產品系列或型號	主要特點
DPA-Switch 系列	採用 CMOS 技術製成的高整合度 DC/DC 電源轉換器，直流輸入電壓的允許範圍是 16～75V。可採用正激式、反激式兩種工作模式。在 PI 公司的產品中，以 DPA-Switch 系列的切換頻率爲最高，能減小高頻變壓器的體積，提高迴路頻寬。切換頻率可設定爲 400kHz 或 300kHz。電源效率高，低功率消耗。能實現同步功能，使 DPA-Switch 的工作頻率與外部時脈保持同步。利用外部邏輯信號還可遙控交換式電源的通/斷。
VIPer 系列	VIPer12A、VIPer20A、VIPer22A 系列屬於小功率單晶片交換式電源，最大輸出功率爲 5～20W。VIPer50/50A、VIPer53、VIPer100/100B 系列屬於中功率單晶片交換式電源， VIPer100/100B 系列的最大輸出功率可達 100W。切換頻率固定爲 60kHz，電源電壓範圍很寬(9～38V)。採用電流控制型PWM調變器，屬於四端小功率單晶片交換式電源。它們適用於電池充電器、電源適配器、電視機或監控器的待機電源以及電動機控制電路的輔助電源等。具有落後特性的欠電壓保護功能、過電壓保護功能、過電流保護功能及過熱保護功能。
TEA1520 系列	其交流輸入電壓範圍極寬，可在 80～276V 電壓下正常工作，最大輸出功率爲 50W，適合製作世界通用的高效率交換式電源。切換頻率可以調整。晶片內部專門設計了穀值開關。具有退磁保護(防止高頻變壓器發生磁飽和現象)、過電壓保護、過電流保護、短路保護及過熱保護功能。
TEA1566 型	鋸齒波振盪器有高頻和低頻兩種工作模式，前者可提高電源效率，後者適合低功率輸出，能降低切換損耗，使晶片功率消耗低於 100mW。在轉換頻率模式時不影響對輸出電壓的調整。利用高效率啓動電流源來實現交換式電源的快速啓動。
NCP1050 系列	交流輸入電壓範圍是 85～265V，最大輸出功率爲 40W，使用者可以選擇切換頻率。利用晶片內部的動態自供電源來提供電源電壓 UCC 並對其進行調整，能省去偏置繞組，簡化高頻變壓器的設計。採用獨特的雙沿口開、關觸發模式來完成脈寬調變功能，可實現控制迴路的快速回應。片內有故障邏輯與可編程計時器控制電路，專用來檢查交換式電源是否發生了光耦合器開迴路、輸入欠電壓、輸出過電流或短路等故障。
NCP1000 系列	它屬於工作在不連續模式下的整合開關調節器。主要由脈寬調變器、高壓功率開關電路和保護電路組成，適合製作 100W 以下的低成本、低功率消耗交換式電源。晶片內部增加了電源電壓限位器、光耦開路比較器和 8 分頻器，當回授電路中光耦合器發生開路故障時，能迅速關斷輸出，產生了保護作用。

表 1.3　單晶片交換式電源的主要特點(續)

產品系列或型號	主要特點
NCP1650 型	它屬於特種交換式電源，可對 85～265V、50Hz 或 60Hz 交流電源系統的功率因數進行自動校正，大大提高電能利用率。採用基於固定頻率的平均電流式脈寬調變器，能精確地設定輸入功率和輸出電流的極限值，適合構成 100W～1kW 的功率因數補償器。能對負載電流及線路電壓的暫態變化作出快速反應。整合度高，內部有基準乘法器、功率乘法器、功率誤差放大器、斷電比較器、過衝比較器、高精度的 100kHz 振盪器、直流及交流基準電壓源、鋸齒波補償電路和平均電流補償電路等，能對線路及負載進行快速補償。具有完善的保護功能，包括電源欠電壓保護、斷電保護、輸出電壓過衝保護、最大輸入功率限制、線電流及暫態電流限制、軟啟動電路。週邊電路簡單，成本低。

1.4　單晶片交換式電源的基本原理及回授電路類型

下面介紹單晶片交換式電源的基本工作原理、兩種工作模式及回授電路的四種基本類型。

1.4.1　單晶片交換式電源的基本原理

TOPSwitch 系列單晶片交換式電源的典型應用電路如圖 1.4.1 所示。高頻變壓器在電路中具備能量儲存、隔離輸出和電壓變換這三大功能。由圖可見，高頻變壓器初級繞組 NP 的極性(同名端用黑圓點表示)，恰好與次級繞組 N_S、回授繞組 N_F 的極性相反。這顯示在 TOPSwitch 導通時，電能就以磁場能量形式儲存在初級繞組中，此時 VD$_2$ 截止。當 TOPSwitch 截止時，VD$_2$ 導通，能量傳輸給次級，此即反激式交換式電源的特點。圖中，BR 為整流橋，CIN 為輸入端濾波電容。交流電壓 u 經過整流濾波後得到直流高壓 U_I，經初級繞組加至 TOPSwitch 的汲極上。鑒於在 TOPSwitch 關斷時刻，由高頻變壓器漏感產生的尖峰電壓，會疊加在直流高壓 U_I 和感應電壓 U_{OR} 上，可使功率切換電晶體的汲極電壓超過 700V 而損壞晶片；為此在初級繞組兩端必須增加汲極箝位保護電路。箝位電路由暫態電壓抑制器或穩壓二極體(VD$_{Z1}$)、阻塞二極體(VD$_1$)組成，VD$_1$ 宜採用超快恢復二極體(SRD)。VD$_2$ 為次級整流二極體，C_{OUT} 是輸出端濾波電容。

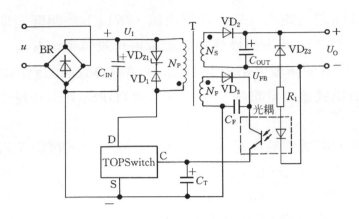

圖 1.4.1　單晶片交換式電源典型應用電路

該電源採用配穩壓二極體的光耦回授電路。回授繞組電壓經過VD_3、C_F整流濾波後獲得回授電壓U_{FB}，經光耦合器中的光敏電晶體給 TOPSwitch 的控制端提供偏壓。C_T是控制端C的旁路電容。設穩壓二極體VD_{Z2}的穩定電壓為U_{Z2}，限流電阻R_1兩端的壓降為U_R，光耦合器中 LED 發光二極體的順向壓降為U_F，輸出電壓U_O由下式設定：

$$U_O = U_{Z2} + U_F + U_R \tag{1.1}$$

該電源的穩壓原理簡述如下：當由於某種原因(如交流電壓升高或負載變輕)致使U_O升高時，因U_{Z2}不變，故U_F就隨之升高，使LED的工作電流I_F增大，再透過光耦合器使TOPSwitch的控制端電流I_C增大。但因TOPSwitch的輸出工作週期D與IC成反比，故D減小，這就迫使U_O降低，達到穩壓目的。反之，U_O↓→U_F↓→I_F↓→I_C↓→D↑→U_O↑，同樣產生了穩壓作用。由此可見，回授電路正是透過調節 TOPSwitch 的佔空比，使輸出電壓趨於穩定的。

1.4.2　單晶片交換式電源的兩種工作模式

單晶片交換式電源有兩種工作模式[1]，一種是連續模式 CCM(Continuous Conduction Mode)，另一種是不連續模式 DCM(Discontinuous Conduction Mode)。這兩種模式的開關電流波形分別如圖 1.4.2(a)、(b)所示。由圖可見，在連續模式下，初級開關電流是從一定幅度開始的，然後上升到峰值，再迅速回零。其開關電流波形呈梯形。這顯示，因為在連續模式下，儲存在高頻變壓

[1]對TinySwitch四端單晶片交換式電源而言，還有一種完全不連續模式FDM(Fully Discontinuous Mode)。

器的能量在每個開關週期內並未全部釋放掉，所以下一開關週期具有一個初始能量。採用連續模式可減小初級峰值電流I_P和有效值電流I_{RMS}，降低晶片的功率消耗。但連續模式要求增大初級電感量L_P，這會導致高頻變壓器的體積增大。綜上所述，連續模式適用於選輸出功率較小的TOPSwitch和尺寸較大的高頻變壓器。

不連續模式的開關電流則是從零開始上升到峰值，再降至零的。這意味著儲存在高頻變壓器中的能量必須在每個開關週期內完全釋放掉，其開關電流波形呈三角形。不連續模式下的I_P、I_{RMS}值較大，但所需要的L_P較小。因此，它適合採用輸出功率較大的TOPSwitch，配尺寸較小的高頻變壓器。

三端單晶片交換式電源大多設計在連續模式。有關工作模式的設定，詳見5.1節。

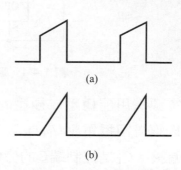

(a) 連續模式；(b) 不連續模式

圖 1.4.2　兩種模式的開關電流波形

1.4.3　回授電路的四種基本類型

單晶片交換式電源的電路可以千變萬化，但其回授電路只有4種基本類型：①基本回授電路；②改進型基本回授電路；③配穩壓二極體的光耦合回授電路；④配TL431的精密光耦回授電路。它們的簡化電路分別如圖1.4.3(a)～(d)所示。

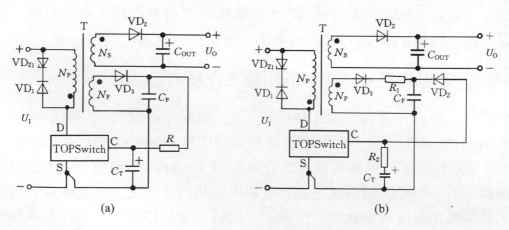

(a)基本回授電路；(b)改進型基本回授電路；

圖 1.4.3　回授電路的 4 種基本類型

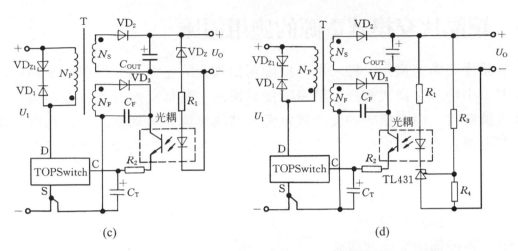

(c)配穩壓二極體的光耦回授電路；(d)配 TL431 的精密光耦回授電路

圖 1.4.3　回授電路的 4 種基本類型(續)

　　圖(a)為基本回授電路，其優點是電路簡單、成本低廉，適於製作小型化、經濟性交換式電源；其缺點是穩壓性能較差，電壓調整率$S_V = \pm 1.5\%\sim\pm 2\%$，負載調整率$S_I \approx \pm 5\%$。

　　圖(b)為改進型基本回授電路，只需增加一隻穩壓二極體VD_Z和電阻R_1，即可使負載調整率達到±2%。VD_Z的穩定電壓一般為22V，需相對應增加回授繞組的匝數，以獲得較高的回授電壓U_{FB}，滿足電路的需要。

　　圖(c)是配穩壓二極體的光耦回授電路。由VD_Z提供參考電壓U_Z，當U_O發生波動時，在 LED 上可獲得誤差電壓。因此，該電路相當於給 TOPSwitch 增加一個外部誤差放大器，再與內部誤差放大器配合使用，即可對U_O進行調整。這種回授電路能使負載調整率達到±1%以下。

　　圖(d)是配TL431的精密光耦回授電路，其電路較複雜，但穩壓性能最佳。這裏用TL431型可調式精密並聯穩壓器來代替穩壓二極體，構成外部誤差放大器，進而對U_O作精細調整，可使電壓調整率和負載調整率均達到±0.2%，能與線性穩壓電源相媲美。這種回授電路適於構成精密交換式電源。

　　在設計單晶片交換式電源時，應根據實際情況來選擇合適的回授電路，才能達到規定的技術指標和經濟指標。

1.5　單晶片交換式電源的應用領域

　　單晶片交換式電源一經問世，便顯現出強大的生命力，目前已成為國際上開發中、小功率交換式電源、精密交換式電源、特種交換式電源及電源模組的優選積體電路。由它構成的交換式電源，其成本與同等功率的線性穩壓電源相當，而電源效率顯著提高，體積和重量大約可減小 $1/3 \sim 1/2$，展示了良好的應用前景。

　　單晶片交換式電源的應用領域主要如下：

1.　通用交換式電源

　(1)　各種通用交換式電源

　(2)　交換式電源模組

　(3)　精密交換式電源模組

　(4)　智慧化交換式電源模組

2.　專用交換式電源

　(1)　微電腦、USB介面電源、彩色電視、錄影機(VCR)、攝錄影機(CVCR)等高檔家用電器中的待機電源

　(2)　電子儀器儀錶中的電源

　(3)　輔助電源

　(4)　IC卡付費電表中的小型化交換式電源模組

　(5)　數位電視機上盒(Set-top Box)電源

　(6)　地面數位電視播放(DVB-T)電源

　(7)　高速數據機電源

　(8)　手機電池充電器

　(9)　AC/DC電源適配器等

　(10)　低功率消耗DVD電源

　(11)　LCD電源適配器

　(12)　帶乙太網路介面的DC/DC電源轉換器

3.　特種交換式電源

　(1)　複合型交換式電源

　(2)　恒壓/恒流型交換式電源

(3)　截流輸出型交換式電源

(4)　恒功率輸出型交換式電源

(5)　功率因數校正器(PFC)

(6)　其他類型的特種交換式電源

CHAPTER 2

通用單晶片交換式電源模組的設計

　　目前，交換式電源順向整合化、模組化、標準化、系列化的方向發展。新型交換式電源模組是採用微電子技術和先進的製造技術，將交換式電源專用積體電路(例如 PWM 控制器、PFM 控制器、單晶片交換式電源等)與微型電子元件(如表面黏著元件)密集安裝在印刷電路板上，能完成 AC/DC 電源變換的一體化零件。交換式電源模組具有品質可靠、安全性好、抗干擾能力強、體積小、重量輕、即插即用等優點。交換式電源模組的結構有3種類型：全密封式，半密封式(外殼上帶散熱孔或百葉窗)，敞開式。

　　本章詳細介紹了9種通用單晶片交換式電源模組的電路設計原理。這類模組的通用性強，適用範圍非常廣泛。

2.1 由 TOP221P 構成的 5V、3.5W 精密交換式電源模組

　　TOP221P 屬於 TOPSwitch-II 系列單晶片交換式電源。它採用雙列直插式8腳封裝，在寬範圍電壓輸入時的最大輸出功率為6W。下面介紹由 TOP221P 構成 5V、3.5W 交換式電源模組的設計原理及其改進電路。

2.1.1 性能特點和技術指標

1. 它採用帶穩壓二極體的光耦回授式電路來完成 DC/DC 電源變換，可將 90～375V 直流輸入電壓變換成＋5V、0.7A 的穩壓輸出。

2. 穩壓性能好，可作爲精密交換式電源模組，用做桌上型電腦、彩色電視、DVD 的備用電源。

3. 其主要技術指標如下：$U_I = 90 \sim 375V$，$U_O = +5V \pm 0.25V$，$I_O = 0.7A$，$P_O = 3.5W$，$S_V = \pm 1.0\%$，$S_I = \pm 1.0\%$，$\eta = 72\%$，輸出漣波電壓最大值爲 $\pm 50mV$，環境溫度範圍是 $0 \sim 50^\circ C$。

4. 對電路稍作改進，利用 TL431 來代替光耦回授電路中的普通穩壓管，即可使電壓調整率與負載調整率均達到 $\pm 0.2\%$ 的技術指標。

5. 只需焊兩根引線，即可增加 $+12V$、$50mA$ 的非隔離式簡易穩壓輸出，構成兩路輸出的開關電源模組。

6. 在輸入連接入一隻熔斷電阻器，使保護功能更趨完善。模組具有輸入短路保護、安全電流限制、輸出過電流保護、過熱保護功能。

2.1.2　5V、3.5W 交換式電源的設計原理與改進電路

1. 5V、3.5W 交換式電源模組

　　由 TOP221P 構成 5V、3.5W 交換式電源模組的內部電路如圖 2.1.1 所示。該電路在直流輸入端串聯一隻熔斷電阻器 FR，其標稱阻值爲 1Ω。當輸入端發生短路故障時，FR 迅速被熔斷，產生了保護作用。C_1 用於濾除從輸入端引入的高頻干擾。爲抑制由高頻變壓器漏感產生的尖峰電壓，利用 R_1、C_2 和 VD_1 組成了箝位保護電路，可將 TOP221P 的漏極電壓限定在安全範圍內。VD_1 需用 UF4005 型(1A/600V)超快恢復二極體。輸出整流二極體 VD_2 採用 1N5822 型 3A/40V 的肖特基二極體，C_3 爲輸出濾波電容。後置濾波器 L、C_4 可進一步濾除交流漣波，L 採用 $3.3\mu H$ 磁珠形電感。

　　光耦回授電路由光耦合器 IC_2 和穩壓二極體 VD_Z 構成。IC_2 選用日本夏普公司生產的 PC817A 型光耦合器，它屬於線性光耦合器，電流傳輸比 CTR = $80\% \sim 160\%$，內部接收管 C-E 極間的耐壓值爲 35V。VD_Z 使用 1N5228C 型穩壓管，其穩定電壓 $U_Z = 3.9V$，穩定電流的典型值 $I_Z = 20mA$。VD_Z 與 R_3 還構成假負載，能改善空載及輕載時的穩壓性能。取 $R_3 = 100\Omega$ 時，VD_Z 的穩定電流爲 11mA。輸出電壓 U_O 等於 U_Z 與 U_F 之和(U_F 是 LED 的順向壓降，約爲 1V)，即 $U_O = U_Z + U_F \approx 3.9V + 1V \approx 5V$。$R_2$

是LED的限流電阻，並能影響回授迴路的增益。回授繞組的輸出電壓經過VD$_3$、C$_6$整流濾波後，獲得回授電壓U_{FB}，再經過光敏電晶體給TOP221P提供偏壓。當U_O發生變化時，因VD$_Z$具有穩壓作用，故LED上的電流I_F隨之改變，再經過光耦合器去調節控制端電流I_C，透過改變工作週期使U_O趨於穩定。C$_5$為控制端旁路電容。根據實際需要，還可在C$_5$上並聯一隻0.1μF的電容C_7^*，濾除控制端上的尖峰電壓和高頻干擾信號。

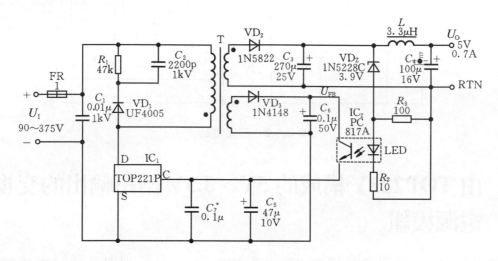

圖2.1.1　5V、3.5W交換式電源模組的內部電路

2. 改進電路

　　上述模組為單路輸出且S_V、S_I的指標還不夠高。為此，可按如圖2.1.2所示電路進行改進。該電路主要作了以下三處改進：

(1) 增加了＋12V、50mA輸出U_{O2}，直接取自回授電壓U_{FB}。該路輸出功率僅為0.6W，與＋5V同時輸出時總功率可達3.6W。

(2) 利用 TL431 型可調式精密並聯穩壓器來代替穩壓二極體VD$_Z$，構成TOP221P的外部誤差放大器。改進後的電壓調整率和負載調整率均可達到±0.2％，可滿足精密交換式電源之需要。

(3) 在 TL431 的陽極(A)與陰極(K)之間，還可並聯一隻軟啟動電容C_8^*(即C_{SS})，消除通電瞬間對電路的衝擊，使U_O能平滑地上升。C_8^*可選4.7～47μF的電解電容器。

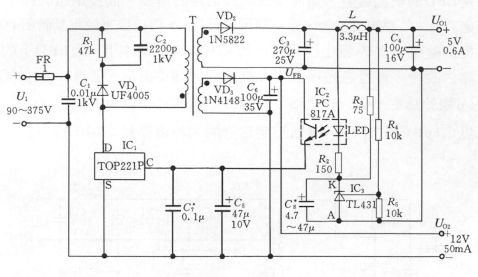

圖 2.1.2　改進電路

2.2　由 TOP223Y 構成的 5V、3.3V 兩路輸出的交換式電源模組

TOP223Y 是採用 TO-220 封裝的 TOPSwitch-II 系列單晶片交換式電源，在寬範圍電壓輸入時的最大輸出功率爲 30W。由它可構成 5V、3.3V 兩路輸出、隔離式 15.3W 交換式電源模組。

2.2.1　性能特點和技術指標

1.　它屬於寬範圍交流輸入(85～265V)、兩路隔離式輸出的交換式電源模組。主輸出 U_{O1} 爲 + 5V(3A)、輔輸出 U_{O2} 爲 + 3.3V(0.1A)，總輸出功率爲 15.3W。可作爲雷射印表機、監視器的電源。若將 + 3.3V 設計成主輸出，即可作爲筆記型電腦的交換式電源。

2.　爲提高 3.3V 輸出電壓的穩定度，在輸出端增加一片可調式精密並聯穩壓器 IC3(TL431)。但 TL431 未與光耦合器直接發生聯繫，這是它同光耦回授式精密交換式電源典型電路的重要區別。

3.　在輸出整流二極體 VD_2 的兩端並聯了 RC 吸收迴路，能消除次級電路中的高頻自激振盪，減小射頻干擾(RFI)，使 VD_2 工作更可靠。

4. 其電壓調整率和負載調整率分別可達±0.7％、±1.1％，電源效率$\eta \geq 70\%$。

5. 採用單面印刷電路板結構，體積小巧，重量輕。內部具有汲極限流保護、輸出短路保護和過熱保護功能。

該模組的主要技術指標如下：

交流輸入電壓範圍：$u = 85\sim265\text{V}$

輸入電路頻率：$f_\text{L} = 47\sim440\text{Hz}$

直流輸出電壓：$U_{O1} = 5\text{V}\pm0.2\text{V}$，$U_{O2} = 3.3\text{V}\pm0.1\text{V}$

最大輸出電流：$I_{O1} = 3\text{A}$，$I_{O2} = 0.1\text{A}$

連續輸出功率：$P_\text{O} = 15.3\text{W}$

峰值輸出功率：$P_{\text{O(PK)}} = 30\text{W}$

電壓調整率($u = 85\sim265\text{V}$)：$S_\text{V} = \pm0.7\%$

負載調整率($I_\text{O} = 0\sim I_{\text{OM}}$)：$S_\text{I} = \pm1.1\%$

電源效率：$\eta \geq 70\%$

輸出漣波電壓的最大值：5V 輸出為±40mV，3.3V 輸出為±25mV

工作溫度範圍：$T_\text{A} = 0\sim70℃$

2.2.2　15.3W 兩路輸出交換式電源模組的電路設計

15.3W 兩路輸出交換式電源模組的內部電路如圖 2.2.1 所示，印刷電路板元件佈局見圖 2.2.2。單面印刷電路板的外形尺寸為 109mm×54mm，焊接元件後的最大高度為 27mm。85～265V 交流電依次經過電磁干擾濾波器(C_6、L_2)、整流橋(BR)和濾波電容(C_1)，產生直流高壓U_I，加至初級繞組N_P的一端。N_P的另一端由 TOP223Y 內部功率切換電晶體來驅動。汲極箝位保護電路由暫態電壓抑制器VD_{Z1}(P6KE200)、超快恢復二極體VD_1(UF4005)構成。次級電壓經VD_2、C_2、C_{10}、L_1和C_3整流濾波後，輸出＋5V 電壓。VD_2採用 45V、10A 的肖特基二極體。C_{11}與R_7並聯在VD_2兩端，能抑制 15～20MHz 的射頻干擾。光耦合器IC_2(PC817A)中的 LED 和穩壓二極體VD_{Z2}(1N5228C)用於設定U_{O1}的電壓，使$U_{O1} = U_\text{F} + U_{Z2} \approx 5\text{V}$。

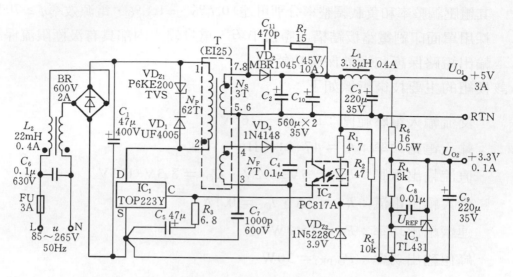

圖 2.2.1　15.3W 兩路輸出交換式電源模組的內部電路

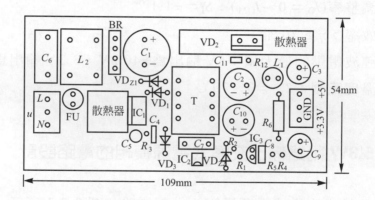

圖 2.2.2　印刷電路板元件佈局圖

R_4和R_5用來設定U_{O2}的輸出電壓，有公式

$$U_{O2} = \left(1 + \frac{R_4}{R_5}\right) \cdot U_{REF} = \left(1 + \frac{R_4}{R_5}\right) \times 2.5\,\mathrm{V} \tag{2.1}$$

將$R_4 = 3\mathrm{k}\Omega$、$R_5 = 10\mathrm{k}\Omega$代入式(2.2)中得到$U_{O2} = 3.25\mathrm{V} \approx 3.3\mathrm{V}$，符合設計要求。$C_8$為控制迴路的補償電容。$C_9$是＋3.3V 電源的濾波電容。回授繞組的輸出電壓經VD_3、C_4整流濾波後得到回授電壓，再透過光敏電晶體接TOP223Y的控制端。當U_{O1}發生變化時，經光耦合器使控制端電流改變，調節工作週期使U_{O1}維持固定。R_6和TL431還為＋5V輸出提供一個約50Ω、100mA的假負載，能顯著提高U_{O1}在輕載或空載時的穩定性。取$R_6 = 16\Omega$時，負載電流$I_L =$

$(U_{O1} - U_{O2})/R_6 = (5 - 3.3)/16 \approx 100\text{mA}$。顯然，$U_{O1}$的穩壓性能與$U_{O2}$是否載入無關。$C_7$為安全電容。

高頻變壓器採用EI25型或EE22型鐵心。初級用ϕ0.25mm漆包線繞62匝，次級用ϕ0.56mm漆包線4股並繞3匝。回授繞組用ϕ0.25mm漆包線雙股並繞7匝。初級電感量應為$980\mu\text{H} \pm 98\mu\text{H}$，漏感低於$40\mu\text{H}$。

2.3　由 TOP224P 構成的 12V、20W 交換式電源模組

下面介紹由 TOP224P 構成的交換式電源模組。該模組可用做儀器儀錶、手機電池充電器、衛星通信解碼器的電源。

2.3.1　性能特點和技術指標

1. 採用一片TOP224P型三端單晶片交換式電源，配PC817A型光耦合器，構成帶穩壓管的光耦回授電路，能將85～265V 交流電源變換成12V、1.67A 的直流穩壓輸出。

2. 電路簡單，穩壓性能好，成本低。週邊電路僅需 19 個元件。其電壓調整率和負載調整率均為±1％，電源效率可達 78％。在 25℃的環境溫度下，可連續輸出 20W 的功率。峰值輸出功率為 30W。

3. 體積小，重量輕。TOP224P利用印刷電路板上的敷銅箔散熱，不需外接散熱器。

4. 便於對電路進行改進。只需重新設計高頻變壓器，改變匝數比和增加少量元件，即可實現多通道穩壓輸出或恒流輸出。

該模組的主要技術指標如下：

交流輸入電壓範圍：$u = 85 \sim 265\text{V}$

輸入電路頻率：$f_L = 47 \sim 440\text{Hz}$

輸出電壓($I_O = 1.67\text{A}$)：$U_O = 12\text{V} \pm 0.6\text{V}$

最大輸出電流：$I_{OM} = 1.67\text{A}$

連續輸出功率：$P_O = 20\text{W}\,(T_A = 25℃)$，或$15\text{W}\,(T_A = 50℃)$

電壓調整率($u = 85 \sim 265\text{V}$)：$S_V = \pm 1\%$

負載調整率($I_O = 0.167 \sim 1.67\text{A}$)：$S_I = \pm 1\%$

電源效率：$\eta = 78\%$

輸出漣波電壓的最大值：±60mV

工作溫度範圍：$T_A = 0 \sim 50°C$

2.3.2 12V、20W 交換式電源模組的電路設計

該模組的內部電路和印刷電路板元件佈局，分別如圖 2.3.1、圖 2.3.2 所示。單面印刷電路板的尺寸為 91mm×43mm，安裝元件後的最大高度為 27mm。電路中使用兩片積體電路：三端單片交換式電源 TOP224P(IC_1)，光耦合器 PC817A (IC_2)。交流電源經過 BR 和 C_1 整流濾波後產生直流高壓 U_I，給高頻變壓器的初級繞組供電。VD_{Z1} 和 VD_1 能將漏感產生的尖峰電壓箝位元到安全值以下，並能衰減振鈴電壓。VD_{Z1} 採用逆向崩潰電壓為 200V 的暫態電壓抑制器 P6KE200，VD_1 選用 1A/600V 的超快恢復二極體 UF4005。次級繞組電壓透過 VD_2、C_2、L_1 和 C_3 整流濾波，獲得 12V 輸出電壓 U_O。U_O 值是由 VD_{Z2} 的穩定電壓 U_{Z2}、光耦合器中 LED 的順向壓降 U_F、R_1 上的壓降這三者之和來設定的。改變高頻變壓器的匝數比和 VD_{Z2} 的穩壓值，還可獲得其他輸出電壓值。R_2 和 VD_{Z2} 還為 12V 輸出提供一個假負載，用以改善輕載時的穩壓性能。回授繞組電壓經 VD_3 和 C_4 整流濾波後，供給 TOP224P 所需偏壓。由 R_2 和 VD_{Z2} 來調節控制端電流，透過改變輸出工作週期達到穩壓目的。共模扼流圈 L_2 能減小由初級繞組接 D 端的高壓開關波形所產生的共模洩漏電流。C_7 為安全電容，用於濾掉由初、次級耦合電

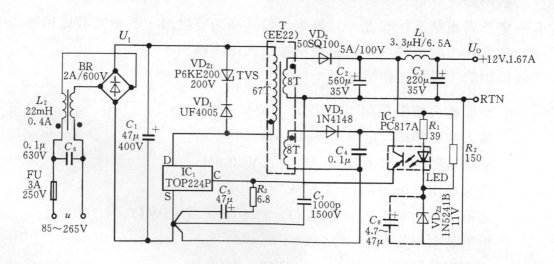

圖 2.3.1 12V、20W 交換式電源模組的內部電路

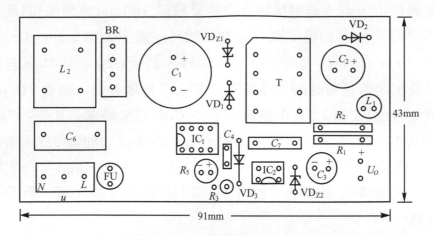

圖 2.3.2　印刷電路板元件佈局圖

容引起的干擾。C_6 可減小由初級電流的基本諧波與諧波所產生的串模洩漏電流。C_5 不僅能濾除加在控制端上的尖峰電流，而且決定了自動重啟動的頻率，它還與 R_1、R_3 一起對控制迴路進行補償。

該交換式電源模組的 $S_V\text{-}u$、$S_I\text{-}I_O$、$\eta\text{-}u$ 的關係曲線如圖 2.3.3 所示。(a)圖示出當 $I_O = 1.67\text{A}$ 時，電壓調整率 S_V 與交流輸入電壓 u 的關係。(b)圖繪出在 $u = 230\text{V}$ 時負載調整率 S_I 與輸出電流 I_O 的關係。(c)、(d)圖分別示出當 $P_O = 20\text{W}$、4W 時電源效率與交流輸入電壓 u 的關係曲線。

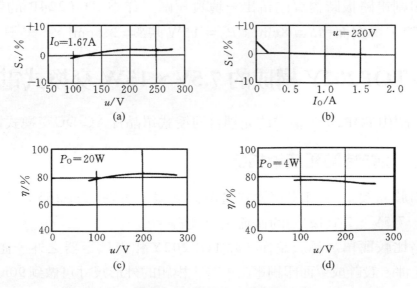

圖 2.3.3　模組的外部特性

在通電過程中，直流高壓U_I建立之後需經過 160ms(典型值)的延遲時間，輸出電壓U_O才達到12V的穩定值。U_O與U_I的時序波形如圖2.3.4所示 。延遲時間$t_1 = 180 - 20 = 160$ms。圖中假定$u = 212$V，$U_I = \sqrt{2}u = 300$V。若需增加軟啟動功能以限制開啟電源時的工作週期，使U_O平滑地升高，應在VD_{Z2}的兩端並聯一軟啟動電容C_8(如圖2.3.1中虛線所示)。C_8的容量範圍是$4.7\sim47\mu$F。當$C_8 = 4.7\mu$F、10μF、22μF、47μF時，所對應的軟啟動波形如圖2.3.5所示。上述4種情況下，軟啟動時間依次為 2.5ms、2.5ms、4ms、和 8ms。在軟啟動過程中U_O是按照一定的斜率升高的，能對 TOP224P 產生保護作用。斷電時C_8可透過R_2進行放電。

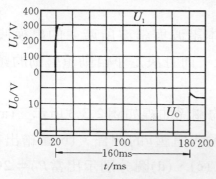

圖 2.3.4 U_O與U_I的時序波形

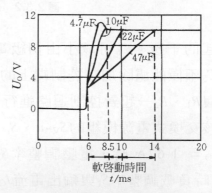

圖 2.3.5   軟啟動波形

設計印刷電路板時需專門留出一塊覆銅區，作為 TOP224P 的散熱板。當$P_O = 20$W 時，覆銅面積$S = 8$cm^2；$P_O = 15$W 時$S = 3.6$cm^2。

2.4   由 TOP202Y 構成的 7.5V、15W 交換式電源模組

下面介紹由TOP202Y構成的光耦合回授式單晶片AC/DC交換式電源模組。

2.4.1   性能特點和技術指標

1.   它屬於高效率AC/DC交換式電源轉換器，可將85～265V交流電源變換成＋7.5V、2A(15W)的直流穩壓電源。

2.   電路比較簡單，易於製作。除TOP202Y和光耦合器之外，僅需20個週邊元件。設計成單面印刷電路板時，模組的外形尺寸可做到90mm×45mm×30mm，TOP202Y 也不需要裝散熱器。模組具有完善的保護功能。

3. 採用配穩壓二極體的光耦回授電路，使其電壓調整率、負載調整率、輸出功率等項技術指標均優於基本回授式交換式電源模組。電源效率為80%，峰值輸出功率可達30W。它對50Hz、60Hz電路頻率均適用。

4. 在交流輸入端增加了電磁干擾(EMI)濾波器，提高了抗共模干擾及串模干擾的能力。在初、次級繞組之間還並聯了抑制共模干擾的電容器。該模組符合VDE標準中B類電磁相容性的規範。

該模組的主要技術指標如下：

交流輸入電壓範圍：$u = 85 \sim 265\text{V}$

輸入電路頻率：$f_\text{L} = 47 \sim 440\text{Hz}$

輸出電壓($I_\text{O} = 2\text{A}$)：$U_\text{O} = 7.5\text{V} \pm 0.375\text{V}$

最大輸出電流：$I_\text{OM} = 2\text{A}$

連續輸出功率：$P_\text{O} = 15\text{W}$

峰值輸出功率：$P_\text{O(PK)} = 30\text{W}$

電壓調整率(u從85V變化到265V)：$S_\text{V} = \pm 0.5\,\%$

負載調整率(I_O從10％I_OM變化到100％I_OM)：$S_\text{I} = \pm 1\,\%$

電源效率：$\eta = 80\,\%$

輸出漣波電壓的最大值：±50mV

工作溫度範圍：$T_\text{A} = 0 \sim 70\text{℃}$

安作性認證：IEC950/UL1950

2.4.2　7.5V、15W 交換式電源模組的電路設計

該交換式電源模組的內部電路和印刷電路板元件佈局圖，分別如圖2.4.1、圖2.4.2所示。單面印刷電路板的尺寸為84mm×40.5mm，焊上元件後的最大高度僅為24.5mm。在C_1正極與VD_Z1正極之間的焊盤上，需要焊接一根短路線JP。

該模組採用帶穩壓二極體(VD_Z2)的光耦回授工作模式，電路中共使用兩片積體電路，IC_1為TOP202Y型單晶片交換式電源，IC_2是日本產NEC2501-H型線性光耦合器。FU為3A/250V保險絲。C_6與L_2構成交流輸入端的EMI濾波器。C_6能濾除由初級脈動電流產生的串模干擾，L_2可抑制初級繞組中產生的共模干擾。C_6可選耐壓為交流250V(或直流630V)的電容器，這種電容的餘量較大，

完全可承受265V交流電壓。C_7和C_8用於濾除由初、次級繞組之間耦合電容所產生的共模干擾。BR為1.5A/600V整流橋，C_1是濾波電容。由VD_{Z1}和VD_1構成的汲極箝位保護電路，可將由高頻變壓器漏感產生的尖峰電壓箝位到安全值以下，並能減小振鈴電壓。VD_{Z1}選用P6KE150型暫態電壓抑制器(TVS)，其箝位電壓為150V。次級電壓經VD_2、C_2、L_1、C_3整流濾波後產生7.5V的輸出電壓。R_2和VD_{Z2}與輸出端並聯，構成一個假負載，可改善輕載時的負載調整率。回授繞組電壓經VD_3整流、C_4濾波後，再經過光敏電晶體給TOP202Y提供一個

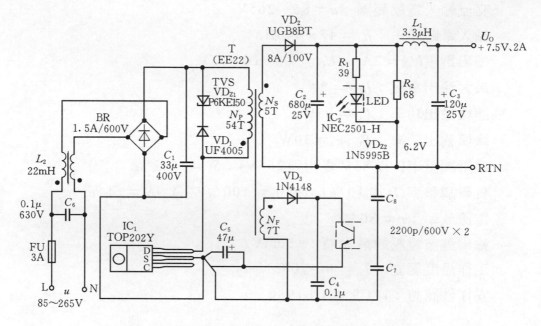

圖 2.4.1　7.5V、15W 交換式電源模組的內部電路

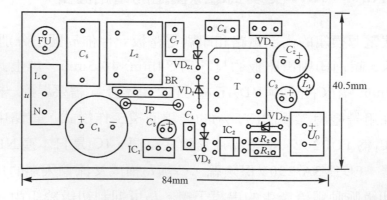

圖 2.4.2　印刷電路板元件佈局圖

偏置電壓。當U_O發生波動時，由於VD_{Z2}具有穩壓作用，就使光耦合器中 LED 的工作電流發生變化，進而改變 TOP202Y 的控制端電流I_C，再透過調節輸出工作週期，使U_O保持穩定，這就是其穩壓原理。C_5是控制端旁路電容，它與R_1一起對控制迴路進行補償。C_5還能濾除控制端的尖峰電壓。

該模組的電壓調整率S_V、負載調整率S_I、電源效率η的變化曲線，分別如圖 2.4.3(a)、(b)、(c)所示。(a)圖示出當$I_O = 2A$時，S_V與交流輸入電壓u的關係曲線。(b)圖給出$u = 230V$時，S_I與輸出電流I_O的關係曲線。

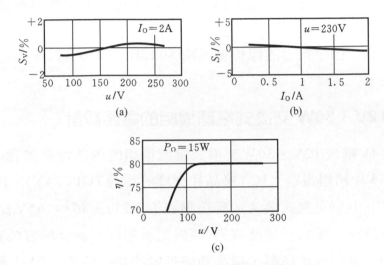

圖 2.4.3　S_V、S_I、η的變化曲線

高頻變壓器選用 EE22 型鐵心。初級繞組用$\phi0.2mm$漆包線繞 54 匝，次級用$\phi0.32mm$漆包線雙股並繞 5 匝。回授繞組則用$\phi0.2mm$漆包線雙股並繞 7 匝。初級電感量$L_P = 620\mu H \pm 62\mu H$，漏感量$L_{P0} \leq 11\mu H$。

2.5　30W 通用輸入的 12V 交換式電源模組

下面介紹由 TOP244Y 構成的 12V、2.5A 交換式電源模組，該模組可用做電源適配器。

2.5.1　性能特點和技術指標

1.　它採用第四代單晶片交換式電源積體電路 TOP244Y，配反馳式高頻變壓器，能將 85～265V 交流電源變換成 + 12V、2.5A 的直流穩壓輸出，最大輸出功率為 30W。

2. 採用 R、C、TVS、SRD 型箝位電路來代替穩壓二極體和功率電阻,並由光耦合器 ISP817C 和可調式精密並聯穩壓器 TL431 構成精密光耦回授電路,使穩壓性能得到顯著提高。

3. 電路簡單、穩壓性能好、週邊元件少、成本低。具有欠電壓(UV)保護、過電壓(OV)保護、過熱保護及短路保護功能。

4. 電源效率高($\eta \geq 79\%$),功率消耗低。交流 115V 輸入時的空載功率消耗低於 200mW,交流 230V 輸入時空載功率消耗低於 250mW。

5. 超載能力強。交流輸入電壓為 265V 時,超載輸出功率可達到額定值的 160%。

6. 抗干擾能力強,符合國際標準 EN55022B、CISPR22B 對電磁干擾的技術規範。

2.5.2　12V、30W 交換式電源模組的電路設計

由 TOP244Y 構成 12V、30W 交換式電源模組的內部電路如圖 2.5.1 所示。該電源使用了 3 片積體電路:IC_1(單晶片交換式電源 TOP224Y),IC_2(線性光耦合器 ISP817C),IC_3(可調式精密並聯穩壓器 TL431)。85～265V 交流電源依次經過 3.15A 保險絲、電磁干擾濾波器(共模扼流圈 L_1、安全電容 C_9)和 2A/600V 的整流橋(BR),獲得直流高壓,接高頻變壓器的初級繞組。EMI 濾波器中的安全電容亦稱做 "X 電容"。高頻變壓器採用 EF25 型鐵心,配 10 接腳的骨架。鐵心留間隙後的等效電感 $A_{LG} = 264nH/T^2$。初級繞組用 $\phi 0.4mm$ 漆包線繞 58 匝,次級繞組用 4 股 $\phi 0.45mm$ 的三重絕緣線(Triple insulated Wire,簡稱 TIW)並繞 6 匝,輔助繞組用 $\phi 0.4mm$ 漆包線繞 2 匝。初級電感量 $L_P = 876\mu H$(允許有 $\pm 10\%$ 的誤差),最大漏感 $L_{P0} = 28\mu H$。高頻變壓器的諧振頻率超過 570kHz。

在線路檢測端 L 上接電阻 R_1,可實現輸入過電壓/欠電壓保護。取 $R_1 = 2M\Omega$ 時,所設定的過電壓值為 450V(DC),欠電壓值為 100V(DC)。R_4 為 X 端的外接電阻,$R_4 = 8.25k\Omega$ 時,能將 TOP244Y 極限電流減小到規格值的 85%,即 $I'_{LIMIT} = 0.85I_{LIMIT} = 0.85 \times 1.35A = 1.08A$。當輸入電壓升高時,利用電阻 R_2 可限制電源的最大輸出功率。用減小極限電流的方法,允許將體積更小的高頻變壓器設計在連續模式下工作,從而降低了初級和次級的峰值電流,這樣能降低功率消耗以及初級元件的耐壓值。

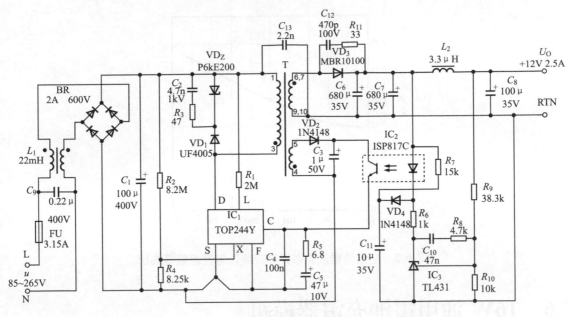

圖 2.5.1　12V、30W 交換式電源模組的內部電路

　　初級箝制電路由暫態電壓抑制器VD_Z(P6KE200)和超快恢復二極體VD_1(UF4005)組成，能吸收洩漏電感的能量。將汲極電壓箝制在安全值。由R_3和C_2構成 RC 吸收迴路，可進一步降低電磁干擾。

　　次級整流濾波電路由VD_3、$C_6 \sim C_8$和L_2構成。VD_3採用 10A/100V 的肖特基二極體 MBR10100，L_2選用 3.3μH 的磁珠。將C_6和C_7並聯使用可降低濾波電容的等效電感。C_{12}和R_{11}並聯在VD_3兩端，能防止VD_3在高頻開關狀態下產生自激振盪(即振鈴干擾)。C_{13}為安全電容，亦稱做 "Y 電容"，它必須接在高頻變壓器的初、次級繞組之間，耐壓值可選 1.5kV～2kV(以下相同)。

　　精密光耦回授電路由 ISP817C 和 TL431 組成。輸出電壓經R_9和R_{10}取樣後，與 TL431 的內部基準電壓進行比較，產生誤差電壓，再透過 ISP817C 去改變 TOP224Y 的輸出工作週期。C_{10}和R_8為頻率補償網路，R_6用來設定迴路的直流增益。用 TL431 來構成外部誤差放大器，而不採用齊納穩壓管提供參考電壓，可以改善調節性能、提高輸出電壓的穩定性。TL431 的偏置電流僅為 1mA，這有助於降低空載損耗。空載時輸入功率與交流輸入電壓的關係曲線如圖 2.5.2 所示。由VD_4、C_{11}組成軟啟動電路，避免在啟動電源時發生超載現象。當電源斷電時，C_{11}上的電荷可透過R_7洩放掉。

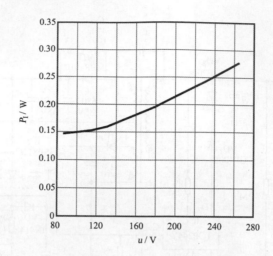

圖 2.5.2　空載時輸入功率與交流輸入電壓的關係曲線

2.6　16W 通用電池充電器模組

介紹一種由 TOP244P 構成的具有恆壓/恆流輸出特性的 16W 通用電池充電器模組。該模組可對汽車用的鉛酸蓄電池進行充電，這種電池具有全密封(不會漏酸，也不會排酸霧)、免維護(使用期間不用加酸、加水)等特點。此外，它還可用做緊急信號燈、緊急照明燈的充電器。

2.6.1　性能特點和技術指標

1. 該通用電池充電器的交流輸入電壓範圍是 85～265V，直流輸出電壓為 13.55V，輸出功率為 16W。電源效率超過 75％。
2. TOP244P 未設置切換頻率選擇端(F)，並且將線路檢測端(L)與極限電流設定端(X)合併成一個多功能端 M，它屬於四端元件(以下相同)。
3. 具有恆壓/恆流輸出特性，並能在這兩種輸出模式之間自動轉換。它增加了鉛酸蓄電池電壓監視端 MON(monitoring)，不僅能檢測鉛酸蓄電池的電壓，還可根據鉛酸蓄電池所允許的充電量(單位是 Ah)對充電電流進行設定。
4. 具有欠電壓(UV)檢測和過電壓(OV)保護功能，利用內部的溫度檢測電路可對輸出電壓進行溫度補償。

5. 成本低，週邊元件少。TOP244P採用DIP-8封裝，可直接用印刷電路板
上的覆銅箔來代替外部散熱器。

2.6.2　16W 通用電池充電器的電路設計

由TOP244P構成 16W 通用電池充電器模組的內部電路如圖 2.6.1 所示。它
利用暫態電壓抑制器(P6KE200)和超快恢復二極體(UF4005)組成箝位電路。當
R_{13}= 2MΩ時，所設定的欠電壓值、過電壓值分別為 100V、450V。利用欠電
壓檢測功能可避免在通電過程或突然斷電時損壞負載。利用過電壓切斷功能，
可為瞬間短路提供保護並提高充電器的超載能力。TOP244P 具有頻率彈跳特
性，能有效地抑制電磁干擾。

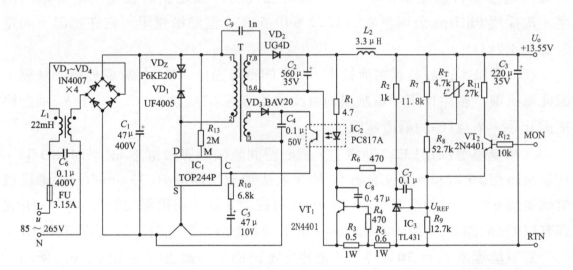

圖 2.6.1　16W 通用電池充電器模組的內部電路

鉛酸蓄電池是由若干個單元電池組成的，通常每個單元電池的電壓為2.3V。
為了檢測和監視充電器單元電池的電壓值，專門設置了鉛酸蓄電池電壓監視端
MON。當 MON 端不加信號時，輸出電壓值由分壓電阻R_7、R_T、R_8和R_9來設
定，TL431 的基準電壓端(U_{REF})為 2.50V。不難算出，在常溫下U_O = 13.55V。
如果從鉛酸蓄電池的端電壓上分壓出U_{MON}，在蓄電池充足電時調整U_{MON}恰好
等於＋5V，那麼將＋5V 信號加至 MON 端時VT$_2$就導通，使原先設定的電阻
分壓比發生變化，進而使輸出電壓降低到8V左右，表示電池已充好電了。R_{12}
為VT$_2$的基極限流電阻。

　　該充電器還具備限流功能並能根據實際需要來設定限流臨界值。電流環由 R_1、IC_2(PC817A)、C_8、VT_1(2N4401)、R_3、R_4和R_5構成。將R_3與R_5串聯後接返回端(RTN)，負載電流就分別在R_3、R_5上形成壓降。當輸出端發生短路故障迫使$U_O \approx 0V$時，R_3上的電壓就迅速增大，使VT_1立即導通，VT_1就取代控制迴路直接驅動IC_2中的發光二極體，維持I_O不變。因此，R_3的作用是設定最大輸出電流值，有關係式：$R_3 = 0.6V/I_{OM}$。TOP244P 的極限電流的典型值為 1A，不難算出$R_3 = 0.6\Omega$，實際取標稱電阻值 0.5Ω。R_3和R_5均採用 1W 電阻。電容C_8和R_4可對VT_1進行頻率補償並限制VT_1的基極電流。利用IC_3(TL431)來產生誤差電壓。

　　電阻$R_7 \sim R_9$和熱敏電阻R_T還構成了溫度檢測電路，可根據環境溫度的變化對輸出電壓進行溫度補償，使充電器的溫度特性滿足鉛酸蓄電池所要求的溫度。R_t採用 Philips 公司生產的 2322-640-54472 型熱敏電阻，它在室溫下的電阻值為 4.7kΩ。

　　在恒壓區，由於負載電流較小，R_3上的壓降過低，VT_1始終處於截止狀態，因此電流環不產生作用。電壓環的直流增益透過R_6來設定。C_8、C_5和R_{10}為迴路補償元件。R_2為IC_3的偏置電阻。

　　高頻變壓器採用EE22型鐵心，鐵心留間隙後的等效電感$A_{LG} = 145nH/T^2$。初級繞組用ϕ0.25mm漆包線繞 56 匝，次級繞組用兩股ϕ0.33mm的三重絕緣線雙線並繞 6 匝，輔助繞組用ϕ0.25mm漆包線繞 8 匝。初級電感量$L_P = 475\mu H$(允許有±10 %的誤差)，最大漏感$L_{P0} = 35\mu H$。高頻變壓器的諧振頻率超過300kHz。

　　當環境溫度$T_A = 30°C$時，該電池充電器模組的輸出特性如圖 2.6.2 所示。由圖可見，當$I_O < 1.13A$時為恒壓輸出；當$I_O > 1.13A$時進入恒流區，所設定的限流臨界值為 1.2A。圖 2.6.3 示出單元電池的充電電壓與溫度的關係曲線，U_O隨環境溫度的升高而降低，當$T_A = 25°C$時，$U_O \approx 2.26V$。

　　設計電路時需注意以下事項：

1. 設計電路時應保證在輸出短路($U_O = 0V$)、輸出電流$I_O = I_{OM}$的情況下，R_3和R_5上的電壓之和大於 1.5V。

2. 當$I_O = I_{OM}$時，應使VD_3的輸出電壓大於 6V，才能在輸出短路的情況下維持對輸出電流的控制。

3. 當$R_7 \sim R_9$的容許誤差為±0.5 %、R_{10}的容許誤差為±1 %、IC_2的容許誤差為±0.5 %時，總誤差小於±2 %。

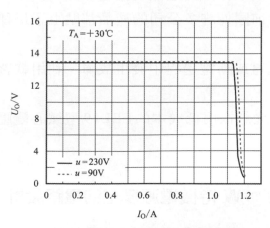

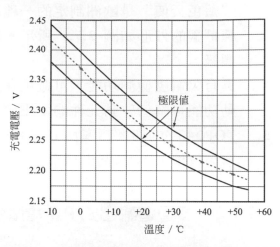

圖 2.6.2　通用電池充電器模組的輸出特性　　圖 2.6.3　單元電池的充電電壓與溫度的關係曲線

2.7　多通道輸出式 17W、PC 電腦待機電源模組

　　由 TOP242Y 可構成多通道輸出式 17W、PC 電腦待機電源模組。當主電源斷電後，由待機電源繼續給 PC 電腦供電，這樣能大大降低 PC 電腦的功率消耗並確保資料不致丟失。

2.7.1　性能特點和技術指標

1.　該 PC 電腦待機電源模組的直流輸入電壓範圍是 +200～375V，三路輸出電壓分別為 5V/2A，3.3V/2A，15V/30mA，總輸出功率為 17W。

2.　3.3V、5V 兩路輸出的電壓調整率均為 ±5％。輔助繞組的輸出電壓經過整流濾波後直接作為 15V/30mA 輸出，從而簡化了電路設計。

3.　低功率消耗。當輸入功率為 5W 時能提供 3.9W 的輸出功率，小功率輸出時的電源效率不低於 78％，符合"藍色天使"(Blue Angle)規範中的節能要求。

圖 2.7.1　"藍色天使"(Blue Angle)標籤

"藍色天使"是歐洲制定的一種涉及環保節能產品的藍色標籤，其中一種標籤的外形如圖 2.7.1 所示。目前國外許多公司的產品都貼上了這種標籤。

4. 具有欠電壓檢測功能，可避免在通電或斷電過程中發生故障。利用軟啓動功能可降低啓動元件的耐壓值。

5. TOP242Y的切換頻率為132kHz，允許採用低成本的EEL19型鐵心變壓器來傳輸17W的輸出功率。

2.7.2 多通道輸出式 PC 電腦的 17W 待機電源模組的電路設計

由 TOP242Y 構成多通道輸出式 PC 電腦的 17W 待機電源模組的內部電路如圖 2.7.2 所示。R_1為欠電壓設定電阻，其電阻值由下式確定：

$$R_1 = (U_{UV} - 2.5)/I_{UV} \tag{2.2}$$

式中，I_{UV}為 TOP242Y 欠電壓時的電流值，$I_{UV} = 50\mu A$。選擇欠電壓值$U_{UV} = 195V$(這恰好是開啓PC電腦主電源所需要的最低直流輸入電壓)時，利用式(2.2)不難算出$R_1 = 3.85M\Omega$，可取規格值3.9MΩ。正常情況下，U_I必須高於 195V。

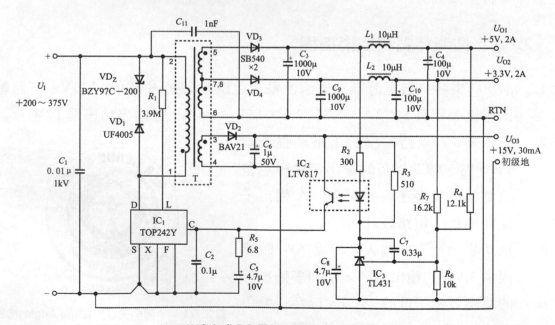

圖 2.7.2 多通道輸出式 PC 電腦 17W 待機電源模組的內部電路

在開始工作的最初 10ms 內，晶片中的軟啟動電路被啟動。工作週期從 0 ％ 線性地增加到 78 ％。極限電流也從 70 ％上升到 100 ％，這樣就對內部功率 MOSFET、箝位二極體和輸出整流器產生了保護作用。初級箝位電路由暫態電壓抑制器(BZY97C-200)和超快恢復二極體(UF4005)組成，在輕載、5W 輸入的情況下，可最大限度地提高輸出功率。

該交換式電源以 5V 作為主輸出，3.3V 為輔助輸出。由 R_7、R_4、R_6 組成兩路取樣電路，分別用來檢測 5V、3.3V 輸出。C_7、R_5 和 C_5 為控制迴路的頻率補償元件。電阻 R_2 用來設定迴路的直流增益，R_3 是 TL431 的偏壓電阻，它直接影響迴路的相位及頻寬。

高頻變壓器採用 EEL19 型鐵心，鐵心留間隙後的等效電感 $A_{LG} = 720\text{nH/T}^2$。初級繞組用 ϕ0.16mm 漆包線繞 147 匝，5V 繞組用 3 股 ϕ0.35mm 的三重絕緣線並繞 2 匝，3.3V 繞組用 3 股 ϕ0.35mm 的三重絕緣線並繞 4 匝。輔助繞組用 ϕ0.16mm 漆包線繞 17 匝。初級電感量 $L_P = 2.3\text{mH}$(允許有±10 ％的誤差)，最大漏感 $L_{P0} = 75\mu\text{H}$。高頻變壓器的諧振頻率超過 650kHz。在設計電路時應注意以下事項：

1. 若待機電源距離輸入濾波電容較遠，則輸入端必須接去耦電容 C_1。
2. 安全電容 C_{11} 應連接到直流高壓的正極與次級返回端之間。
3. 連接輔助繞組的源極接腳可為 TOPSwitch-GX 上的突波電流提供洩放迴路。
4. C_2、R_5 和 C_5 應儘量接近 TOP242Y 的控制端。

2.8　密封式 70W 筆記型電腦電源適配器模組

下面介紹一種由 TOP249Y 構成的密封式 70W 筆記型電腦電源適配器的模組。

2.8.1　性能特點和技術指標

1. 該適配器模組的交流輸入電壓範圍是 85～265V，輸出電壓為 19V，最大輸出電流為 3.68A。當環境溫度為 50℃時，最大輸出功率可達 70W，可作為筆記型電腦的 AC/DC 電源轉換器。
2. 高效率。即使在交流輸入電壓為 85V、環境溫度為 50℃的不利條件下，電源效率也能達到 84％。當交流輸入電壓為 115V 時，空載功率消耗低於 370mW。

3. 採用全密封式結構，體積小，不需要使用表面黏著元件。外形尺寸僅為 10.4cm×5.65cm×2.69cm，功率密度高達 0.43 W/cm³。抗電磁干擾能力強。能完全滿足筆記型電腦的需要。

4. 具有欠電壓檢測、過電壓關斷、超載保護、短路保護和過熱保護功能。

2.8.2 密封式 70W 筆記型電腦電源適配器的電路設計

全密封式 70W 筆記型電腦電源適配器模組的內部電路如圖 2.8 所示。該適配器對電源效率指標要求很高，而模組的體積又很小，因此選擇 TOP249Y 最合適。其理由如下：第一，在 85～265V 寬範圍交流輸入的情況下，TOP249Y 用做密封式電源適配器時的最大輸出功率為 80W，完全能滿足設計要求；第二，選用輸出功率較大的 TOPSwitch-GX 晶片(例如 TOP249Y)，而不選功率較小的晶片(例如 TOP248Y)，有助於提高電源效率，這是因為 TOPSwitch-GX 的輸出功率愈大、功率損耗就愈低的緣故；第三，允許增大初級電感量來降低初級有效值電流，進一步提高效率；第四，選擇 TOP249Y 能減小散熱器的體積，便於設計高密度、小型化的電源適配器模組。

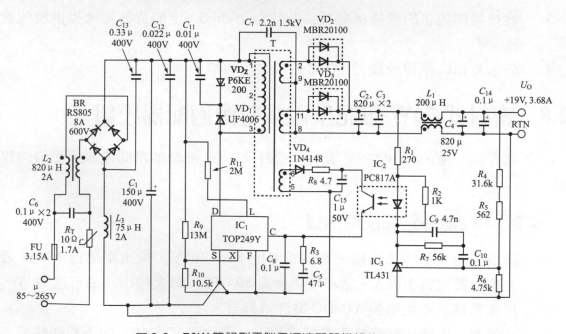

圖 2.8　70W 筆記型電腦電源適配器模組的內部電路

85～265V 交流電壓經過橋式整流後，再透過C_1濾波，獲得直流高壓。爲改善濾波效果，利用C_{13}和L_3組成串模干擾濾波器。在交流電源輸入端串聯一隻負溫度係數的熱敏電阻R_T，可限制通電時電流突然增大，避免濾波電容受到大電流的衝擊。由安全電容C_6和共模扼流圈L_2組成EMI濾波器。箝位電路是由暫態電壓抑制器VD_Z、超快恢復二極體VD_1及電容C_{11}構成的。當 TOP249Y 導通時VD_1截止，箝位電路不產生作用，能量就儲存在高頻變壓器的初級上；當TOP249Y關斷時會產生逆向電動勢(即感應電壓U_{OR})，使VD_1迅速導通，進而使VD_Z被逆向崩潰，對內部功率 MOSFET 的漏-源極電壓產生了箝位作用，避免因漏感產生的尖峰電壓而損壞元件。C_{11}能降低VD_Z上的功率消耗。C_{12}用來濾除高頻電磁干擾。

R_{11}爲欠電壓/過電壓設定電阻。取$R_{11} = 2M\Omega$時，欠電壓值和過電壓值分別爲100V、450V。在欠電壓情況下，利用電阻$R_{10}(10.5k\Omega)$可將內部極限電流設定爲規格值的 75 ％，即$I'_{LIMIT} = 0.75 I_{LIMIT} = 0.75 \times 5.40A = 4.05A$。$R_9$爲電壓前饋電阻，可使$I'_{LIMIT}$隨$U_I$的升高而自動減小。

爲了降低次級繞組以及整流二極體的損耗，次級電路由兩個繞組、兩隻整流二極體並聯而成，然後公用一套濾波器。次級整流二極體均採用MBR20100型 20A/100V 的肖特基對二極體，可以把整流二極體的損耗降至最低。

精密光耦回授電路由 PC817A、TL431 等構成。R_4、R_5和R_6爲輸出電壓的取樣電阻。

高頻變壓器採用 FPQ26 型耐高溫的鐵心材料，磁通密度爲 0.3T。鐵心留間隙後的等效電感$A_{LG} = 843nH/T^2$。初級繞組夾在次級繞組之間，用兩股$\phi 0.40mm$漆包線分兩次並繞 18 匝(9 匝＋ 9 匝)以減小漏感。次級繞組中的每個線圈均用 3 股$\phi 0.40mm$的三重絕緣線並繞 3 匝。輔助繞組用 8mm×0.015mm 的銅箔繞 2 匝，這樣可減小漏感。初級電感量$L_P = 273\mu H$(允許有±10 ％的誤差)，最大漏感僅爲$3\mu H$，高頻變壓器的諧振頻率超過 1.5MHz。

在實際安裝時，應注意以下幾點：

1. C_8、R_3、C_5、R_9、R_{10}和R_{11}應儘量靠近 TOP249Y。

2. 功率地線與信號地線應分開佈置，再用卡爾文(Kelvin)單點連接法與源極接腳相連。

3. 儘量減少初、次級迴路的面積，以便減小漏感及電磁干擾。

2.9　145W、PC 電腦交換式電源模組

　　下面再介紹一種由 TOP247 構成的 145W、PC 電腦交換式電源模組，可作為 PC 電腦的主 ATX 電源，ATX 是一種新的 PC 主機板架構規範。

2.9.1　ATX 電源簡介

　　早期的PC電腦(例如從 286 到 586)中的交換式電源是AT電源的一統天下。AT 電源的輸出功率一般為 150～250W，共有四路輸出(＋5V、－5V、＋12V、－12V)，另外還向主機板提供一個電源正常(PG，Power Good)信號。AT 電源的缺點是採用切斷交流電源的方式關機，不能實現軟體關機。目前隨著ATX電源的普及，AT 電源已淡出市場。

　　Intel 在 1997 年推出了流行的 ATX2.01 電源標準。和 AT 電源相比，ATX 電源主要是增加了 3.3V 和 5V 兩路輸出電壓和一個 PS-ON 信號。其中，3.3V 電源給使用低電壓的 CPU 供電，大大降低了主機板電路的功率消耗。5V 電源亦稱輔助電源，只要插上 220V 交流電就有 5V 電壓輸出。PS-ON 信號是主機板向電源提供的電位信號，用來控制電源其他各路電壓的輸出。利用 5V 電源和 PS-ON 信號，即可實現軟體開機/關機、網路遠端喚醒等功能。當主機板向電源發送的PS-ON信號為低電位時將電源啟動，PS-ON為高電位時關閉電源。

　　PC 電腦交換式電源的功率必須能滿足整機需要並留有一定餘量。目前，PC電腦正朝著 "綠色" 節能、環保型的方向發展，其電源功率並非越大越好。Intel 新推出的 Micro-ATX 標準所規定的 PC 電腦電源功率只有 145W，甚至可降低到 90W。ATX 電源現已成為 PC 電腦電源的主流產品。

　　ATX電源的主要技術指標是輸出功率、安全標準(例如中國的CCEE認證)、電磁干擾(EMI)特性、 "電源發生故障" (PF，即 Power Fail)及 "電源正常" 信號的延遲時間等。

2.9.2　145 W、PC 電腦交換式電源模組

1.　性能特點和技術指標

(1)　該PC電腦交換式電源模組採用TOP247Y型第四代單晶片交換式電源積體電路，適用於ATX電源。其交流輸入電壓範圍是 90～130V(典型

值為 110V)或 180～265V(典型值為 220V)。3 路輸出電壓分別為 3.3V、5V 和 12V。3.3V 是 5V 繞組電壓透過外部磁放大器(magamp)電路而獲得的,利用磁放大器能進一步提高穩壓性能。總輸出功率為 145W,峰值輸出功率可達 160W。

(2)　專門設計了 110V/220V 交流輸入電壓切換電路,還增加了遙控通/斷電路,能遠端控制交換式電源的通、斷狀態。

(3)　高效率,低功率消耗。電源效率 $\eta \geq 71\%$。當輸入功率為 0.91W 時,輸出功率可達 0.5W,其功率消耗僅為 0.41W,符合在這種情況下電源功率消耗不得超過 1W 的規定。

(4)　初級電路中採用了"穩壓二極體/電容重置/箝位"的綜合性保護措施,能確保汲極電壓低於 600V。具有欠電壓和過電壓保護功能。透過降低最大工作週期(D_{max})的方法,能避免高頻變壓器在暫態超載時發生磁飽和現象。

(5)　電路簡單,週邊元件少。

(6)　利用頻率彈跳技術可減小電磁干擾。該模組符合 CISPR22B/EN55022B 標準中對電磁干擾的規範。

2.　145 W、PC 電腦交換式電源模組的電路設計

　　由 TOP247Y 構成 145W、PC 電腦交換式電源模組的內部電路如圖 2.9.1 所示。S 為 110V/220V 交流輸入電壓選擇開關。當 S 閉合時選擇 110V 倍壓整流電路。圖 2.9.1 所示電路則是利用電晶體 VT_2、VT_3、電阻 R_1、R_2、R_3、R_5 和 R_6 來代替均衡電阻,構成濾波電容 C_2、C_3 的分壓電路。該電路能降低電阻損耗。在設計電路時,VT_2 採用 MPSA42 型高壓 NPN 電晶體,VT_3 採用 MPSA92 型高壓 PNP 電晶體,二者為互補對二極體,主要參數如下: $U_{(BR)CEO} = 300V$,$I_C = 0.5A$,$P_D = 0.625W$,$h_{FE} = 25$ 倍。當 S 切斷時就選擇 220V 交流電。此時 C_2 與 C_3 相串聯,總電容量變成 $660\mu F$。

　　R_V 是壓敏電阻,當電路上的突波電壓超過 275V 時 R_V 迅速被崩潰,能產生箝位保護作用。R_T 為負溫度係數的熱敏電阻,在通電時產生了限流保護作用。交流輸入端的 EMI 濾波器由 C_{18}、C_{19}、C_1,共模扼流圈 L_3

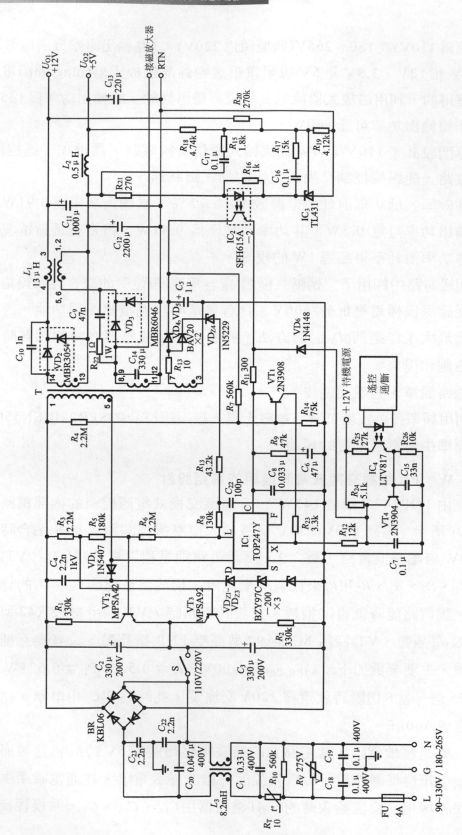

圖 2.9.1 145W、PC 電腦交換式電源模組的內部電路

、C_{20}、C_{22}、C_{23}和R_{10}組成。其中C_1、C_{22}和C_{23}均為安全電容(X電容)。R_{10}為洩放電阻，斷電時可將電容上所積累的電荷洩放掉。

電源啟動時的欠電壓值是由R_3、R_5和R_6的總串聯電阻值來決定的，當交流電源電壓低於180V時禁止啟動交換式電源。另外，電阻R_4、R_{14}、R_{23}和電晶體VT_1還在X接腳構成一個獨立的欠電壓保護電路，電源被啟動後允許在低於140V直流電壓的情況下繼續工作。R_7為延遲電阻。

由二極體VD_1、穩壓二極體VD_{Z1}～VD_{Z5}、C_4以及次級電路中的R_{22}和C_9組成"穩壓二極體/電容重置/箝位"保護電路。該電路能提供重置電壓，無論在何種情況下都能將汲極電壓鉗制在安全範圍以內(低於600V)。高頻變壓器的最大磁通密度應小於0.25T。

重置電路還與自動降低最大工作週期(D_{max})的電路配合工作，防止高頻變壓器出現磁飽和現象，並且避免負載短路時損壞電路。能自動降低最大工作週期的電路由R_8、R_{13}，C_{22}，VD_{Z4}和VD_5構成。

遙控通/斷電路由R_{12}、C_7、R_{24}、VT_4、C_{15}、R_{25}、R_{26}、光耦合器IC_4和VD_6組成。在開啟狀態下，IC_4的輸出信號使VT_4導通，X接腳就透過電阻R_{12}、VD_6和R_{11}接控制端 C。在關閉狀態下，IC_4和VT_4處於截止狀態，X接腳經過R_{12}和R_{24}接外部＋12V待機電源，使 TOP247 進入關閉狀態。＋12V待機電源透過R_{24}和VD_6給TOP247的控制端提供電流，使交換式電源的功率消耗降至2mW。R_{11}為偏壓電阻。

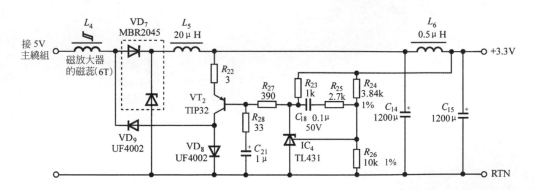

圖 2.9.2　可單獨調節的 3.3V 磁放大器電路

精密光耦回授電路由光耦合器IC_2(SFH615A)、可調式精密並聯穩壓器IC_3(TL431)組成。該交換式電源以5V作為主輸出，12V為輔助輸出。

3.3V 則是 5V 繞組電壓透過外部磁放大器電路後獲得的。可單獨調節的 3.3V 磁放大器電路如圖 2.9.2 所示。磁放大器能使交換式電源的輸出得到精確控制，進一步提高穩壓性能。磁放大器的高頻鐵心可用坡莫合金、鐵氧體或非晶、超微晶(又稱奈米晶)材料製成。因超微晶軟磁材料具有高透磁率、高矩形比、鐵心損耗低、高溫穩定性好等優點而倍受人們青睞，現已被用於電腦的 ATX 電源中。一種超微晶鐵心的磁滯曲線(局部)如圖 2.9.3 所示。

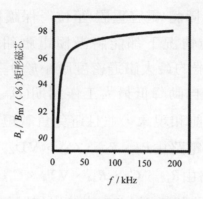

圖 2.9.3　超微晶鐵心的磁滯曲線

特種單晶片交換式電源及電源模組的設計

特種整合交換式電源與傳統的交換式電源相比，具有電路新穎、功能奇特、性能先進、應用領域較為廣泛等特點。特種整合交換式電源主要包括以下 5 種類型：①複合型交換式電源；②恒壓/恒流(CV/CC)型交換式電源；③截流輸出型交換式電源；④恒功率輸出型交換式電源；⑤其他專用交換式電源，例如 LED 驅動電源、地面數位電視播放(DVB-T)電源、高速數據機(High Speed Modem)電源、DVD 電源等。

特種單晶片交換式電源有以下兩種設計方案：第一種方案是採用通用單晶片交換式電源積體電路(例如：TOPSwitch-II、TOPSwitch-FX、TOPSwitch-GX等系列)，再配通電壓控制環、電流控制環等週邊電路設計而成的，其特點是輸出功率較大，但週邊電路複雜；第二種方案是採用最近問世的 LinkSwitch 系列高效率恒壓/恒流式三端單晶片交換式電源晶片，或選用 LinkSwitch-TN 系列節能型單晶片交換式電源專用 IC，這樣可大大簡化電路，降低成本，適合構成小功率特種交換式電源。

本章介紹 17 種特種單晶片交換式電源及電源模組的電路設計原理，可供讀者參考。

3.1 複合式交換式電源

線性穩壓器的輸出電壓穩定度很高，漣波電壓很小，其缺點是電源效率低，需使用笨重的工頻變壓器。而單晶片交換式電源的效率很高，能省去電力頻率變壓器，但電壓穩定度較低，漣波電壓較高。若將二者巧妙地結合起來，把單晶片交換式電源當作前級穩壓器，給線性整合穩壓器提供直流輸入電壓，即可揚長避短，實現優勢互補，構成理想的高效率、精密穩壓電源。這種電源兼有交換式電源和線性電源之優點。所配線性整合穩壓器大致有以下三種選擇方案：①配7805系列三端固定式穩壓器，其電路簡單，成本低廉；②配LM317等型號的三端可調式穩壓器，使輸出電壓連續可調，並且能進一步提高穩壓性能；③配LM2937(固定輸出)、LM2991(可調輸出)等型號的低壓差穩壓器，可使複合式交換式電源的效率得到顯著提高。

下面首先介紹單路輸出並具有直流欠壓保護、交流斷電保護功能的複合式交換式電源的電路設計，然後闡述多通道輸出複合式交換式電源的工作原理。

3.1.1　單路輸出複合式交換式電源

1.　有直流欠電壓保護功能的複合式交換式電源

欠電壓保護型複合式交換式電源的電路如圖 3.1.1 所示。該電路使用一片TOP209P型單晶片交換式電源，輸出能力為5V、400mA(2W)。欠電壓保護電路由回授繞組和外部元件$R_4 \sim R_6$、VD_4和VT構成。其中，VD_4採用 1N4148 型切換二極體。VT 使用 2N4403 型 600mA、40V 的PNP電晶體。考慮到正常工作時U_I的最小值為90V，現將欠電壓臨界值設定為70V。當$U_I <$ 70V 時，U_I經過R_4、R_5分壓後加至VD_4的負極上，VD_4就因負極接低電位而導通，進而使 VT 導通，令控制端電壓U_C呈低電位，將 TOP209P 切斷。一旦U_I恢復正常，VD_4和 VT 就截止，使保護電路不產生作用。該電路與圖 5.2.6 有相似之處。

該電路的另一特點是由 TOP209P (IC_1)和 LM7805 (IC_2)構成複合式交換式電源。次級繞組的輸出電壓先經VD_2整流，再透過C_2濾波，產生＋7.5V 電壓，接 LM7805 的輸入端，經後者作二次穩壓後輸出＋5V 電壓。LM7805 的電壓調整率$S_V = \pm 0.1\%$，最大輸出電流$I_O = 1A > 400mA$。

2.　具有交流斷電保護功能的複合式交換式電源

這種交換式電源適合作為節能型電腦(亦稱"綠色"PC電腦)的輔助電源。當微電腦斷電後，其輸入端的儲能電容仍可使輔助電源繼續供電20～30s。然而在某些情況下，要求交流斷電後輔助電源的工作時間更短些。顯然，如果在輸入端的儲能電容上並聯一隻洩放電阻，必然使電源效率降低。解決辦法是給交換式電源增加斷電檢測與控制電路，只要斷電時間超過設定值，就自動切斷輔助電源。這樣既可把微電腦中的資料儲存下來，又不至於等待較長時間。

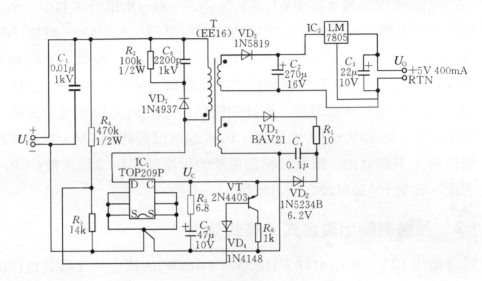

圖 3.1.1　欠電壓保護型複合式交換式電源電路

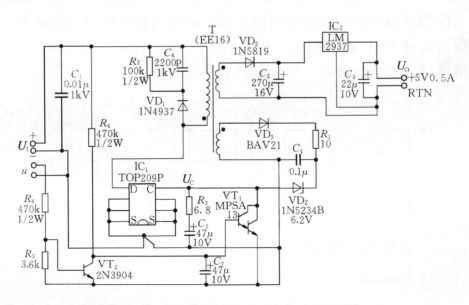

圖 3.1.2　斷電保護型複合式交換式電源電路

　　一種能實現上述功能的複合式交換式電源電路如圖 3.1.2 所示。該電路共使用兩片 IC，由 TOP209P (IC$_1$)進行前級穩壓，LM2937 (IC$_2$)作後級穩壓。LM2937 為三端低壓差穩壓器，其額定負載下的輸入-輸出壓差($U_1 - U_O$)≤0.6V，僅為 LM7805 的 1/6～1/3，能顯著降低穩壓器功率消耗，提高電源效率。LM2937 的輸出電壓為 5V，最大輸出電流是 0.5A。

　　交流斷電保護電路由 VT$_1$、VT$_2$、C_7、R_4～R_6組成。其中，R_5、R_6和 VT$_2$用來檢測交流電壓，所設定的臨界電壓須低於 85V，現取 70V。一旦$u <$ 70V，VT$_2$立即截止，直流高壓就透過R_4給C_7充電。當C_7兩端電壓高於達靈頓二極體 VT$_1$的射極接面總壓降時，VT$_1$就導通，使 TOP209P 的控制端電壓變成低電位。與此同時C_5放電，將交換式電源關斷。正常情況下，$u >$ 70V，因 VT$_2$導通，C_7兩端電壓始終為 0V，故該電路不產生作用。不難看出，斷電後輔助電源的供電時間與時間常數$\tau = R_4 \cdot C_7$成正比。改變τ值即可設定供電時間。

3.1.2　多通道輸出複合式交換式電源

　　能同時輸出 12V、0.83A(10W)和 5V、1A(5W)的複合式交換式電源的電路如圖 3.1.3 所示。該電路具有以下特點：

1. 採用 TOP200Y 和 LM7805 各一片，並以 12V 為主輸出，5V 為輔輸出。
2. 它採用非隔離式的改進型回授電路，回授電壓直接取自主輸出，經過開關二極體 1N4148 和穩壓二極體 1N5994B 之後接 TOP200Y 的控制端，這樣可省去回授繞組，簡化高頻變壓器的設計。

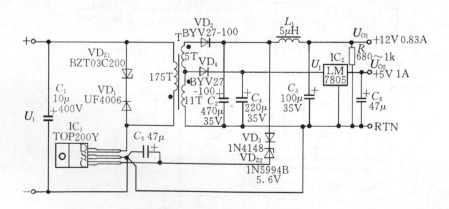

圖 3.1.3　12V、5V 兩路輸出複合式交換式電源的電路

3. 爲減小 LM7805 上的功率消耗，需降低其直流輸入電壓U_1'，因此U_1'不接 12V 電壓，而是從 12V 繞組的中間抽頭上取出 7.2～7.5V 電壓，再經過VD_4、C_4整流濾波後，得到$U_1' \approx 8V$。此時 LM7805 的輸入-輸出壓差約爲 3V。若採用低壓差穩壓器，還可將中間抽頭電壓降低到 6～6.5V。

4. 爲防止 12V 主輸出在輕載或空載時電壓升高，在 12V 輸出端之間並聯一隻 680Ω～1kΩ的假負載。

高頻變壓器只有初級和次級兩個繞組。其中，初級用ϕ0.11mm漆包線繞 175 匝，初級電感量爲 3.9mH。次級繞組用ϕ0.75mm漆包線先繞 11 匝，引出中間抽頭後，再繞 5 匝。VD_2和VD_4均採用 BYV27-100 型 100V、2A 的超快恢復二極體，其逆向恢復時間$t_{rr} = 35ns$。

3.2　非隔離式交換式電源

某些電子設備和家用電器並不需要使用輸入與輸出完全隔離的交換式電源。例如，直流馬達的驅動電源，空調、無霜冰箱和微波爐中的穩壓電源，它們本身就屬於隔離系統，因此可由非隔離式交換式電源供電。這種交換式電源的電路簡單，不需要回授繞組，電源效率高，交流輸入電壓一般爲 220V±33V 或 110V±17V。

專供 10W 直流馬達使用的兩種非隔離式交換式電源的電路，分別如圖 3.2.1、圖 3.2.2 所示。二者輸出電壓均爲 12V，額定輸出電流爲 0.83A。圖 3.2.1 中採用一片 TOP200Y 型三端單晶片交換式電源，在 220V±33V 的交流輸入時最大輸出功率可達 25W。EMI 濾波器由L_2和C_4構成。BR 爲整流橋，C_1爲輸入濾波電容。C_1上的脈動電壓峰-峰值爲 10～40V。若採用半橋整流器，C_1的容量需擴大一倍。箝位保護電路由VD_{Z1}和VD_1組成。其中，VD_{Z1}採用 BZT03C200 型專用箝位穩壓二極體，其逆向崩潰電壓$U_{Z1} = 200V$，穩定電流$I_Z = 5mA$。次級電壓經過VD_2、C_2整流濾波後得到＋12V 輸出電壓。VD_2採用 BYV27-100 型 100V/2A 超快恢復二極體，其逆向恢復時間$t_{rr} = 25ns$。因驅動直流馬達時允許有較高的漣波電壓，故可省去輸出級的LC濾波器，此時輸出漣波電壓爲 450mV (峰-峰值)。

輸出電壓U_O值取決於下列參數值：TOP200Y 的控制端電壓U_C(典型值爲 5.7V)，控制端電流I_C、控制端動態阻抗Z_C(典型值是 15Ω)、穩壓二極體VD_{Z2}的穩定電壓U_{Z2}(5.6V)、二極體VD_3的順向壓降U_{F3}、穩壓二極體的動態阻抗R_Z。有公式

$$U_O = I_C \cdot (Z_C + R_Z) + U_C + U_{Z2} + U_{F3} \tag{3.2}$$

U_{Z2}允許有±2 ％～±5 ％的偏差。當工作週期從最大值變化到最小值時，I_C的動態範圍是 4mA，即從 2.5mA 變化到 6.5mA。回授電壓直接取自U_O端。VD_3為 1N4148 型高速開關二極體，VD_{Z2}採用 1N5994B 型 5.6V 穩壓二極體，由此構成改進型基本回授電路。VD_3產生溫度補償作用。鑑於VD_{Z2}的電壓溫度係數為正值，當$I_{Z2} = 2.5～6.5$mA時，$\alpha_{T2} = +(1.5～2.0)$mV/℃，而矽二極體VD_3具有負的電壓溫度係數$\alpha_{T3} \approx -2.1$mV/℃，因此將VD_3與VD_{Z2}串聯後可抵消穩壓二極體的正溫度係數，使輸出電壓基本不受環境溫度的影響。回授電路的增益由Z_C和R_Z確定，為進一步改善穩壓性能，還可在控制端串聯一隻 15～200Ω的電阻，典型值為 47Ω。C_3為旁路電容。

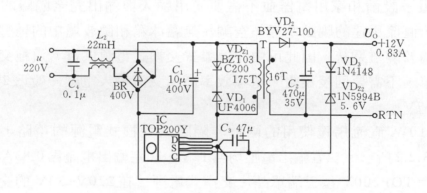

圖 3.2.1　12V 非隔離式交換式電源電路之一

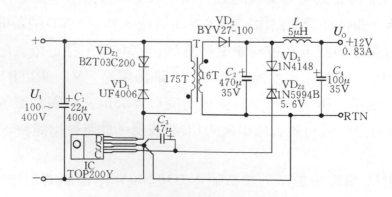

圖 3.2.2　12V 非隔離式交換式電源電路之二

圖 3.2.2 所示電路僅作以下更改：①去掉了 EMI 濾波器和整流橋，輸入電壓改爲直流 100～400V；②將 C_1 的容量增加到 $22\mu F$；③在輸出端增加了由 L_1、C_4 構成的 LC 型後置濾波器，可將輸出漣波電壓降至 30mV(峰-峰值)。

高頻變壓器採用 EE20 型鐵心。初級繞組用 $\phi 0.11mm$ 漆包線繞 175 匝，初級電感量爲 3.9mH。次級繞組用 $\phi 0.75mm$ 漆包線繞 16 匝。欲改成 5V 輸出，次級應繞 7 匝。

3.3　恒壓/恒流輸出式交換式電源

恒壓/恒流輸出式交換式電源可簡稱爲恒壓/恒流源。其特點是具有兩個控制迴路，一個是電壓控制環，另一個爲電流控制環。當輸出電流較小時，電壓控制環起作用，具有穩壓特性，它相當於恒壓源；當輸出電流接近或達到額定值時，透過電流控制環使 I_O 維持固定，它又變成恒流源。這種電源特別適用於電池充電器和特種馬達驅動器。下面介紹一種低成本恒壓/恒流輸出式交換式電源，其電流控制環是由電晶體構成的，電路簡單，成本低，易於製作。

3.3.1　恒壓/恒流輸出式交換式電源的工作原理

7.5V、1A 恒壓/恒流輸出式交換式電源的電路如圖 3.3.1 所示。它採用一片 TOP200Y 型單晶片交換式電源(IC_1)、配 PC817A 型線性光耦合器(IC_2)。85～265V 交流輸入電壓 u 經過 EMI 濾波器(L_2、C_6)、整流橋(BR)和輸入濾波電容(C_1)，得到大約爲 95～375V 的直流高壓 U_I，再透過初級繞組接 TOP200Y 的汲極。由 VD_{Z1} 和 VD_1 構成的汲極箝位保護電路，能將高頻變壓器漏感形成的尖峰電壓限定在安全範圍之內。VD_{Z1} 採用 BZY97-C200 型暫態電壓抑制器，其箝位電壓 $U_B = 200V$。VD_1 選用 UF4005 型超快恢復二極體。次級電壓經過 VD_2、C_2 整流濾波後，再透過 L_1、C_3 濾波，獲得 + 7.5V 輸出。VD_2 採用 3A/60V 的肖特基二極體。回授繞組的輸出電壓經過 VD_3、C_4 整流濾波後，得到回授電壓 $U_{FB} = 26V$，經光敏電晶體後給控制端提供偏壓。C_5 爲旁路電容，兼作頻率補償電容並決定自動重啓動頻率。R_2 爲回授繞組的假負載，空載時能限制回授電壓 U_{FB} 不致升高。

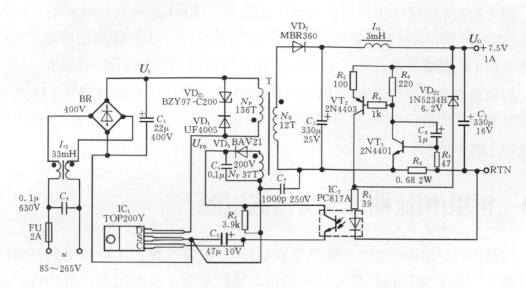

圖 3.3.1　7.5V、1A 恒壓/恒流輸出式交換式電源的電路

　　該電源有兩個控制迴路。電壓控制環是由 1N5234B 型 6.2V 穩壓二極體 (VD_{Z2})和光耦合器 PC 由 817A(IC_2)構成的。其作用是當輸出電流較小時令交換式電源工作在恒壓輸出模式，此時 VT_1 和 VT_2 截止，電流控制環不產生作用，而 VD_{Z2} 上有電流透過，輸出電壓由 VD_{Z2} 的穩壓值(U_{Z2})和光耦合器中 LED 的順向壓降(U_F)所確定。電流控制環則由電晶體 VT_1 和 VT_2、電流檢測電阻 R_3、光耦合器 IC_2、電阻 $R_4 \sim R_7$、電容 C_8 構成。其中，R_3 專用於檢測輸出電流值。VT_1 採用 2N4401 型 NPN 矽二極體，大陸製代用型號為 3DK4C；VT_2 則選 2N4403 型 PNP 矽二極體，可用大陸製 3CK9C 代換。R_6、R_5 分別用來設定 VT_1、VT_2 的集極電流值 I_{C_1}、I_{C_2}。R_5 還決定電流控制環的直流增益。C_8 為頻率補償電容，防止迴路產生自激振盪。在剛通電或自動重啟動時，暫態峰值電壓可使 VT_1 導通，現利用 R_7 對其射極接面電流進行限制；R_4 的作用是限制 VT_1 的基極電流。電流控制環的啟動過程如下：隨著 I_O 的增大，當 I_O 接近於 1A 時，$U_{R_3} \uparrow \rightarrow VT_1$ 導通 $\rightarrow U_{R_6} \uparrow \rightarrow VT_2$ 導通，由 VT_2 的集極給光耦合器提供電流，迫使 $U_O \downarrow$。由於 U_O 降低，VD_{Z2} 不能被逆向崩潰，其上也不再有電流通過，因此電壓控制環開路，交換式電源就自動轉入恒流模式。C_7 為安全電容，能濾除由初、次級耦合電容產生的共模干擾。

該電源既可工作在 7.5V 穩壓輸出狀態，又能在 1A 的受控電流下工作。當環境溫度範圍是 0～50℃時，恒流輸出的準確度約為±8 %。其不足之處是電流檢測電阻R_3的阻值較大(0.68Ω)，功率消耗較高(約 0.68W)，另外恒流準確度也較低。為降低R_3上的功率消耗並提高恒流輸出的準確度、擴大輸出電流，建議採用帶運算放大器的精密恒壓/恒流輸出式交換式電源，參見 3.4 節。

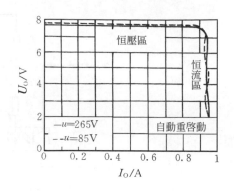

圖 3.3.2　恒壓/恒流源的輸出特性

該電源的輸出電壓-輸出電流(U_O-I_O)特性如圖 3.3.2 所示。由圖可見，它具有以下顯著特點：①當u= 85V 或 265V 時，特性曲線變化很小，這顯示輸出特性基本不受交流輸入電壓變化的影響；②當I_O< 0.90A 時處於恒壓區，I_O= 0.98A±0.078A 時位於恒流區，且U_O隨著I_O的略微增加而迅速降低；③當U_O≤2V 時，VT$_1$和VT$_2$已無法給光耦合器繼續提供足夠的工作電流，此時電流控制環不產生作用，但初級電流仍受TOP200Y的最大極限電流$I_{LIMIT(max)}$的限制。這時，U_{R_6}↑，透過VT$_1$和VT$_2$使光耦合器工作電流迅速減小，強迫TOP200Y進入自動重啟動狀態。這顯示，一旦電流控制環失控，就立即從恒流模式轉入自動重啟動狀態，將I_O拉下來，對晶片產生了保護作用。

3.3.2　恒壓/恒流輸出式交換式電源的電路設計

電壓及電流控制迴路的單元電路如圖 3.3.3 所示。

1.　**電壓控制迴路的設計**

恒壓源的輸出電壓由下式確定：

$$U_O = U_{Z2} + U_F + U_{R_1} = U_{Z2} + U_F + I_{R_1} \cdot R_1 \tag{3.3.1}$$

式中，U_{Z2}= 6.2V，U_F= 1.2V(典型值)，需要確定的只是R_1上的壓降U_{R_1}。令R_1上的電流為I_{R_1}，VT$_2$的集極電流為I_{C_2}，光耦合器輸入電流(即 LED 工作電流)為I_F，顯然$I_{R_1} = I_{C_2} = I_F$，並且它們隨u、I_O和光耦合器的電流傳輸比CTR值而變化。TOP200Y的控制端電流I_C變化範圍是 2.5mA(對應於最大工作週期D_{max})～6.5mA(對應於最小工作週期D_{min})，現取中間值I_C= 4.5mA。因I_C是從光敏電晶體的射極流入控制端的，故有關係式

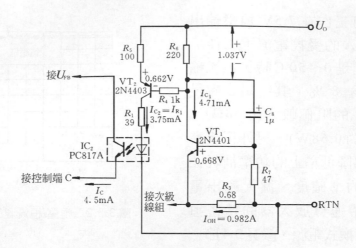

圖 3.3.3　電壓及電流控制迴路的單元電路

$$I_{R_1} = \frac{I_C}{CTR} \tag{3.3.2}$$

在I_C和CTR值確定之後，很容易求出I_{R_1}。單晶片交換式電源須採用線性光耦合器，要求 CTR = 80 %～160 %，可取中間值 120 %。將I_C = 4.5mA，CTR = 120 %代入式(3.3.2)中得到，I_{R_1} = 3.75mA。令R_1 = 39Ω時，U_{R_1} = 0.146V。最後代入式(3.3.1)中計算出

$$U_O = U_{Z2} + U_F + U_{R_1} = 6.2V + 1.2V + 0.146V = 7.546V \approx 7.5V$$

2. **電流控制迴路的設計**

　　電流控制迴路由VT_1、VT_2、R_1、$R_3 \sim R_7$、C_8和PC817A等構成。下面要最終算出固定輸出電流I_{OH}的期望值。圖 3.3.3 中，R_7為VT_1的基極偏壓電阻，因基極電流很小，而R_3上的電流很大，故可認為VT_1的射極接面壓降U_{BE1}全部降落在R_3上。有公式

$$I_{OH} = \frac{U_{BE1}}{R_3} \tag{3.3.3}$$

利用下面二式可以估算出VT_1、VT_2的射極接面壓降：

$$U_{BE1} = \frac{kT}{q} \cdot \ln\left(\frac{I_{C_1}}{I_S}\right) \tag{3.3.4}$$

$$U_{BE2} = \frac{kT}{q} \cdot \ln\left(\frac{I_{C_2}}{I_S}\right) \tag{3.3.5}$$

式中，k 爲波茲曼常數，T 爲環境溫度(用熱力學溫度表示)，q 是電子電量。當 $T_A = 25$℃時，$T = 298$K，$kT/q = 0.0262$V。I_{C_1}、I_{C_2} 分別爲 VT$_1$、VT$_2$ 的集極電流。I_S 爲電晶體的逆向飽和電流，對於小功率二極體，$I_S = 4 \times 10^{-14}$A。

因爲前面已求出 $I_{R_1} = I_F = I_{C_2} = 3.75$mA，所以

$$U_{BE2} = \frac{kT}{q} \cdot \ln\left(\frac{I_{C_2}}{I_S}\right) = 0.0262\ln\left(\frac{3.75\text{mA}}{4 \times 10^{-14}\text{A}}\right) = 0.662\text{V}$$

又因 $I_{E2} \approx I_{C_2}$，故 $U_{R_5} = I_{C_2} \cdot R_5 = 3.75$mA $\times 100\Omega = 0.375$V，由此推導出 $U_{R_6} = U_{R_5} + U_{BE2} = 0.375$V $+ 0.662$V $= 1.037$V。取 $R_6 = 220\Omega$ 時，$I_{R_6} = I_{C_1} = U_{R_6}/R_6 = 4.71$mA。下面就用此值來估算 U_{BE1}，進而確定電流檢測電阻 R_3 的阻值：

$$U_{BE1} = 0.0262 \ln\left(\frac{4.71\text{mA}}{4 \times 10^{-14}\text{A}}\right) = 0.668\text{V}$$

$$R_3 = \frac{U_{BE1}}{I_{OH}} = \frac{0.668\text{V}}{1.0\text{A}} = 0.668\Omega$$

與之最接近的標稱阻值爲 0.68Ω。代入式(3.3.3)中可求得

$$I_{OH} = \frac{0.668\text{V}}{0.68\Omega} = 0.982\text{A}$$

考慮到 VT$_1$ 的射極接面電壓 U_{BE1} 的溫度係數 $\alpha_T \approx -2.1$mV/℃，當環境溫度升高 25℃時，I_{OH} 值降爲

$$I'_{OH} = \frac{U_{BE1} - \alpha_T \cdot \Delta T}{R_3} = \frac{0.668\text{V} - (2.1\text{mV/℃}) \times 25\text{℃}}{0.68\Omega} = 0.905\text{A}$$

恒流準確度爲

$$\gamma = \frac{I'_{OH} - I_{OH}}{I_{OH}} \cdot 100\% = \frac{0.905 - 0.982}{0.982} \times 100\% = -7.8\% \approx -8\%$$

與設計指標相吻合。

3.　回授電源的設計

回授電源的設計主要包括兩項內容：

(1)　在恒流模式下計算回授繞組的匝數N_F。之所以按恒流模式計算N_F值，是因為此時U_O和U_{FB}都迅速降低($U_O = U_{Omin} = 2V$)，只有U_{FB}足夠高，才能確保恒流源正常工作。

(2)　在恒壓模式下計算出回授電壓額定值U_{FB}。此時$U_O = 7.5V$，U_{FB}也將達到最大值，由此求得U_{FB}值，能為選擇光耦合器的耐壓值提供依據。

回授電壓U_{FB}由下式確定：

$$U_{FB} = (U_O + U_{F2} + I_O R_3) \cdot \frac{N_F}{N_S} - U_{F3} \tag{3.3.6}$$

式中，U_{F2}和U_{F3}分別為VD_2、VD_3的順向導通壓降。N_S為次級匝數。從式(3.3.6)中可解出

$$N_F = \frac{U_{FB} + U_{F3}}{U_O + U_{F2} + I_O R_3} \cdot N_S \tag{3.3.7}$$

在恒流模式下當負載加重(即負載電阻減小)時，U_O和U_{FB}會自動降低，以維持恒流輸出。為使交換式電源從恒流模式轉換到自動重啟動狀態時仍能給TOP200Y提供合適的偏壓，要求U_{FB}至少比恒流模式下控制端電壓的最大值U_{Cmax}高出$3V$。這裏假定$U_{Cmax} = 6V$，故取$U_{FB} = 9V$。將$U_{FB} = 9V$、$U_O = U_{Omin} = 2V$、$U_{F2} = 0.6V$、$U_{F3} = 1V$、$I_O = I_{OH} = 0.982A$、$R_3 = 0.68\Omega$、$N_S = 12$匝並代入式(3.3.7)中，計算出$N_F = 36.7$匝≈ 37匝。

在恒壓模式下，$U_O = 7.5V$，最大輸出電流$I_O = 0.95A$，再代入式(3.3.6)中求得，$U_{FB} = 26V$，此即回授電壓的額定值。選擇光耦合器時，光敏電晶體的逆向崩潰電壓必須大於此值，即$U_{(BR)CEO} > 26V$。常用線性光耦合器的$U_{(BR)CEO} = 30\sim90V$，參見表7.5.2。計算光敏電晶體逆向工作電壓U_{IC_2}的公式為

$$U_{IC_2} = U_{FB} - U_{Cmin} \tag{3.3.8}$$

式中，U_{Cmin}為控制端電壓的最小值($5.5V$)。不難算出$U_{IC_2} = 20.5V$。這裏採用PC817A型光耦合器，其$U_{(BR)CEO} = 35V > 20.5V$，完全能滿足要求。但在設計高壓電池充電器時，必須選擇耐壓更高的光耦合器。

3.4　精密恒壓/恒流輸出式交換式電源

　　下面介紹的精密恒壓/恒流輸出式交換式電源，是採用 TOP214Y 型單晶片交換式電源，配上低功率消耗雙運算放大電路和可調式精密並聯穩壓器，組成電壓控制環和電流控制環的。與電晶體構成的控制環相比，它具有恆壓與恒流準確度高、週邊電路簡單、電流檢測電阻的阻值很小、功率消耗低、能提高電源效率等優點，其電源效率可達 80 ％。這種電源適宜作為筆記型電腦中的電池快速充電器。

3.4.1　精密恒壓/恒流輸出式交換式電源的工作原理

　　15V、2A精密恒壓/恒流輸出式交換式電源的電路如圖 3.4.1 所示。電路中共使用了 4 片整合電路：TOP214Y 型單晶片交換式電源(IC_1)，PC816A 型線性光耦合器(IC_2)，可調式精密並聯穩壓器 TL431C(IC_3)，低功率消耗雙運算放大電路 LM358(IC_4，內部包括IC_{4a}和IC_{4b}兩個運算放大電路)。此電路有以下重要特點：

1. 由IC_{4b}、取樣電阻R_3和R_4、IC_3構成電壓控制迴路，IC_{4a}則組成電流控制迴路。
2. 電壓控制迴路與電流控制迴路按照 "邏輯或閘" 的原理工作，即在任一時刻，輸出為高電位的迴路起控制作用。
3. 增加了次級偏壓繞組N_{SB}給控制迴路供電，次級偏壓U_{SB}能自動跟隨直流輸入電壓U_I的變化，使電源在U_O大幅度降低時仍具有恆流特性，僅當$U_O \le 0.8V$時才進入自動重啟動狀態。
4. 用 TOP214Y 來代替 TOP200Y，以便將輸出功率從 7.5W 提高到 30W。TOP214Y 在寬範圍電壓輸入時，$P_{OM} = 42W$。
5. 採用由運算放大電路構成的電流控制迴路時，能將電流檢測電阻R_6的阻值減至 0.1Ω，其額定壓降$U_{R_6} = 0.1Ω \times 2A = 0.2V$，功率消耗降至 0.4W，其功率損耗與輸出功率的百分比僅為$(0.4W/30W) \times 100 ％ = 1.3 ％$。相比之下，圖 3.3.1 所示由電晶體構成的電流控制迴路，$R_3 = 0.68Ω$，$U_{R_6} = 0.68Ω \times 1A = 0.68V$，功率消耗升至 0.68W，而功率損耗比可達

$(0.68W/7.5W) \times 100\% = 9.1\%$。顯然,精密恒壓/恒流源中$R_6$的功率消耗更低,能使電源效率得到提高。

6. 對電路中的部分元件作了更改。例如,VD_{Z1}採用 P6KE200 型暫態電壓抑制器,VD_1選 BYV26C 型 2.3A/600V 的超快恢復二極體,VD_2換成 BYW29-200 型 8A/200V 超快恢復二極體。考慮到VD_4的工作電流很小,可選 1N4148 型高速開關二極體。將回授電壓U_{FB}的最大值提升到46V,光耦合器工作電壓亦升到40V,因此這裏用 PC816A 來代替 PC817A,其$U_{(BR)CEO} = 70V > 40V$,而 PC817A 只能承受 35V 電壓。

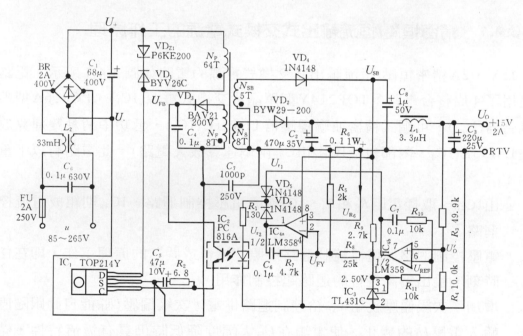

圖 3.4.1 15V、2A 精密恒壓/恒流輸出式交換式電源的電路

圖 3.4.1 中,次級電壓經過VD_2、C_2、L_1和C_3整流濾波後,得到 + 15V 輸出。R_3、R_4為取樣電阻。U_O經R_3、R_4分壓後得到取樣電壓U_O',接至IC_{4b}的同相輸入端。由 TL431C 產生的基準電壓$U_{REF} = 2.50V$(精確值為 2.495V),接IC_{4b}的反相輸入端。IC_{4b}將U_O'與U_{REF}進行比較後,輸出誤差信號U_{r_1},再透過VD_5和R_1轉換成電流信號,流入光耦合器中的 LED,進而去控制 TOP214Y 的工作週期,使U_O在恒壓區內保持不變。電壓控制環的頻率補償網路由C_7、R_{10}和R_{11}組成。將 TL431C 的陰極(第 3 腳)與輸出電壓設定端(第 1 腳)短路後,其輸出電壓

$U_{REF} = 2.50V$。R_9是限流電阻，可將TL431C的工作電流限定為$4.75mA$，恰在$1\sim10mA$規定範圍內。

　　IC_{4a}是電流控制環中的電壓比較器，其同相輸入連接電流檢測信號U_{R_6}，反相輸入連接分壓器電壓U_{FY}。分壓器是由R_5、R_8和TL431C構成的。IC_{4a}在將U_{R_6}與U_{FY}進行比較之後，輸出誤差信號U_{r_2}，再透過VD_6和R_1變成電流信號，流入光耦合器中的LED，進而控制TOP214Y的工作週期，使電源輸出的I_{OH}在恆流區內維持固定。顯然，VD_5和VD_6就相當於一個"或閘"。若電流控制環輸出為高電位，電壓控制環輸出低電位，則電源工作在恆流輸出狀態；反之，電壓控制環輸出為高電位，電源就工作在恆壓輸出狀態。

　　次級偏壓繞組N_{SB}上的電壓，經過VD_4、C_8整流濾波後，獲得偏壓電壓U_{SB}。當交流輸入電壓u從85V變化到265V時，$U_{SB} = 5\sim28.3V$。U_{SB}專門給LM358和TL431C提供電源。VD_4的順向導通壓降$U_{F4} = 1V$。精密恆壓/恆流源的輸出特性如圖3.4.2所示。圖中的實線和虛線分別對應於$u = u_{min} = 85V$、

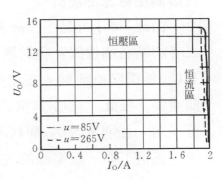

圖 3.4.2　精密恆壓/恆流源的輸出特性

$u = u_{max} = 265V$這兩種情況。由圖可見，這兩條曲線在恆壓區內完全重合，在恆流區內略有差異。

3.4.2　精密恆壓/恆流輸出式交換式電源的電路設計

1.　電壓控制環的設計

　　該電源在恆壓區內的輸出電壓依下式而定：

$$U_O = U_{REF} \cdot \left(\frac{R_3 + R_4}{R_4}\right) = 2.50V \times \left(1 + \frac{R_3}{R_4}\right) \qquad (3.4.1)$$

R_3與R_4的串聯總阻值應取的合適，阻值過大易產生雜訊干擾，阻值過小會增加電路損耗。通常可取$R_4 = 10.0k\Omega$，代入式(3.4.1)中求出$R_3 = 50.1k\Omega$。與之最接近的E196系列標稱阻值為$49.9k\Omega$。

2. **電流控制環的設計**

該電源恒流輸出的期望值I_{OH}由下式而定：

$$I_{OH} = \frac{U_{REF} \cdot R_5}{R_6 \cdot R_8} \tag{3.4.2}$$

選擇R_5的阻值時，應當考慮負載對TL431C的影響以及LM358輸入偏流所產生的誤差。一般取$R_5 = 2k\Omega$。當$R_6 = 0.1\Omega$、$I_{OH} = 2A$時，電流檢測信號$U_{R_6} = 0.2V$。將$U_{REF} = 2.50V$ 和R_5、R_6值一併代入式(3.4.2)中可計算出，$R_8 = 25k\Omega$。

3. **次級偏壓電源的設計**

由圖3.4.1可見，次級偏壓繞組N_{SB}與初級繞組N_P的電壓極性相同，二者的同名端位置互相對應，因此VD$_4$與TOP214Y可同時導通。這意味著U_{SB}能跟隨直流輸入電壓U_I的變化，而與輸出電壓U_O無關。這一點至關重要。惟此，在U_O非常低時，才能確保電流控制環仍能對輸出電流進行控制。否則，若U_{SB}與U_O有關，一旦U_O降低時就可能導致電流控制環無法正常工作。該電源的次級偏壓最小值是$U_{SB(min)} = 5V$。U_{SB}的運算式為

$$U_{SB} = U_I \cdot \frac{N_{SB}}{N_P} - U_{F4} \tag{3.4.3}$$

為了計算N_{SB}的匝數，首先應確定直流輸入電壓的最小值U_{Imin}。當$u_{min} = 85V$、$P_O = 30W$、$f_L = 50Hz$、$t_c = 3ms$、$\eta = 80\%$、$C_{IN} = C_1 = 68\mu F$時，可計算出$U_{Imin} = 82V$。再將$U_I = U_{Imin} = 82V$、$U_{SB} = U_{SB(min)} = 5V$、$U_{F4} = 1V$、$N_P = 64$匝，代入式(3.4.3)求得$N_{SB} = 4.7$匝，實取5匝。

直流輸入電壓的最大值$U_{Imax} = \sqrt{2}u_{max} = 2 \times 265V = 375V$，此時$U_{SB}$達到最大值，$U_{SB(max)} = 28.3V$，並未超過LM358的電源電壓極限值(32V)。

4. **回授繞組的設計**

當U_O降低時為了維持I_{OH}不變，回授繞組N_F的極性也與初級繞組相同。其輸出電壓經VD$_3$、C_4整流濾波後，得到回授電壓U_{FB}，要求$U_{FB} \geq 9V$。計算N_F匝數的公式為

$$N_{\mathrm{F}} = \frac{N_{\mathrm{P}} \cdot (U_{\mathrm{FB}} + U_{\mathrm{F3}})}{U_{\mathrm{Imin}}} \tag{3.4.4}$$

將 $N_{\mathrm{P}} = 64$ 匝、$U_{\mathrm{FB}} = U_{\mathrm{FB(min)}} = 9\mathrm{V}$、$U_{\mathrm{F3}} = 1\mathrm{V}$、$U_{\mathrm{Imin}} = 82\mathrm{V}$ 一併代入式 (3.4.4)中求出，$N_{\mathrm{F}} = 7.8$ 匝，實取 8 匝。若將式中的 U_{Imin} 換成 $U_{\mathrm{Imax}} = 375\mathrm{V}$，即可計算出 U_{FB} 的最大值：$U_{\mathrm{FB(max)}} = 45.9\mathrm{V}$。因 TOP214Y 控制端電壓的最小值為 5.5V，故光耦合器實際工作電壓為 $45.9\mathrm{V} - 5.5\mathrm{V} = 40.4\mathrm{V}$。

5.　光耦合器串聯電阻 R_1 的取值

R_1 不僅是 LED 的限流電阻，還決定控制迴路的增益。其估算公式為

$$R_1 = \frac{(U_{\mathrm{SAT}} - U_{\mathrm{F6}} - U_{\mathrm{F}}) \cdot \mathrm{CTR}_{\min}}{I_{\mathrm{Cmax}}} \tag{3.4.5}$$

式中，LM358 的順向飽和電壓 $U_{\mathrm{SAT}} = 3.5\mathrm{V}$，$\mathrm{VD}_6$ 的順向壓降 $U_{\mathrm{F6}} = 0.65\mathrm{V}$，光耦合器中 LED 的順向壓降 $U_{\mathrm{F}} = 1.2\mathrm{V}$，PC816A 的電流傳輸比最小值 $\mathrm{CTR}_{\min} = 80\%$，TOP214Y 的控制端電流最大值 $I_{\mathrm{Cmax}} = 10\mathrm{mA}$。不難算出，$R_1 = 132\Omega$，實取標稱阻值 130Ω。R_1 的阻值過大，會使控制靈敏度降低；阻值過小，易導致控制環工作不穩定，甚至產生自激振盪。

3.5　用於通信設備中的 DC/DC 電源轉換器

DC/DC 電源轉換器是能把一種直流電壓變換成另外一種或幾種直流電壓的供電裝置。TOP100 系列單晶片交換式電源特別適用於 $16\sim200\mathrm{V}$ 低壓輸入的 DC/DC 電源轉換器，其內部功率 MOSFET 的汲-源崩潰電壓為 350V。作低壓輸入時可用一隻電容濾除尖峰電壓，來代替箝位保護電路，構成低成本、高可靠性、高效率 DC/DC 電源轉換器，供無線通信、振鈴產生器和通信電纜設備使用。

3.5.1　輸出功率範圍與直流輸入電壓的關係

TOP100 系列包括 TOP100Y～TOP104Y 共 5 種型號。作低壓 DC/DC 電源轉換器時，它們的輸出功率 P_{O} 的範圍與直流輸入電壓 U_{I} 的對應關係，詳見表 3.5。需要指出，當初級感應電壓 U_{OR}(亦稱次級到初級的反射電壓)超過 100V 時，仍需由暫態電壓抑制器 U_{OR}(亦稱次級到初級的反射電壓)超過 100V 時，

仍需由暫態電壓抑制器(TVS)和超快恢復二極體(SRD)構成初級箝位保護電路，來吸收由高頻變壓器漏感產生的尖峰電壓，將汲極電壓限制在 350V 以內，保護 TOPSwitch 晶片不受損壞。表中的電源效率期望值約為 80 ％，且晶片功率消耗佔總功率消耗的一半，最大工作週期約為 64 ％。

表 3.5　TOP100 系列 PO 與 U_I 的對應關係

最小直流輸入電壓 U_{Imin}/V	感應電壓 U_{OR}/V	$\eta = 80$ ％時的輸出功率範圍 P_O/W				
		TOP100Y	TOP101Y	TOP102Y	TOP103Y	TOP104Y
18	30	0～0.9	0.8～1.6	1.2～2.3	1.5～2.9	1.7～3.4
24	40	0～1.6	1.3～2.7	1.9～3.8	2.5～5.0	2.8～5.7
36	60	0～3.7	3.3～6.5	4.6～9.2	6.0～12	7.0～14
48	80	0～6.8	6.0～12	8.5～17	11～22	12～25
60	100	0～10	9.0～18	12～25	16～33	19～38
72	120	0～14	12～25	17～35	23～46	26～52
90	150	0～21	18～37	26～52	33～67	39～78

3.5.2　供通信設備用的三種 DC/DC 電源轉換器

1.　遠端通信用－48V/3.3V 電源轉換器

　　一種供遠端通信設備使用的－48V/＋3.3V 電源轉換器電路如圖 3.5.1 所示。其主要技術指標如下：直流輸入電壓 $U_I = -48V$(允許範圍是－36～－70V)。輸出為＋3.3V、4.55A(15W)。電壓調整率 $S_V = \pm 0.6$ ％，負載調整率 $S_I = \pm 0.4$ ％，電源效率 $\eta \approx 70$ ％。電路中採用 3 片積體電路：TOP104Y 型單晶片交換式電源(IC_1)、CNY17-2 型光耦合器(IC_2)、LM3411-3.3 型精密電壓調節器(IC_3)。查表 3.5 可知，當 $|U_{Imin}| = 48V$(取絕對值)時，TOP104Y 的輸出功率範圍是 12～25W，可滿足實際輸出 15W 功率的要求。因初級感應電壓 U_{OR} 較低，僅為 80V，故可用電容器 C_8 來濾除尖峰電壓，不必使用成本較高的汲極箝位保護電路。

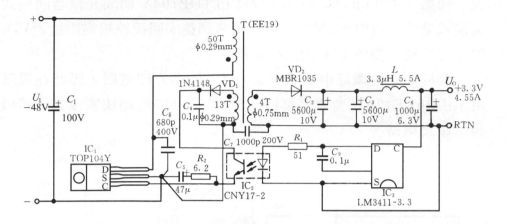

圖 3.5.1　−48V/＋3.3V 電源轉換器電路

C_1 為輸入濾波電容。次級繞組電壓經過 VD_2、C_2、C_3、L 和 C_6 整流濾波後，獲得＋3.3V 輸出。VD_2 採用 MBR1035 型 35V/10A 的肖特基二極體。LM3411-3.3 對輸出電壓 U_O 取樣後，透過調節光耦合器 IC_2 中 LED 的電流，進而改變 TOP104Y 的工作週期，使 U_O 保持穩定。R_1 為光耦合器的限流電阻，並且決定控制迴路的增益。C_9 為消振電容，可使 IC_3 工作穩定。回授繞組電壓透過 VD_1、C_4 整流濾波，得到大約 11V 的回授電壓，接至光敏電晶體的集極，射極電流送到 TOP104Y 的控制端。C_5 與 R_2 為控制迴路的頻率補償元件。C_7 為安全電容。高頻變壓器採用 EE19 型鐵心，各繞組的匝數及線徑均標明在電路圖上(以下相同)，以便於讀者製作。

2. **通信電纜用的多通道輸出式 DC/DC 電源轉換器**

能輸出＋5V 和±15V 的 DC/DC 電源轉換器電路如圖 3.5.2 所示，該電源可作為通信電纜設備的電源。其輸入電壓為 36～90V 的准方波電壓。三路輸出分別為：$U_{O1}＝＋5V(2A)$，$U_{O2}＝＋15V(0.17A)$，$U_{O3}＝−15V(0.17A)$。現將 U_{O1} 定為主輸出，其 $S_V＝±0.4\%$；U_{O2} 和 U_{O3} 為輔輸出。總電源效率可達 75％～80％。主輸出繞組電壓經過 VD_2、C_2、L_1 和 C_3 整流濾波後，得到＋5V 電壓。VD_2 採用 MBR735 型 35V/7.5A 肖特基二極體。兩個輔輸出繞組及輸出電路完全呈對稱結構。因±15V 輸出電流較小，故整流二極體 VD_4 和 VD_5 均採用 UF4002 型 100V/1A 的超快恢復二極體。由 TL431C、CNY17-2 和 TOP104Y 構成光耦合回授式精密交換式電源，可對＋5V 電壓進行精密調整。回授繞組電壓透過 VD_3、C_4 整流濾波後，得到 12V 的回授電壓。

鑒於規定電纜線中要能承受 187V 的準方波電壓，因此在電路中使用了由 P6KE120 型暫態電壓抑制器和 UF4002 型超快恢復二極體構成的箝位保護電路。

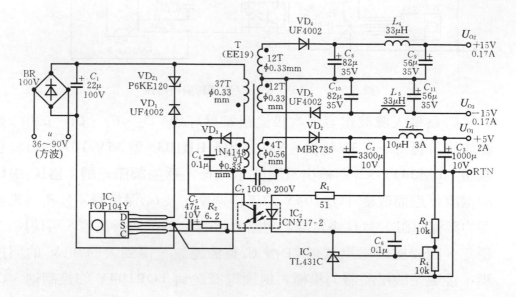

圖 3.5.2 多通道輸出式 DC/DC 電源轉換器電路

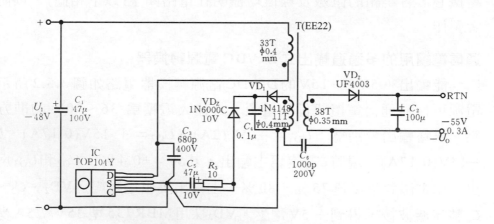

圖 3.5.3 －48V/－55V 電源轉換器電路

3. **供振鈴產生器使用的−48V/−55V電源轉換器**

專供電信設備中振鈴產生器使用的−48V/−55V電源轉換器電路如圖3.5.3所示。該電路僅用一片TOP104Y並採用基本回授電路，整機電路非常簡單。主要技術指標為：$U_I = -48V$(允許範圍是$-36 \sim -60V$)，$U_O = -55V$，$I_{OM} = 0.3A$，$P_{OM} = 16.5W$，$S_V < \pm 2\%$，$S_I \le \pm 2.5\%$，$\eta > 82\%$。

3.6　截流輸出式交換式電源

截流輸出式交換式電源亦稱截流型交換式電源，其特點是一旦發生超載，輸出電流I_O能隨著輸出電壓U_O的降低而迅速減小，即$U_O \downarrow \rightarrow I_O \downarrow$，可對馬達等負載產生了保護作用。相比之下，恒流輸出式交換式電源在$U_O \downarrow$時，I_O卻維持恒定，二者的輸出特性有著明顯區別。利用電晶體構成的正回授式截流控制迴路，可實現上述功能，超載時將I_O衰減到安全區域內。

3.6.1　截流輸出式交換式電源

1. **工作原理**

12V截流輸出式交換式電源的電路如圖3.6.1所示。該電路採用一片TOP202Y型單晶片交換式電源。截流控制迴路由電晶體VT_1、VT_2、

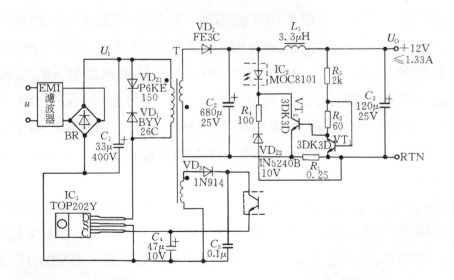

圖3.6.1　12V截流輸出式交換式電源的電路

R_1～R_4、IC_2所構成，其電路簡單，
成本低廉。VT_1和VT_2可採用大陸製
3DK3D型切換電晶體(或國外 2N2222
型電晶體)，要求這兩隻電晶體的參
數具有良好的一致性，能構成鏡像
電流源。截流型交換式電源的輸出
特性如圖 3.6.2 所示。由圖可見，U_O
-I_O特性曲線可劃分成 3 個工作區：
恒壓區、截流區、自動重啓動區。
令輸出極限電流爲I_{LM}，下面對其輸
出特性進行分析。

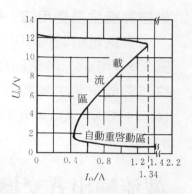

圖 3.6.2　截流型交換式電源的輸出特性

(1)　當$I_O < I_{LM}$時，VT_2截止，U_O處於恒壓區，即$U_O =$ 12V 基本不變。此
　　時VT_1工作在飽和區，VT_2呈截止狀態，截流控制環不產生作用，交換
　　式電源採用典型的帶穩壓二極體的光耦回授電路。設穩壓二極體VD_{Z2}
　　的穩定電壓爲U_{Z2}。當因某種原因導致輸出電壓U_O發生變化時，U_O經
　　取樣後就與U_{Z2}進行比較，產生誤差電壓，使光耦合器IC_2中LED的工
　　作電流發生變化，再透過光耦去改變 TOP202Y 的控制端電流I_C的大
　　小，透過調節工作週期使U_O趨於穩定，達到穩壓目的。電路中，R_1爲
　　電流檢測電阻。VT_1的接法比較特殊，因R_2值很小，可視爲集極與基
　　極短路，故VT_1始終工作在飽和區，只是飽和深度及飽和壓降U_S值可
　　在一定範圍內變化。此時I_O較小，R_1上的壓降U_{R_1}較低，使VT_2的射極
　　接面壓降$U_{BE2} = U_{R_1} + U_S <$ 0.65V，VT_2呈截止狀態，相當於集極開
　　路，它對光耦回授電路無分流作用。VD_{Z2}可選用 1N5240B 型 10V 穩
　　壓二極體。IC_2採用MOC8101型光耦合器，電流傳輸比範圍是CTR =
　　50％～72％，典型值爲 61％。VT_1的射極接面壓降$U_{BE1} = 0.67$V，集
　　極電流$I_{C_1} = 6$mA。

(2)　當$I_O \approx I_{LM}$時，截流控制迴路開始工作，並在正回授過程中使I_O隨著U_O
　　的降低而迅速減小。此時$U_{R_1} \approx 0.3$V，$U_S \approx 0.57$V，由於VT_2的射極接
　　面壓降$U_{BE2} = U_{R_1} + U_S > 0.7$V，使$VT_2$立即導通，而$VD_{Z2}$因$U_O$的降低
　　而退出穩壓區，變成截止狀態。於是，光耦合器LED上的電流就通過

VT$_2$分流。由於VT$_2$的導通電阻很小，因此I_F迅速增大，令 TOP202Y 的I_C↑，工作週期D↓，I_O↓，交換式電源進入截流區。進一步分析可知，R_3上的電流是與U_O成正比的，隨著U_O繼續降低，I_{R_3}↓→U_S↑→U_{BE2}↑→I_F↑→I_C↑→D↓→I_O↓，這就形成了電流正回授，其效果是讓I_O進一步減小，對負載產生了截流保護作用。

(3) 當$U_O \le 1.5\text{V}$ 時，由於VT$_2$達到飽和狀態，截流控制作用失效，改由LED的順向壓降U_F(1.2V)進行限流。在負載短路時，短路電流$I_{SS} \approx 2.2\text{A}$。

2. 電路設計

(1) R_1、R_2和R_3的取值

　　首先令I_{LM}的預期值爲 1.3A，$U_{R_2} = U_{R_1} = 0.325\text{V}$，代入下式可計算出電流檢測電阻$R_1$值：

$$R_1 = \frac{U_{R_1}}{I_{LM}} = \frac{0.325}{1.3} = 0.25\Omega$$

進而算出

$$R_3 = \frac{U_O - U_{BE1}}{I_{C_1}} = \frac{12 - 0.67}{6 \times 10^{-3}} = 1.89\text{k}\Omega \approx 2\text{k}\Omega$$

最後求出

$$R_2 = \frac{U_{R_1} + 0.007}{\dfrac{U_O - U_{BE1}}{R_3}} = \frac{0.325 + 0.007}{\dfrac{12 - 0.67}{2\text{k}}} = 58.6\Omega \approx 60\Omega$$

(2) 核算I_{LM}值

$$I_{LM} = \frac{R_2\left(\dfrac{U_O - U_{BE1}}{R_3}\right) - 0.007}{R_1} = \frac{60 \times \left(\dfrac{12 - 0.67}{2\text{k}}\right) - 0.007}{0.25} = 1.33\text{A}$$

(3) 計算短路電流I_{SS}

$$I_{SS} = \frac{U_F}{R_1 + R_{L1} + R_{SS}} = \frac{1.2}{0.25 + 0.1 + 0.2} = 2.18\text{A}$$

式中，R_{L1}爲輸出濾波電感L_1的內阻與外部引線電阻之和，R_{SS}爲短路時輸出導線上的電阻。

3.6.2　恒流/截流輸出式交換式電源

　　對圖 3.6.1 稍加更改，增加 1N5231B 型 5.1V 穩壓二極體 VD_{Z3} 和一隻 470Ω 電阻 R_5，即可構成恒流/截流型交換式電源，其控制單元電路和輸出特性分別如圖 3.6.3、圖 3.6.4 所示。由圖 3.6.4 可見，U_O-I_O 特性曲線被分成 4 個工作區域：恒壓區、恒流區、截流區、自動重啓動區。R_5 和 VD_{Z3} 的作用就是令 VT_1 的參考電流保持固定，直到 U_O 降低且 VD_{Z3} 截止爲止，然後即進入截流區，I_O 隨 U_O 的降低而減小。該電源的輸出極限電流爲

$$I_{LM} = \frac{R_2\left(\dfrac{U_{Z3} - U_{BE1}}{R_3}\right) - 0.007}{R_1} = \frac{60 \times \left(\dfrac{5.1 - 0.67}{820}\right) - 0.007}{0.25} = 1.28A$$

式中的 U_{Z3} 是 VD_{Z3} 的穩定電壓。

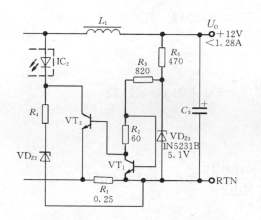

圖 3.6.3　恒流/截流控制單元電路

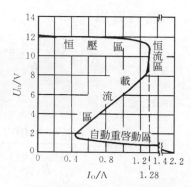

圖 3.6.4　恒流/截流型交換式電源的輸出特性

3.7　恒功率輸出式交換式電源

　　除前面已介紹過的恒壓、恒流、截流輸出式交換式電源之外，還有一種恒功率輸出式開關電源。其特點是當輸出電壓 U_O 降低時，輸出電流 I_O 反而會增大，使二者乘積 $I_O \cdot U_O$ 不變，輸出功率 P_O 保持固定。這種交換式電源可作爲高效率、快速、安全的電池充電器，對筆記型電腦中的電池進行充電，由於充電功率固定，可避免電池充滿電後進行放電。恒功率輸出特性近似爲一條雙曲線。

3.7.1　恒功率輸出式交換式電源的工作原理

由TOP202Y構成的15V、15W恒功率輸出式交換式電源，電路如圖 3.7.1 所示。TOP202Y 型單片交換式電源在寬範圍電壓輸入時的最大輸出功率爲30W。該電源工作在連續模式，並且是從次級來調節輸出功率的，它不受初級電路的影響。當輸出電壓從 15V(即 100 ％ U_O)降至 7.5V(即 50 ％ U_O)時，恒功率準確度可達± 10 ％。85～265V 交流電壓經過BR、C_1整流濾波後，爲初級迴路提供直流高壓。汲極箝位保護電路由VD_{Z1}和VD_1構成。回授繞組電壓經過VD_3、C_4整流濾波後，給光耦合器中的光敏電晶體提供集極電壓。C_5爲控制端的旁路電容。次級電壓透過VD_2、C_2、L_1和C_3整流濾波。VD_2採用 FE3C 型 150V/4A的超快恢復二極體。C_2需選擇等效串聯電阻(ESR)很低的電解電容器。標準輸出電壓U_O值，由光耦合器中 LED 的順向壓降(UF)與穩壓二極體VD_{Z2}的穩定電壓(U_{Z2})來設定。R_5起限流作用並能決定控制迴路的增益。

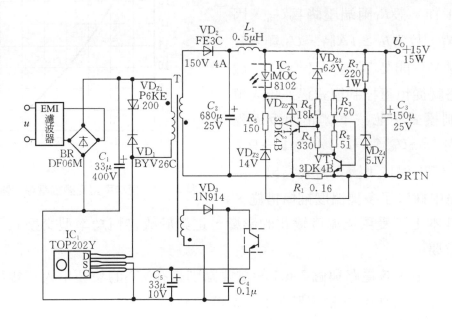

圖 3.7.1　15W 恒功率輸出式交換式電源的電路

恒功率控制電路由VT_1、VT_2、VD_{Z3}～VD_{Z5}、R_1～R_7構成。VT_1仍工作在飽和區。VT_1和VT_2應選參數一致性很好的 3DK4B 型切換電晶體，亦可用國外 2N4401型小功率矽電晶體代替。VD_{Z3}、VD_{Z4}的型號分別爲2CW242、2CW340。

R_1為電流檢測電阻，VT_2用來監視R_1上的壓降。該電路具有溫度補償特性，能對VT_1、VT_2的偏壓以及輸出電壓進行溫度補償。恒功率控制電路由5部分組成：

1. 恒流源電路(VD_{Z4}、R_7、R_3)，給偏壓電路提供固定的集極電流I_{C_1}。

2. 帶溫度補償的偏壓電路(VT_1、R_2)，其用途是給VT_2提供偏置電壓U_{B_1}，它的射極接面壓降U_{BE1}與U_{BE2}相等且具有相同的溫度係數。

3. 電流檢測電阻(R_1)。

4. 電壓溫度係數補償電路(VD_{Z3}、R_6、R_4)，利用穩壓二極體(VD_{Z3})逆向崩潰電壓的正溫度係數($\beta_t \approx + 3.5 mV/°C$)，可對$VT_2$的射極接面電壓$U_{BE2}$的負溫度係數($\alpha_t \approx - 2.1 mV/°C$)進行補償，以減小$U_{BE2}$的溫度漂移。

5. 電壓調節電路(IC_2、VD_{Z2}、R_5)，利用帶穩壓二極體的光耦回授電路使U_O在恒壓區內保持固定。

當I_O較小時VT_2截止，而VD_{Z2}工作在穩壓區，交換式電源工作在恒壓輸出方式下，$U_O = 15V$；此時恒功率控制電路不工作。設R_1兩端壓降為U_{R_1}，因$U_{R_1} = I_O R_1$，故當$I_O \geq 1A$時，U_{R_1}顯著升高，迫使VT_2開始導通，又令VD_{Z2}截止，電路就從恒壓控制模式迅速轉入恒功率控制模式，並按下述正回授過程$U_O \downarrow \rightarrow I_O \uparrow \rightarrow U_{R_1} \uparrow \rightarrow I_F \downarrow \rightarrow I_C \downarrow \rightarrow D \uparrow \rightarrow I_O \uparrow$，使$P_O$保持不變。需要指出，由於在電路中採取了多種溫度補償措施，

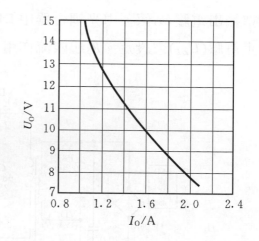

圖 3.7.2　恒功率型交換式電源的輸出特性

因此P_O基本上不受環境溫度變化的影響，這對於改善恒功率型交換式電源的性能至關重要。

需要指出，該電路與圖 3.6.1 的重要區別是在VT_2的集極串入一隻穩壓二極體VD_{Z5}，它能使恒功率輸出時$I_F \downarrow$，最終導致$I_O \uparrow$。

恒功率型交換式電源的輸出特性如圖 3.7.2 所示，它近似於一條雙曲線。從圖中不難查出，當$U_O = 15V$ 時$I_O = 1.02A$，$P_{O1} = 15V \times 1.02A = 15.3W$；$U_O = 7.5V$ 時$I_O = 2.07A$，$P_{O2} = 15.5W$。顯然，$P_{O1} \approx P_{O2}$，這就是恒功率輸出的特點。實際情況下U_O-I_O的特性曲線，允許有±10 %的偏差。

3.7.2　恒功率輸出式交換式電源的設計要點

1.　集極電流I_{C_1}

　　　VT_1和VT_2的參數應相同，二者的位置要儘量靠近，置於相同的溫度環境中。由VD_{Z4}和R_3給VT_1提供固定的集極電流I_{C_1}。若忽略小電阻R_2(51Ω)的影響，在恒壓模式下，為保證VT_1工作在放大區，其集極電流I_{C_1}應由下式確定：

$$I_{C_1} = \frac{U_{Z4} - U_{BE1}}{R_3} \tag{3.7.1}$$

將$U_{Z4} = 5.1V$、$U_{BE1} = 0.67V$、$R_3 = 750Ω$代入上式，得$I_{C_1} = 5.9mA$。近似取 6mA。溫度補償偏壓經過VT_1和R_1加到VT_2上，且設計的I_{C_2}應等於I_{C_1}。

2.　飽和壓降U_S

　　　VT_1的飽和壓降計算公式為

$$U_S = U_{BE1} - I_{C_1} \cdot R_2 \tag{3.7.2}$$

將$U_{BE1} = 0.67V$、$I_{C_1} = 6mA$、$R_2 = 51Ω$代入(3.7.2)式中求出，$U_S = 0.36V$。

3.　輸出功率

　　　輸出的固定功率值由下式確定：

$$P_O = U_O \cdot \left[\frac{U_{BE2} - U_S - \frac{R_4}{R_4 + R_6} \cdot (U_O - U_{Z3} - U_S)}{R_1} \right] \tag{3.7.3}$$

不難算出，當$U_O = 12V$、$U_{BE2} = 0.67V$、$U_S = 0.36V$、$U_{Z3} = 6.2V$、$R_4 = 330Ω$、$R_6 = 18kΩ$、$R_1 = 0.16Ω$時，額定輸出功率$P_O = 15.2W$。

3.8　1.25W 交流非隔離式 LED 恒流驅動電源模組

　　　發光二極體亦稱 LED(Light-emitting Diode)，它是採用半導體材料製成的，能將電信號轉換成光信號的接面電致發光元件。LED能在低電壓、小電流條件下工作，具有顯示亮度高、色彩豔麗、發光回應速度快、低功率消耗、耐振動、壽命長等優點。由發光二極體構成的 LED 數位管和 LED，是目前最常用的半導體顯示元件。前者可廣泛用於各種數位儀錶和數顯裝置中，後者適合構成 LED 智慧顯示幕。但 LED 屬於電流控制型元件，其順向壓降(U_F)及發光亮度均與工作電流(I_F)有關，因此用電壓驅動時必須接限流電阻。下面介紹一種具有恆流輸出特性的交流非隔離式 LED 驅動電源模組，可直接驅動 20 只發光二極體，亦可用於夜間照明燈或安全出口標誌燈的電源。它不需要接限流電阻，能大大簡化驅動電路。

3.8.1　性能特點和技術指標

1. LED驅動電源採用LinkSwitch-TN系列小功率非隔離式節能型交換式電源積體電路LNK304P，交流輸入電壓範圍是85～265V，最大輸出功率為 1.25W。

2. 它採用正端升壓/降壓式LED恆流驅動電路，工作在不連續模式(MDCM)下。在恆壓區，輸出電壓接近於 12V；當輸出電流超過 95mA 時進入恆流區，最大輸出電流I_{OM} = 100mA，平均每列發光二極體上可通過25mA 的電流。

3. 高效率。在交流輸入電壓低至85V 時，電源效率仍高於 60％。

4. 週邊元件少，體積小，重量輕，成本低廉。

5. 安全性好，即使功率MOSFET失效，輸入端電壓也不會加到輸出端上而損壞負載。

6. 若採用更大功率的LinkSwitch-TN晶片(例如TOP305P、TOP306P)，還可進一步提高輸出功率，驅動更多的發光二極體或 LED。

7. 抗干擾能力強，符合電磁相容性國際標準 EN55022B。

3.8.2　1.25W 交流非隔離式恆流輸出 LED 驅動電源模組的電路設計

　　1.25W 交流非隔離式 LED 恆流驅動電源模組採用 Buck-Boost(降壓/升壓) 拓撲結構，其內部電路如圖 3.8.1 所示。在交流85～265V 輸入範圍內，LNK304P 的最大輸出電流可達 170mA(連續模式)或 120mA，這裏僅需輸出 100mA 的固定電流。LNK304P的工作模式取決於晶片的極限電流最小值($I_{LIMIT(min)}$)與輸出電流(I_O)之間的關係，當$I_{LIMIT(min)}$ > $2I_O$ 時，就選擇不連續模式(MDCM)。

LNK304P 的 $I_{\text{LIMIT(min)}} = 240\text{mA}$，而這裏所設計的 $I_\text{O} = 100\text{mA}$，由此可判定該電源工作在 MDCM 模式下。

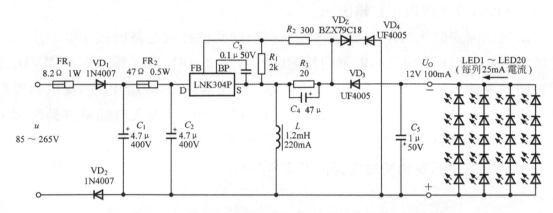

圖 3.8.1　1.25W 交流非隔離式 LED 恒流驅動電源的內部電路

　　輸入電路由 FR_1 和 FR_2、二極體 VD_1 和 VD_2、電容 C_1 和 C_2 組成。其中，FR_1 為易熔、耐火型可熔斷電阻器，FR_2 僅為耐火型熔斷電阻器，當輸入電路發生短路故障時，FR_1、FR_2 立即被熔斷並且不會產生電火花干擾，能產生限流保護作用。VD_1 為半波整流二極體，VD_2 與 VD_1 相串聯後，可提高二極體的耐壓能力並使雜訊電流減小一半(僅在二極體導通時才能通過)。C_1、C_2 均為濾波電容。

　　電源調整電路由 LNK304P、VD_3(UF4005)、輸出級濾波電感 L 和濾波電容 C_5 組成。

　　在穩壓區，LNK304P 是利用開/關控制的原理(即跳過週期的方式)來限制輸出電壓的；當流入回授端(FB)的電流 $I_{\text{FB}} < 49\mu\text{A}$ 時，不影響下一個開關週期的正常工作。若 $I_{\text{FB}} > 49\mu\text{A}$，則跳過下一個開關週期。$I_{\text{FB}} = 49\mu\text{A}$ 就對應於 $U_{\text{FB}} = 1.65\text{V}$(典型值，允許有±7％的偏差)，因此可將回授電壓 $U_{\text{FB}} = 1.65\text{V}$ 作為是否跳過週期的界限。跳過的週期數愈多，經過整流濾波後的電壓就愈低。R_3 為輸出電流的檢測電阻，C_4 為檢測電容，利用 C_4 可將平均輸出電流轉換成電壓信號，再透過偏壓電阻 R_1 和回授電阻 R_2 分壓後送至 FB 端。取 $R_3 = 20\Omega$ 時，R_3 在透過 100mA 額定輸出電流時所形成的壓降為 2V。經過 R_1、R_2 分壓後可獲得大約 1.65V(準確值為 1.739V，與 1.65V 的偏差未超過±7％)的回授電壓，加至 FB 端。當輸出電壓升高時，$U_{\text{FB}} > 1.65\text{V}$，LNK304 就採用跳過週期的方式使輸出電壓降低。反之，當輸出電壓偏低時，$U_{\text{FB}} < 1.65\text{V}$，LNK304 就減少跳過週期的次數甚至不再跳過週期，從而使輸出電壓升高。$R_1 \sim R_3$ 均採用誤差為 1％的精密電阻。

　　一旦發生輸出超載或輸出短路故障，使得$I_O > 100\text{mA}$，LNK304 就立即進入自動重啓動狀態，將輸出功率降至 6 ％，有效地限制了輸出電流的增大，直至$I_{FB} < 49\mu\text{A}$時才恢復正常輸出。

　　當輸出開路時，U_O迅速升高，因爲原來的回授控制迴路已被切斷，所以必須增加由VD_Z和VD_4構成的電壓回授迴路。當$U_O > 18\text{V}$時，穩壓二極體VD_Z立即被逆向崩潰，U_O就依次經過VD_4、VD_Z、分壓器$(R_1、R_2)$給FB端提供回授電壓。由於$U_O > 18\text{V}$，使$U_{FB} > 1.65\text{V}$，因此 LNK304 就進入自動重啓動狀態，迅速將U_O拉下來，從而產生了開迴路保護作用。

　　實測該電源的輸出特性曲線如圖 3.8.2 所示。其典型的EMI波形如圖 3.8.3 所示。

　　在設計電路時需要注意以下事項：

1. 該電源的輸出電流允許有±12 ％的誤差，這其中包含當環境溫度變化50℃時所引起的輸出電流誤差。

2. 爲了抑制電磁干擾，輸入整流濾波元件應儘量遠離LNK304及L的位置。

3. 選擇C_4時，應滿足公式$C_4 \geq 20 \times (15\mu\text{s}/R_3)$，式中的$15\mu\text{s}$爲LinkSwitch-TN的開關週期。不難算出，$C_4 \geq 15\mu\text{F}$，實際取$C_4 = 47\mu\text{F}$。適當增大C_4的容量能減小R_3上的脈動電流。即使取$C_4 = 50 \times (15\mu\text{s}/R_3)$，也不會影響恒流輸出的線性度。

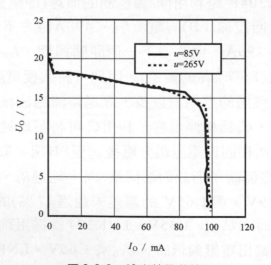

圖 3.8.2 　輸出特性曲線

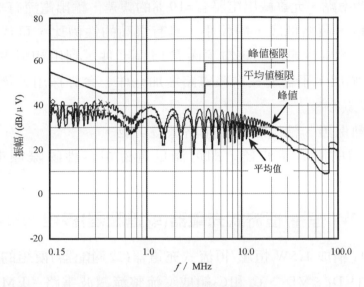

圖 3.8.3　典型的 EMI 波形圖

4. 應根據每一列 LED 所允許的峰值電流來選擇輸出濾波電容 C_5 的容量。適當增大 C_5 的容量可減小 LED 上的峰值電流。C_5 的典型值為 $0.1\mu F \sim 100\mu F$，其等效串聯電阻(ESR)應儘量小。

5. 確定 R_1、R_2 值以後，利用公式 $R_3 = 2V/I_O$ 可計算出 R_3 值。

6. 總輸出電流值應視 LED 的組數而定，再透過 LNK304 的極限電流來加以限制。

3.9　1.5W 恒壓/恒流式充電器(或適配器)模組

下面介紹一種由 LNK501 構成的 1.5W 恒壓/恒流式充電器(或適配器)模組。

3.9.1　性能特點和技術指標

1. 它採用 LinkSwitch 系列高效率恒壓/恒流式三端單晶片交換式電源積體電路 LNK501，交流輸入電壓範圍是 85～265V，額定輸出電壓為 5.5V，輸出電流可達 0.27A，輸出功率為 1.5W。

2. 低功率消耗，高效率。其空載功率消耗低於 0.3W，滿足歐洲(規定空載功率消耗為 0.3W)和美國(規定空載功率消耗為 1W)的節能標準。電源效率 $\eta > 62\%$。如果用一隻電感來代替電阻 R_1，還可使 $\eta > 70\%$。漏電流極小，設計值小於 $5\mu A$。

3. 在峰值功率點,允許輸出電壓有±10％的誤差,輸出電流有±22％的誤差。

4. 電路簡單,價格低廉,體積小,具有很高的性價比,可代替體積較大、價格較高的線性電源。該電源僅需 15 個元件,利用初級電路就能實現恒流/恒壓輸出,不需要在次級電路增加元件。允許採用低價格、小尺寸的 EE13 型鐵心。

5. 具有過熱保護、輸出短路及開路保護功能。

6. 使用廉價的阻容濾波器,即可滿足電磁相容性國際標準 CISPR22B/EN55022B。

3.9.2　1.5W 恒壓/恒流式充電器(或適配器)模組的電路設計

由 LNK501 構成 1.5W 恒壓/恒流式充電器(或適配器)模組的內部電路如圖 3.9.1 所示。 由 VD_1、VD_2、C_1 和 C_2 組成交流整流濾波電路。EMI 濾波器由 π 型濾波器(C_1、R_1 和 C_2)、串模干擾濾波器(FR 和 C_1)構成。在高頻變壓器的初級和次級之間加遮罩層後,不需要接安全電容(Y 電容)即可濾除電磁干擾。熔斷電阻器 FR 產生了保險絲的作用。

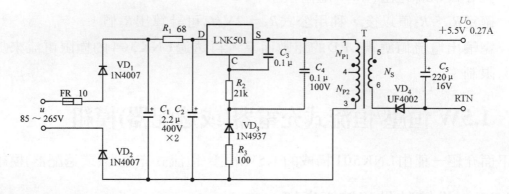

圖 3.9.1　1.5W 恒壓/恒流式充電器(或適配器)模組的內部電路

箝位保護電路由 1A、600V 的矽二極體 VD_3(1N4937)和 $0.1\mu F$ 電容器 C_4 所組成,用來吸收高頻變壓器漏感產生的尖峰電壓。

LNK501 的一個突顯優點就是它不需要輔助繞組,利用初級電路即可獲得回授電壓。這是因為初級繞組的感應電壓 U_{OR}(亦稱次級反射電壓)與輸出電壓 U_O 之間存在下述關係式:$U_{OR} = nU_O$ (n 為初級與次級的匝數比,這裏忽略了次級整流二極體的壓降)。因此,U_{OR} 能反映輸出電壓的高低。現將 U_{OR} 在 C_4 上的壓降作為回授電壓，再經過R_2轉換成回授電流(即控制端電流I_C)，進而去調節LNK501 輸出的工作週期。當$I_C < I_{DCS} = 2mA$(典型值)時，LNK501 工作在恒流區。當$I_C > I_{DCT} = 2.3mA$(典型值)時，LNK501 進入恒壓區。若U_O降到 2V 以下，則C_4放電，使LNK501 進入自動重啟動過程。上述功能可確保被充電電池的安全性。

用做電源適配器時只能工作在恒壓區，輸出電流應小於 0.2A。

高頻變壓器採用 EE13 型鐵心，配 8 接腳的骨架。鐵心留間隙後的等效電感$A_{LG} = 101nH/T^2$。初級繞組用ϕ0.16mm漆包線繞104匝，次級繞組用ϕ0.25mm的三重絕緣線繞 15 匝。在初、次級繞組之間用兩股ϕ0.16mm漆包線繞 12 匝，作為遮罩層。初級電感量$L_P = 1.36mH$(允許有±10 ％的誤差)，最大漏感$L_{P0} = 50\mu H$。高頻變壓器的諧振頻率不低於 300kHz。

1.5W恒壓/恒流式充電器的輸出特性如圖 3.3.2 所示。其空載功率消耗與交流輸入電壓的關係曲線如圖 3.9.3 所示。

在設計電路時需要注意以下事項：

1. U_{OR}的允許範圍是 40～60V，透過改變高頻變壓器的匝數比可以調節U_{OR}值。適當降低U_{OR}能減少電源功率消耗，增大U_{OR}會增加空載功率消耗。

2. 在交流85V的峰值功率點，由R_2給控制端提供2.3mA的電流，利用這一點可校正輸出電壓的中心點。

3. 當初級電感量L_P的誤差為±10 ％時，恒流誤差為±22 ％。

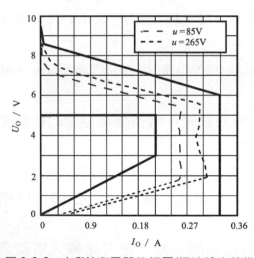
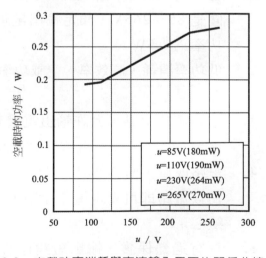

圖 3.9.2　1.5W 充電器的恒壓/恒流輸出特性　　圖 3.9.3　空載功率消耗與交流輸入電壓的關係曲線

4. 減小汲極節點的電容，能降低空載功率消耗。採用如圖 3.9.1 所示的輸入電路時，不需要給次級整流二極體並聯 RC 緩衝器。

5. 在做電源適配器使用並且接電阻負載時，應將C_3增加到$1\mu F$，以保證在全載情況下啟動電源時能有足夠的延遲時間。

6. 做電池充電器使用時，可在輸出端並聯一個負載電阻以減小輸出漣波。接負載電阻後，空載電壓降至 1V。透過負載電阻的電流應為 $1\sim 2mA$，所增加的功率消耗不超過 10mW。

7. 如果用電感來代替電阻R_1，可使電源效率提高 10 %。

8. 若用肖特基二極體來代替快恢復二極體做輸出整流二極體，還能進一步提高電源效率。

3.10　2.5W 恒壓/恒流式充電器(或適配器)模組

　　下面介紹一種由 LNK500 構成的 2.5W 恒壓/恒流式充電器(或適配器)模組。它適用於手機電池充電器、個人數位助理(PDA，即 Personal Digital Assistant)、攜帶型音頻設備、電動刮鬍刀、家用電器的內置電源(如彩色電視的備用電源、偏壓電源)等領域。

3.10.1　性能特點和技術指標

1. 它採用高效率恒壓/恒流式單晶片交換式電源 LNK500，交流輸入電壓範圍是 $85\sim 265V$，額定輸出電壓為 5.5V，最大輸出電流為 0.45A，輸出功率為 2.5W。

2. 低功率消耗，高效率。空載功率消耗低於 0.3W，電源效率的典型值$\eta \approx 68$ %。

3. 在峰值功率點，允許輸出電壓有±10 %的誤差。當初級電感量L_P的誤差為±10 %時，輸出電流有±25 %的誤差。

4. 電路簡單，價格低廉，該電源僅需 23 個元件。不需要次級回授電路，用初級電路即可實現恒流/恒壓輸出。允許採用低價格、小尺寸的 EE13 型鐵心。

5. 具有過熱保護、輸出短路保護及開迴路保護功能。在交流輸入電壓為 265V 時，漏電流小於$5\mu A$。符合電磁相容性國際標準 CISPR22B/EN55022B。

3.10.2　2.5W 恒壓/恒流式充電器(或適配器)模組的電路設計

由 LNK500 構成 2.5W 恒壓/恒流式充電器(或適配器)模組的內部電路如圖 3.10.1 所示。FR為可熔斷電阻器，它具有限流保護作用並能限制通電時的衝擊電流。由VD_1～VD_4、C_1和C_2構成橋式整流濾波器。由電感L_1、L_2和電容C_1、C_2組成的低功率消耗π型濾波器，能濾除電磁干擾。L_2可採用$3.3\mu H$的磁珠。在 LNK500 內部功率MOSFET導通時，輸出整流二極體VD_6截止，此時電能就儲存在高頻變壓器中。當功率MOSFET關斷時VD_6導通，儲存在高頻變壓器中的能量就透過次級電路輸出。VD_6採用 1A/100V 的肖特基二極體 SB1100。R_4和C_7並聯在VD_6兩端，能防止VD_6在高頻開關狀態下產生自激振盪。C_6為輸出端濾波電容。R_5為$22k\Omega$的負載電阻。

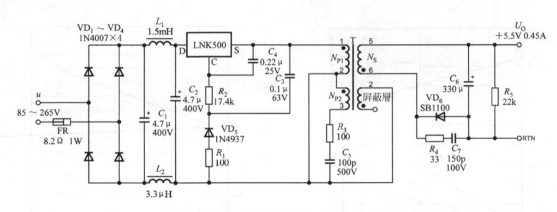

圖 3.10.1　2.5W 恒壓/恒流式充電器(或適配器)模組的內部電路

由R_1、C_3和VD_5構成的RCD型箝位電路，它具有以下功能：第一，當功率MOSFET關斷時，對初級感應電壓進行箝位；第二，能簡化回授電路的設計。控制端的回授電流由電阻R_2來設定。剛啓動電源時由控制端電容C_4給 LNK500 供電，C_4還決定了自動重啓動頻率。

為了降低電磁干擾，高頻變壓器的初級設計了兩個繞組，分別為N_{P1}、N_{P2}。N_{P2}被稱為"抵消繞組"(cancellation winding)，它經過R_3、C_5接初級返回端，能降低初級電路中的電磁干擾。此外，在初、次級之間還需增加屏蔽層。

LNK500 只適合在不連續模式下工作，其輸出功率由下式確定：

$$P_O \approx 0.5\eta L_P I_{P2} f \tag{3.10}$$

式中，P_O為輸出功率，η為電源效率，L_P為高頻變壓器的初級電感，I_P為LNK500的峰值電流，f為切換頻率。不難看出，P_O與L_P成正比，$I_{P2} f$的大小則受LNK500控制。

高頻變壓器採用 EE13 型鐵心，配 8 接腳的骨架。鐵心留間隙後的等效電感$A_{LG} = 284\text{nH}/\text{T}^2$。初級繞組$N_{P1}$用$\phi 0.13$mm漆包線繞90匝，$N_{P2}$用$\phi 0.16$mm漆包線繞22匝，次級繞組用兩股$\phi 0.25$mm的三重絕緣線繞5匝。在初、次級繞組之間用 3 股$\phi 0.25$mm漆包線繞 5 匝，作為遮罩層。初級電感量$L_P = 2.3$mH(允許有± 10％的誤差)。高頻變壓器的諧振頻率不低於300kHz。

2.5W 恒壓/恒流式充電器的輸出特性如圖 3.10.2 所示。其空載功率消耗與交流輸入電壓的關係曲線如圖 3.10.3 所示。

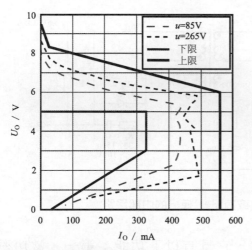

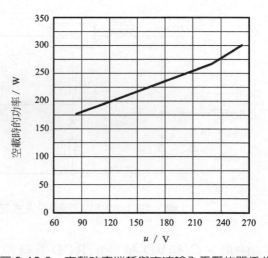

圖 3.10.2　2.5W 充電器的恒壓/恒流輸出特性　　圖 3.10.3　空載功率消耗與交流輸入電壓的關係曲線

在設計電路時應注意以下事項：

1. U_{OR} 應設計為40～60V，以50V 為典型值。

2. 為保證在全載情況下啟動電源時有足夠的延遲時間，C_4的容量應增加到 1μF。

3. 做電源適配器使用時為降低輸出端的連波電壓，可在輸出端增加一級LC濾波器。

3.11　2.75W 恒壓/恒流式充電器(或適配器)模組

下面介紹一種由LNK501構成的2.75W恒壓/恒流式充電器(或適配器)模組。

3.11.1　性能特點和技術指標

1. 它採用LNK501型高效率恒壓/恒流式單晶片交換式電源，交流輸入電壓範圍是85～265V，額定輸出電壓為5.5V，最大輸出電流為0.5A，輸出功率為2.75W。

2. 低功率消耗，高效率。空載功率消耗低於0.3W，電源效率$\eta > 70\%$。

3. 在峰值功率點，允許輸出電壓有±10％的誤差，輸出電流有±20％的誤差。

4. 電路簡單，價格低廉，該電源僅需17個元件。它不需要次級回授電路，並且允許採用低價格、小尺寸的EE13型鐵心。

5. 具有過熱保護、輸出短路保護、開迴路保護等功能，漏電流小於5μA。符合電磁相容性國際標準CISPR22B/EN55022B和FCC B。

3.11.2　2.75W 恒壓/恒流式充電器或電源適配器模組的電路設計

由LNK501構成2.75W恒壓/恒流式充電器(或適配器)模組的內部電路如圖3.11.1所示。FR為可熔斷電阻器，它能產生了過流保護作用並限制通電時的衝擊電流。由$VD_1 \sim VD_4$、π型濾波器(C_1、L和C_2)構成橋式整流濾波器。FR還與C_1組成差分濾波器，可濾除電磁干擾。初級箝位電路由R_2、C_4和VD_5構成。LNK501從初級獲得回授資訊，由C_4取樣並且保持回授電壓，再經過R_1轉換成回授電流流入控制端C。在恒壓區，LNK501以跳過週期的方式使輸出電壓保持穩定；在恒流區，則利用過電流保護及自動重啟動來限制輸出電流，實現恒流輸出特性。

輸出整流二極體採用1A/60V的肖特基二極體11DQ06，C_5為輸出端濾波電容。

高頻變壓器採用EE13型鐵心，配8接腳的骨架。鐵心留間隙後的等效電感$A_{LG} = 190nH/T^2$。初級繞組用ϕ0.16mm漆包線繞104匝，次級繞組用ϕ0.25mm的三重絕緣線繞15匝。在初、次級繞組之間用兩股ϕ0.25mm漆包線繞12匝，作為遮罩層。初級電感量$L_P = 2.55mH$(允許有±10％的誤差)，最大漏感$L_{P0} = 50\mu H$。高頻變壓器的諧振頻率不低於300kHz。

　　2.75W恒壓/恒流式充電器的輸出特性如圖3.11.2所示，空載功率消耗與交流輸入電壓的關係曲線如圖3.11.3所示。

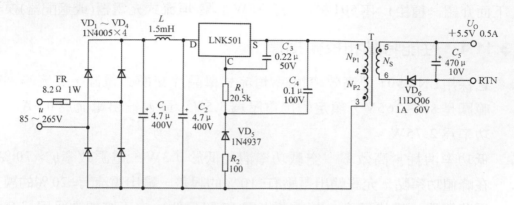

圖 3.11.1　2.75W 恒壓/恒流式充電器(或適配器)模組的內部電路

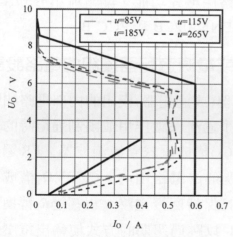
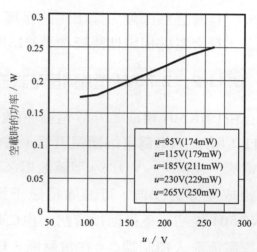

圖 3.11.2　2.75W 充電器的恒壓/恒流輸出特性　圖 3.11.3　空載功率消耗與交流輸入電壓的關係曲線

　　在設計電路時應注意下列事項：

1. U_{OR}的允許範圍是$40 \sim 60\text{V}$，透過改變高頻變壓器的匝數比可以調節U_{OR}值。

2. 對於電池負載，輸出端不需要加π型濾波器。

3. 為了降低成本，L可用$22 \sim 100\Omega$的可熔斷電阻器來代替，VD_6也可用玻璃封裝整流二極體1N4002來代替，但這樣做會降低電源效率。

4. 為了降低空載輸出電壓，還可在輸出端並聯一隻負載電阻，透過負載電阻的電流應為$1 \sim 2\text{mA}$。

3.12　7W 地面數位電視播放(DVB-T)設備的電源模組

　　近年來，數位電視獲得了快速發展。數位元電視按傳輸方式可分爲衛星數位電視、地面數位電視和有線數位電視三種。其中，地面數位電視播放最爲重要。1995 年，歐洲 150 個組織成立了 DVB 聯盟，共同制定了數位電視的 DVB (Digital Video Broadcasting，即數位電視播放)標準。包括衛星數位電視傳輸標準 DVB-S，有線數位電視傳輸標準 DVB-C，地面數位電視傳輸標準 DVB-T，其中 DVB-S 和 DVB-C 標準已作爲世界上的統一標準被大多數國家(包括中國)所接受，其優點是靈活性強並可擴充到移動通信領域。中國計畫於 2005 年開展數位衛星直播業務，同時開始地面數位電視測試；2008 年全面推廣地面數位電視；2015 年將全面停播類比電視信號，完成從類比電視向數位電視的轉換。下面介紹一種地面數位電視播放(DVB-T，即 Digital Video Broadcast-Terrestrial)設備的電源模組。

3.12.1　性能特點和技術指標

1. 它採用第四代單晶片交換式電源積體電路 TOP242P，交流輸入電壓範圍是 195～265V，4 路輸出分別爲 2.5V、3.3V、6.2V、30V。交流輸入電壓爲 230V、±15 ％時，最大輸出功率爲 7W。

2. 穩壓性能好。在最壞的情況下，各路輸出的電壓調整率和負載調整率指標詳見表 3.12。

表 3.12　各路輸出的電壓調整率和負載調整率指標

4 路輸出電壓 U_O/V	2.5	3.3	6.2	30
電壓調整率 S_V/(%)	＋1	－1.3	＋1	－2.9
負載調整率 S_I/(%)	－4～＋1	0～－1	－7～＋7	－10～－2

3. 低功率消耗，空載時的功率消耗低於 0.5W。允許使用 EF16 型變壓器鐵心獲得 7W 輸出。

4. 週邊元件少，體積小，外形尺寸僅爲 82mm × 30mm × 16mm。

5. 抗干擾能力強，符合電磁相容性國際標準 CISPR22B/EN55022B。

6. 具有軟啓動功能並可從外部設定極限電流。

3.12.2 7W、DVB-T 交換式電源模組的電路設計

由 TOP242P 構成 7W、DVB-T 交換式電源模組的內部電路如圖 3.12.1 所示。該電源使用了 3 片積體電路：IC_1(單晶片交換式電源 TOP242P)，IC_2(線性光耦合器 PC817)，IC_3(可調式精密並聯穩壓器 TL431)。儘管其交流輸入電壓範圍(195～265V)是按照歐洲標準來設計的，但也適用於中國 220V 交流電源。4 路輸出分別為 2.5V/1A、3.3V/0.5A、6.2V/0.4A、30V/5mA，總輸出功率為 7W。TOP242P 採用 DIP-8 封裝，它屬於 4 端元件，M 為多功能端，可代替 TOP242Y 的線路檢測端 L 和極限電流設定端 X。利用印刷電路板上的覆銅箔做散熱器，可代替體積較大的外部散熱器。

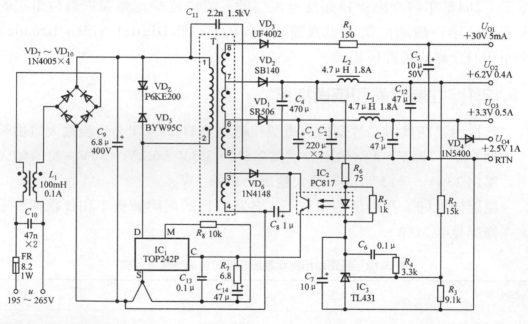

圖 3.12.1　7W、DVB-T 交換式電源模組的內部電路

交流輸入電壓 u 經過電磁干擾濾波器(C_{10} 和 L_1)、橋式整流濾波器(VD_7～VD_{10}、C_9)獲得直流高壓。FR 為 8.2Ω、1W 的熔斷電阻器，它產生了保險絲的作用。R_8 用來設定 TOP242P 的極限電流，適當降低極限電流，可使高頻變壓器不用更大尺寸的鐵心就達到更高的轉換效率。初級箝位電路由暫態電壓抑制器 VD_Z(P6KE200)和超快恢復二極體 VD_5(BYW95C)組成，VD_5 亦稱阻塞二極體。與 RCD 型箝位電路相比較，這種箝位電路能降低空載時的損耗。

該電源以 6.2V 為主輸出，3.3V 為輔助輸出。回授信號就從 6.2V 輸出端引出。6.2V 電壓經過電阻R_2、R_3取樣後，接精密光耦回授電路。6.2V 輸出允許有±1％的偏差。3.3V 輸出再透過VD_4降壓後直接獲得 2.5V 輸出電壓。由於VD_1的整流電流較大，因此選用一隻 5A/60V 的肖特基二極體 SR506，以減小整流二極體的損耗。R_1和C_5，C_4、L_2和C_{12}，C_1、C_2、L_1和C_3分別為 30V、6.2V、3.3V 和 2.5V 輸出電路中的濾波器，可分別將各路輸出的雜訊及漣波電壓降低到各自輸出電壓額定值的 1％以下。C_7為軟啟動電容，能避免在啟動時發生輸出超載現象。

高頻變壓器採用 EF16 型鐵心，配 8 接腳的骨架。鐵心留間隙後的等效電感$A_{LG}=$ 190nH/T^2。初級繞組用ϕ0.14mm漆包線繞105匝，輔助繞組用ϕ0.14mm漆包線繞17匝。為了增大磁耦合，改善輕載時的穩壓性能並降低成本，次級繞組採用堆疊式繞法。其中，3.3V 繞組用 4 股ϕ0.4mm的三重絕緣線並繞 4 匝，6.2V 繞組用ϕ0.4mm的三重絕緣線繞 3 匝，30V 繞組用ϕ0.25mm的三重絕緣線繞 29 匝。初級電感量$L_P=$ 2.1mH(允許有±10％的誤差)，最大漏感$L_{P0}=50\mu$H。高頻變壓器的諧振頻率超過 650kHz。

該電源模組在滿負載輸出時的電壓調整率曲線如圖 3.12.2 所示。在交流 230V 輸入、滿載輸出並良好接地的情況下，實際測量該電源模組 EMI 的波形如圖 3.12.3 所示，完全達到了 CIS-PR22B/EN55022B 國際標準對電磁干擾的規定指標。

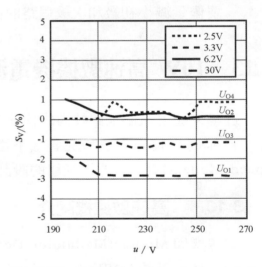

圖 3.12.2　滿負載輸出時的電壓調整率曲線

在設計電路時需注意以下事項：

1. 高頻變壓器應工作在連續模式下。

2. 安全電容C_{11}(亦稱 Y 電容)必須連接到初級直流高壓的正端與次級返回端之間，才能減小交流輸入時線路間的暫態雜訊干擾。

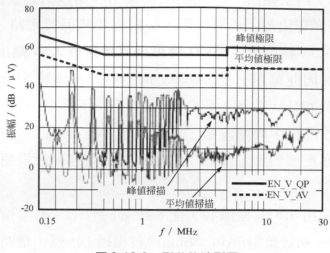

圖 3.12.3　EMI 的波形圖

3. C_{13}、R_7和C_{14}應儘量靠近TOP242P的控制端，初級返回端應接源極接腳。

4. 要儘量減小初級和次級迴路的面積，以減小漏感，降低電磁干擾。

3.13　10W 高速數據機電源模組

　　近年來隨著電腦網路技術的快速發展，網路已走進尋常百姓家中。與此同時，各種網路設備也日臻完善。下面重點介紹一種寬頻、高速數據機(High Speed Modem)交換式電源模組的設計。

3.13.1　高速數據機簡介

　　數據機即 Modem(Modulator Demodulator)。而高速數據機則是撥號上網的必備工具。目前ADSL(Asymmetric Digital Subscriber Line，非對稱數位使用者線路)寬頻網正迅速普及，給電話線接上 ADSL MODEM 後，在這段電話線上便產生了3個資訊通道：

1. 速率為 1.5Mbps～8Mbps 的高速下行通道，用於使用者下載資訊。

2. 速率為 16Kbps～1Mbps 的中速雙工通道，用於使用者上傳輸出資訊。

3. 普通電話服務通道。

這三個通道可同時工作，傳輸距離達 3km～5km。Full rate ADSL 傳輸速度高達 8Mbps(下傳)和 640Kbps(上傳)。而 Lite rate ADSL 傳輸速度可達到 1.5Mbps

(下載)和 512Kbps(上傳)。當然，實際傳輸速度還受到線路距離和線路品質的影響。

　　各種上網方式的性能比較見表 3.13.1。

表 3.13.1　各種上網方式的性能比較

類型	ADSL	56K Modem	ISDN	Cable Modem	FTTB
傳輸介質	普通電話線	普通電話線	普通電話線	有線電視同軸電纜	光纖到樓，網線到戶
最大上傳速度 bps	1M	56K	1B＝64K 2B＝128K	10M	10M
最大下載速度 bps	8M	56K	1B＝64K 2B＝128K	10M	10M
使用者終端設備	ADSL Modem 和濾波分離器	56K Modem	NT1 和 TA 或含 NT1 的 TA	Cable Modem	網卡
電話撥號	不需要	需要	需要	不需要	不需要
驅動程式	專線方式：無需任何驅動；虛擬撥號：遵守 PPPoE 協定的通信程式	56K Modem 專用驅動程式	ISDN 專用驅動程式	專用驅動程式	網卡驅動
與電腦介面	標準區域網路(USB 類型除外)	RS-232 串列介面	RS-232 串列介面或內置卡專用介面	內置卡專用介面或標準區域網路	標準區域網路
佔線遇忙	不會	會	會	不會	不會
其他服務項目	有	無	無	有	有
在打電話的同時上網	可以	不可以	可以，但速度降為 64Kbps	不可以	不可以

　　ADSL 技術作為一種寬頻接入方式，可為使用者提供多種服務，包括高速資料接入，視頻點播，網路互連業務，家庭辦公，遠端教學、遠端醫療等。

　　大陸製 ISIN6131 型 ADSL 數據機的外形如圖 3.13.1 所示。面板上有 5 個 LED 指示燈，用來顯示不同狀態，各指示燈的功能見表 3.13.2。透過 ADSL 上的指示燈還可判斷是否發生故障。ISIN6131 需配電源適配器，其交流輸入電壓為 220V(±10 %)，50Hz；輸出直流電壓為 9V、0.45A，數據機的功率消耗低於 5W。

圖 3.13.1　ISIN6131 型 ADSL 數據機的外形圖

表 3.13.2　各指示燈的功能

LED 指示燈	功能說明
PWR (綠燈)	燈亮：爲‘開機’狀態 燈滅：爲‘關機’狀態
LAN LINK (綠燈)	燈亮：已成功地連接網路及電腦 燈滅：沒有連接網路及電腦
LAN ACT (黃燈)	閃爍：資料正在網路介面上發送/接收(閃爍頻率與資料量的大小有關) 燈滅：沒有資料在網路介面上發送/接收
WAN LINK (綠燈)	燈亮：ADSL 已成功連接 閃爍：ADSL 線路正在適配中 燈滅：ADSL 線路中斷
WAN ACT (黃燈)	閃爍：資料正在 ADSL 介面傳輸(閃爍的頻率與傳輸速率有關) 燈滅：沒有資料在 ADSL 介面上傳輸

3.13.2　10W 高速數據機電源模組的電路設計

1.　性能特點和技術指標

(1)　採用 TOP243P 型單晶片交換式電源，電路簡單(僅需 44 個元件)。在寬範圍輸入的情況下，各路輸出的負載調整率指標詳見表 3.13.3。

(2)　結構緊湊，體積小。外形尺寸僅爲 113mm × 39mm × 25mm。

(3)　抗干擾性能強，並可消除音頻雜訊。利用 TOP243P 的頻率彈跳技術能顯著降低 EMI，符合 EN55022B 標準。在初級直流高壓的正端與次級返回端之間不需要接安全電容，便可承受 4kV 的干擾電壓。

(4)　低功率消耗，高效率。電源效率大於 70 %。

(5)　漏電流極小，當 u = 265V 時的漏電流小於 1mA。

(6)　具有完善的保護功能(包含欠電壓保護、過電壓保護、過電流保護、軟
　　啓動及過熱保護)。適合用做高速 Modem、機上盒中的電源，還可作
　　爲備用電源。

表 3.13.3　各路輸出的負載調整率指標

3 路輸出電壓U_O/V	U_{O3}	U_{O2}	U_{O1}
	3.3	5	30
負載電流變化範圍/A	0.3～1.5	0.3～0.9	0.01～0.03
負載調整率S_I/(%)	±3	−2～+4	−8～+10

2.　10W 高速數據機電源模組的電路設計

由 TOP243P 構成 10W 高速數據機電源模組的內部電路如圖 3.13.2
所示。該電源的交流輸入電壓範圍是 85～265V，3 路輸出分別爲
3.3V/1.5A、5V/0.9A、30V/30mA，總輸出功率爲 10W。

交流輸入電壓 u 經過電磁干擾濾波器(C_{13}和L_1)、橋式整流濾波器
(1N4007×4)獲得直流高壓。爲簡化電路，初級採用 RCD 型箝位電路。
利用R_2可實現輸入過電壓/欠電壓保護。取R_1= 2MΩ時，所設定的過電
壓值、欠電壓值分別爲 450V、100V(DC)。

該電源以 5V 爲主輸出，3.3V 爲輔助輸出。5V、3.3V 輸出電路中的
整流二極體分別採用 SB360 型(3A/60V)、SB540 型(5A/40V)肖特基二
極體。30V 輸出電路中的整流二極體則採用超快恢復二極體 UF4003。
R_{10}～R_{12}爲取樣電阻，R_9爲 30V 輸出的負載電阻。精密光耦回授電路由
LTV817A、TL431 等組成。C_{14}爲軟啓動電容。

高頻變壓器採用 EE25 型鐵心，配 10 接腳的骨架。鐵心留間隙後的
等效電感A_{LG}= 351nH/T²。初級繞組用φ0.35mm漆包線繞49匝，輔助繞
組用 3 股φ0.33mm漆包線繞 7 匝。次級繞組採用堆疊式繞法。其中，3.3V
繞組用 3 股φ0.4mm的三重絕緣線繞 2 匝，5V 繞組用φ0.4mm的三重絕緣
線繞 1 匝，30V 繞組用φ0.4mm的三重絕緣線繞 13 匝。在初、次級繞組
之間用兩股φ0.29mm漆包線繞 15 匝，作爲遮罩層。初級電感量L_P= 1mH

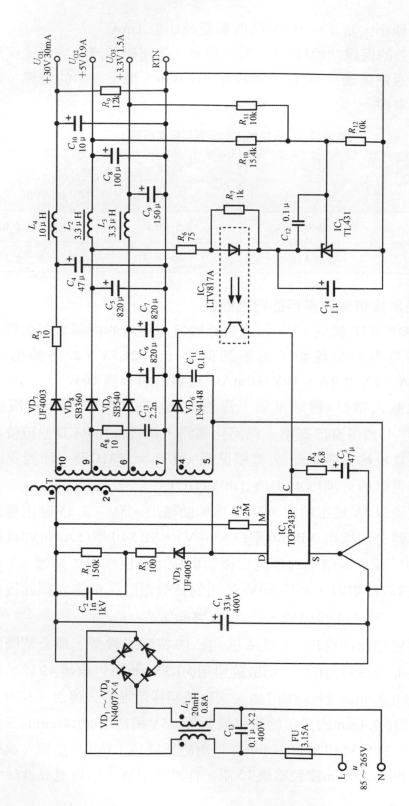

圖 3.13.2　10W 高速數據機電源模組的內部電路

（允許有±10％的誤差），最大漏感$L_{P0}=30\mu H$。高頻變壓器的諧振頻率超過 500kHz。

　　該電源模組在交流 230V 輸入、滿載輸出情況下的 EMI 波形如圖 3.12.3 所示。

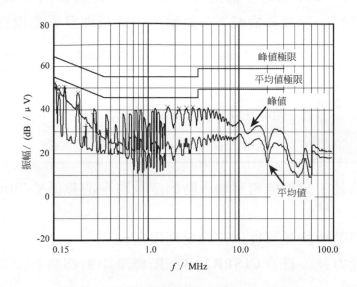

圖 3.13.3　滿載輸出情況下的 EMI 波形圖

　　在設計電路時需注意以下事項：

(1)　為了提高效率，比例係數 KRP(初級脈動電流與峰值電流之比)應設計在 0.4～0.6 範圍內。

(2)　初級感應電壓U_{OR}應為 90～110V，以獲得最佳效率。

(3)　線性光耦合器LTV817A的電流傳輸比(CTR)推薦範圍是 80％～160％。

3.14　13W 低功率消耗 DVD 電源模組

　　DVD(Digital Video Disc)即數位影音光碟，它是技術最先進、影音品質最好的家用視聽節目源。DVD 採用 MPEG-4 編碼技術，目前每張光碟的容量為 4.7GB，是 CD、VCD 的 7 倍，其播放時間可達 133 分鐘。現已成為影音市場的熱門商品。下面介紹一種由 TOP244P 構成的低功率消耗 DVD 電源模組。

3.14.1　性能特點和技術指標

1. 它採用 TOP244P 型單晶片交換式電源積體電路，交流輸入電壓範圍是 85～265V，4 路輸出電壓分別為 3.3V、5V、12V、−12V。交流輸入電壓為 230V、±15％時，輸出功率為 13W，峰值輸出功率可達 17W。

2. 穩壓性能好。滿負載情況下各路輸出的負載調整率指標詳見表 3.14。

表 3.14　各路輸出的負載調整率指標

4 路輸出電壓U_O/V	3.3	5	12	−12
負載變化範圍/(%)	10～100	10～100	10～100	100
負載調整率S_I/(%)	−2～0	−1～+3	±2	0～+4

3. 低功率消耗，交流低電壓輸入時的空載功率消耗低於 70mW，電源效率 $\eta \geq 77\%$。

4. 具有軟啟動功能並可從外部設定極限電流。

5. 抗干擾能力強，符合 CISPR22B 國際標準中對抑制 EMI 的要求。

3.14.2　13W 低功率消耗 DVD 電源模組的電路設計

　　由 TOP244P 構成 13W 低功率消耗 DVD 電源模組的內部電路如圖 3.14.1 所示。該電源的 4 路輸出分別為 3.3V/0.7A、5V/1.6A、12V/0.7A、−12V/100mA。鑒於 TOP244P 本身具有頻率彈跳功能，對電磁干擾有一定的抑制作用，因此只需用電容C_1、C_2和電感L_1構成一個簡單的 EMI 濾波器即可。箝位保護電路由 VD_Z、VD_5、R_6、R_7和C_4組成，VD_Z能將汲極電壓限制在安全值。R_6用來限制逆向電流，R_7和C_4能夠抑制汲極上的減幅振盪(亦稱"振鈴"電壓)，降低 EMI。

　　R_{11}用來設定最大極限電流。取$R_{11}=7.5k\Omega$時，極限電流的衰減因數$K_I = 0.95$，即$I'_{LIMIT}=0.95 I_{LIMIT}=0.95 \times 1.00A = 0.95A$。$R_6$、$VT_1$和$C_{13}$用來補償斜坡電壓。當電源工作在滿載或中等負載時，切換頻率為額定值 132kHz；輕載時能自動降低切換頻率。輔助繞組的輸出電壓經過VD_9和C_{10}整流濾波後給光敏電晶體提供偏壓電壓。正常工作時光敏電晶體的射極電壓較低，使 PNP 矽電晶體VT_2(2N3906)截止，由 PC817、TL431 構成的精密光耦回授電路為C端提供控制電流I_C，I_C的大小隨負載而變化。空載時，隨著光敏電晶體的射極電壓升高

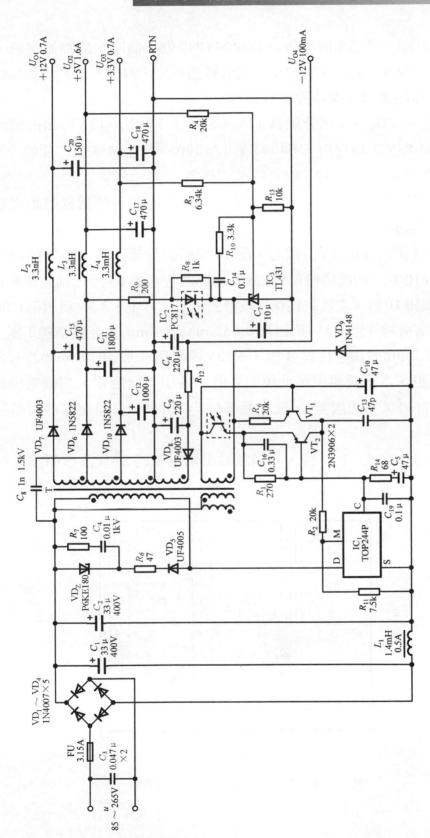

圖 3.14.1　13W 低功率消耗 DVD 電源模組的內部電路

，VT$_2$進入放大區，經過R_1限流後給TOP244P提供一個固定的控制電流，維持輸出電壓不變。與此同時，VT$_2$的集極電流經過R_2流向M端，透過增加I_M的方法來進一步降低極限電流，發揮保護作用。

VD$_7$、VD$_6$、VD$_{10}$、VD$_8$分別為 12V、5V、3.3V 和−12V輸出的整流二極體。其中，VD$_7$和VD$_8$均採用 UF4003 型 1A/200V 的超快恢復二極體，VD$_6$和VD$_{10}$均採用 1N5822 型 3A/40V 的肖特基二極體。

由R_3、R_4和R_{13}分別構成 3.3V、5V 輸出的取樣電路。C_7為軟啟動電容，可防止啟動電路時超載。

高頻變壓器採用 EEL25 型鐵心，配 14 接腳的骨架。鐵心留間隙後的等效電感$A_{LG}=$ 344nH/T^2。初級繞組用兩股ϕ0.2mm漆包線繞64匝，輔助繞組用4股ϕ0.2mm漆包線繞10匝。次級繞組採用堆疊式繞法。其中，3.3V繞組用 0.052mm×14mm 的金屬箔繞4匝，5V 繞組用 0.052mm×14mm 的金屬箔繞1匝，12V繞組用 4 股ϕ0.2mm的漆包線繞 4 匝，−12V繞組用 4 股ϕ0.2mm的漆包線繞 7 匝。在初級繞組、次級繞組與輔助繞組之間，各加一層遮罩。初級電感量$L_P=$ 1.42mH(允許有±10 %的誤差)，最大漏感$L_{P0}=30\mu$H。高頻變壓器的諧振頻率超過300kHz。

該電源模組在交流230V輸入、滿載輸出情況下的 EMI 波形如圖 3.14.2 所示。

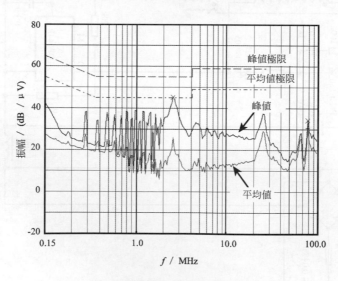

圖 3.14.2　滿載輸出情況下的 EMI 波形圖

3.15 20W 低功率消耗 DVD 電源模組

下面介紹一種由 TOP245P 構成的低功率消耗 DVD 電源模組。

3.15.1 性能特點和技術指標

1. 它採用 TOP245P 型單晶片交換式電源積體電路,交流輸入電壓範圍是 85～265V,4 路輸出電壓分別為 3.3V、5V、12V、−24V。總輸出功率 為 20W,峰值輸出功率可達 25W。

2. 穩壓性能好。滿負載情況下各路輸出的負載調整率指標詳見表 3.15。

表 3.15 各路輸出的負載調整率指標

4 路輸出電壓U_O/V	3.3	5	12	−24
負載電流的變化範圍/A	0.3～0.6	0.3～1.2	0.1～0.2	0.03～0.05
負載調整率S_I/(%)	±1	±3	−4～+5	−4～+7

3. 增加了溫度補償電路,可使 3.3V、5V 的輸出電壓不受環境溫度變化的 影響。

4. 低功率消耗,當交流輸入電壓為 90V 時,電源效率$\eta > 75\%$。在交流輸 入電壓為 230V 的情況下,當輸入功率小於 1W 時,輸出功率低於 0.5W。

5. 週邊電路簡單,所用元件數量少,TOP245P 不需要接外部散熱器。

6. 抗干擾能力強,能夠抑制高達 3kV 的串模干擾、共模干擾或者暫態干擾。

3.15.2 20W 低功率消耗 DVD 電源模組的電路設計

由 TOP245P 構成 20W 低功率消耗 DVD 電源模組的內部電路如圖 3.15 所 示。該電源的 4 路輸出分別為 3.3V/2A、5V/2.5A、12V/500mA、−24V/50mA。 該模組在室溫達到 50℃的條件下仍能輸出 20W 的功率,適合作為 DVD 或機上 盒的電源。

交流輸入端的保護電路由壓敏電阻R_V、負溫度係數的熱敏電阻R_T和EMI濾 波器(C_1、C_2、共模扼流圈L_1)構成。其中,R_V能抑制電路上的突波電壓,R_T可 限制啟動交換式電源時的電流。初級箝位電路由VD_Z、VD_5、R_1、C_4和R_7組成, VD_Z採用 P6KE130 型暫態電壓抑制器。阻隔二極體VD_5選用 UF4005 型超快恢

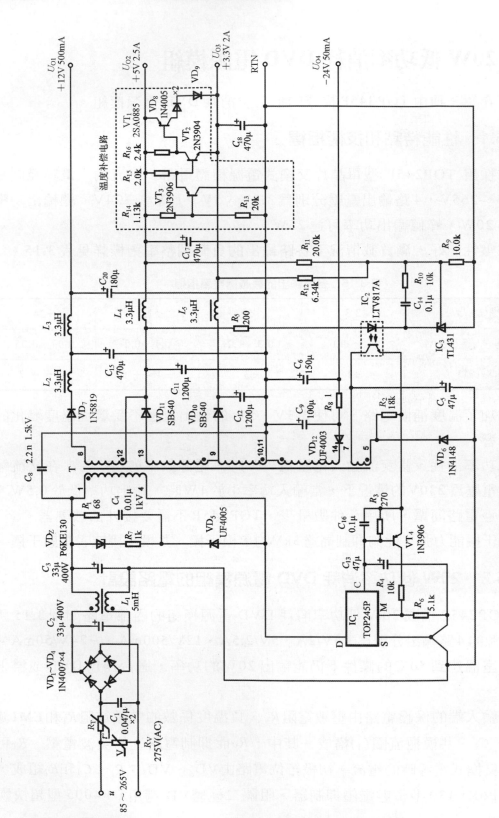

圖 3.15 20W 低功率消耗 DVD 電源模組的內部電路

復二極體，為了降低成本亦可用玻璃封裝整流二極體 1N4007 來代替，這種經過玻璃鈍化的二極體，逆向恢復時間較短。R_7可限制VD_5上的逆向電流，R_1和C_4可抑制"振鈴"電壓。

利用 M 端能夠設定極限電流並對交換式電源進行遠端通/斷控制，還能在輕載和空載條件下自動降低切換頻率。電流控制模式是由R_2，VT_4，R_3，C_{16}、R_4和R_6來實現的。當回授電流超過 2mA 時，透過VT_4和提升電阻R_6的前向偏置作用，可對 M 端的電流進行衰減，進而控制交換式電源的輸出。R_6用來設置極限電流，R_2和C_{16}用於斜坡補償。電阻R_4的作用是防止電流流入 M 端，以免使已設定好的線路檢測參數發生變化。M 端的輸出電流隨負載的下降而減小，當I_M達到最小值時，所對應的汲極極限電流降為 $0.25I_{LIMIT}$。因此，該電源在輕載時能顯著降低切換損耗，即使在待機狀態下也能維持較高效率，這是 DVD 電源的一大特點。

12V、5V、3.3V 和−24V 輸出的整流二極體分別為VD_7、VD_{11}、VD_{10}和VD_{12}。其中，VD_{11}和VD_{10}均採用 SB540 型 5A/40V 的肖特基二極體，VD_7和VD_{12}分別採用超快恢復二極體 1N5819、UF4003。該電源以 5V 為主輸出，3.3V 作為輔助輸出。由R_{11}、R_{12}和R_9分別構成 5V、3.3V 輸出的取樣電路。

圖中的虛線框為溫度補償電路，它能同時對 5V 和 3.3V 兩路輸出進行溫度補償。該電路相當於一個並聯式穩壓器，當負載電壓隨環境溫度而發生變化時，利用電晶體的射極接面壓降隨溫度變化的特性對輸出電壓進行補償，維持輸出電壓不變。R_{14}和R_{13}用來設定溫度補償的工作點。需要指出，若 5V 輸出和 3.3V 輸出同時工作在最小負載(或最大負載)的情況下，則上述溫度補償電路不產生作用。12V 輸出是在 5V 輸出的基礎上堆疊而成的。

高頻變壓器採用 EEL25 型鐵心，配 14 接腳的骨架。鐵心留間隙後的等效電感$A_{LG}=202nH/T^2$。初級繞組用兩股ϕ0.2mm漆包線繞 63 匝，輔助繞組用 4 股ϕ0.2mm漆包線繞 6 匝。次級繞組採用堆疊式繞法。其中，3.3V、5V 繞組分別用 0.12mm 寬的金屬箔繞 2 匝、1 匝。12V 繞組用 4 股ϕ0.2mm的漆包線繞 4 匝，−24V 繞組用兩股ϕ0.2mm的漆包線繞 13 匝。在初級繞組、次級繞組與輔助繞組之間，各加一層遮罩。初級電感量$L_P=800\mu H$(允許有±10 %的誤差)，最大漏感$L_{P0}=80\mu H$。高頻變壓器的諧振頻率超過 300kHz。

3.16　43W 數位電視機上盒電源模組

下面介紹一種由 TOP246Y 構成的 43W 數位電視機上盒電源模組。

3.16.1　數位電視機上盒簡介

從廣義上講，凡是與電視機相連接的網路終端設備均可稱做機上盒(Set-top Box，簡稱STB)。早期的機上盒是指放在電視機頂部、觀眾可透過遙控器或按鍵來接收或轉換電視節目的裝置，通常是作爲有線電視網路的類比頻道增補器或類比頻道接收器來使用的。近年來，隨著數位電視及網路技術的迅速發展，數位電視機上盒正日益普及。它是類比電視與數位電視的過渡產品，其主要功能是將接收下來的數位電視信號轉換成類比電視信號，讓使用類比電視機的使用者不必更換電視機就能收看數位電視節目，影像品質達到接近500線的水準。利用數位電視機上盒還可享受 Internet 接入等資訊服務。機上盒大致可分爲數位電視機上盒、網路電視(Web TV)機上盒和多媒體(Multimedia)機上盒等 3 種類型。

最近，ST 公司(即意-法半導體有限公司)相繼推出了STi5516、STi5517、STi5518 等機上盒系統級晶片(SOC)。其中，STi5518 是一種功能強、價格低的新型機上盒後端解碼器，它增加了對杜比數位和MP3 音頻解碼的支援，能提供現場直播電視的暫停和錄製電視節目後的重播等功能。由STi5518 構成數位衛星電視機上盒的內部方塊圖及外形分別如圖 3.16.1、圖 3.16.2 所示。STi5518

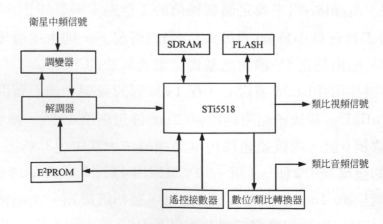

圖 3.16.1 數位衛星電視機上盒的內部方塊圖

圖 3.16.2　數位衛星電視機上盒的外形圖

內部包含 32 位元CPU、信號分離器、音頻/視頻解碼器、數位視頻編碼器和TV介面。

3.16.2　43W 電源模組的電路設計

1.　**性能特點和技術指標**

(1)　它採用 TOP246Y 型單晶片交換式電源積體電路，交流輸入電壓範圍是 180～265V，5 路輸出電壓分別為 3.3V、5V、12V、18V和 33V。在交流輸入電壓為230V時，總輸出功率為43W，峰值輸出功率可達57W。

(2)　穩壓性能好。各路輸出的負載調整率指標詳見表 3.16。

(3)　具有欠電壓檢測和過電壓保護功能。

(4)　低功率消耗。當交流輸入電壓為 180V 時，電源效率$\eta >$ 75 ％。空載功率消耗僅為 0.6W。

(5)　抗干擾能力強，能抑制4kV的串模或共模干擾，還能抑制4kV、160kHz的振鈴電壓。符合電磁相容性國際標準 ISPR22B/EN55022B。

表 3.16　各路輸出的負載調整率指標

4 路輸出電壓U_o/V	3.3	5	12	30
負載電流的變化範圍/A	1～3	1～3.2	0.3～0.6	0.01～0.03
負載調整率S_I/(%)	±3	−4～＋2	−8～＋3	−6～＋3

2.　**43W 數位電視機上盒電源模組的電路設計**

由 TOP246Y 構成 43W 數位電視機上盒電源模組的內部電路如圖 3.16.3 所示。該電源的 5 路輸出分別為 3.3V/3A、5V/3.2A、12V/0.6A、18V/0.5A、33V/30mA。交流輸入端的保護電路由負溫度係數的熱敏電阻R_T、壓敏電阻R_V和 EMI 濾波器(C_1、L_1)構成。初級箝位電路由VD$_Z$、VD$_5$、R_2、C_{21}組成，VD$_Z$採用P6KE200型暫態電壓抑制器。阻隔二極體

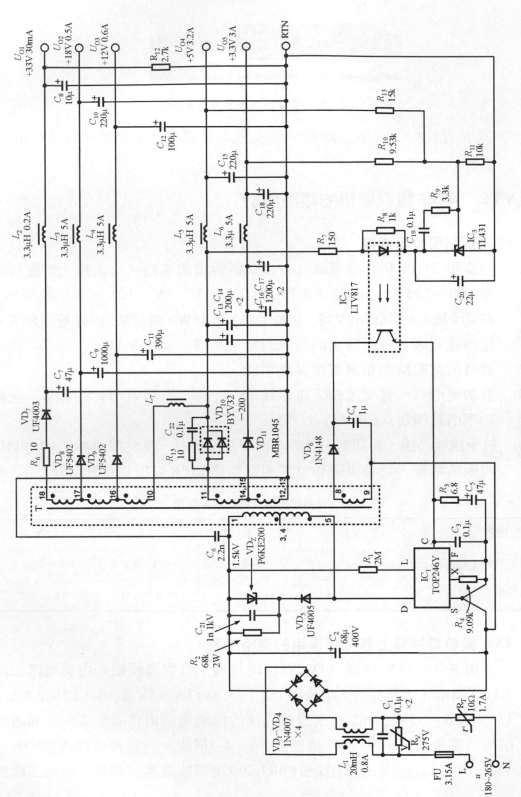

圖 3.16.3　43W 數位電視機上盒電源模組的內部電路

VD_5選用 UF4005 型超快恢復二極體。利用R_2、C_{21}可降低VD_Z上的功率消耗。

R_1(2MΩ、0.5W)為欠電壓/過電壓設定電阻，所設定的欠電壓值和過電壓值分別為 100V、450V。在欠電壓情況下，利用電阻R_4(9.09kΩ)可將內部極限電流設定為規格值的 80 ％，即$I'_{LIMIT}=0.80I_{LIMIT}=0.80\times 2.70A=2.16A$。

VD_7～VD_{11}分別為 33V、18V、12V、5V 和 3.3V 輸出的整流二極體。其中，VD_{11}採用 MBR1045 型 10A/45V 的肖特基二極體。VD_{10}採用超快恢復的對二極體 BYV32-200，亦可用肖特基二極體代替。R_6與VD_7相串聯，可發揮緩衝作用。R_{15}和C_{22}並聯在VD_{10}兩端，能抑制射頻干擾。該電源以 5V 為主輸出，3.3V 作為輔助輸出。3.3V 和 5V 輸出經過R_{10}、R_{13}和R_{11}獲得的取樣電壓接至 TL431 的基準端，所產生的誤差電壓再經過線性光耦合器 LTV817 送至 TOP246Y 的控制端。R_{12}為負載電阻，可防止尖峰電壓對 33V 輸出的濾波電容C_8進行充電。C_{20}為軟啟動電容，能避免在啟動時輸出超載。

高頻變壓器採用 SMT18 型鐵心，鐵心留間隙後的等效電感$A_{LG}=180nH/T^2$。初級電感量$L_P=487\mu H$(允許有±10 ％的誤差)，最大漏感$L_{P0}=15\mu H$。次級繞組採用堆疊式繞法。

該電源模組在交流輸入電壓為 230V、輸出功率為 43W 時的 EMI 波形如圖 3.16.4 所示。

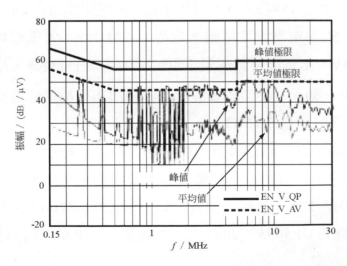

圖 3.16.4　EMI 波形圖

3.17　45W LCD 監視器電源適配器模組

　　LCD(Liquid Crystal Display)顯示器亦稱液晶顯示器。與 CRT(Cathode Ray Tube，陰極射線管)顯示器相比，LCD 顯示器具有體積小、重量輕、功率消耗低、失真小等特點，目前被廣泛用於筆記型電腦、液晶電視等領域。LCD 顯示器採用低壓直流電源供電，必須透過電源適配器才能接交流電源。下面介紹一種 45W 通用輸入的 LCD 監視器電源適配器模組。

3.17.1　性能特點和技術指標

1. 它採用 TOP247Y 型單晶片交換式電源積體電路，交流輸入電壓範圍是 90～265V，輸出電壓為 12V、3.75A，輸出功率為 45W。
2. 電源效率高。當交流輸入電壓低至 90V 時，電源效率仍超過 82％。
3. 具有欠電壓/過電壓保護、軟啟動等功能，並可從外部設定極限電流。
4. 週邊電路簡單，所用元件數量少。
5. 抗干擾能力強，能抑制 3kV 的串模、共模干擾。

3.17.2　45W LCD 監視器電源適配器模組的電路設計

　　由 TOP247Y 構成 45W LCD 監視器電源適配器模組的內部電路如圖 3.17.1 所示。R_1 為欠電壓/過電壓設定電阻。取 $R_1 = 2\text{M}\Omega$ 時，欠電壓值和過電壓值分別為 100V、450V。R_8 為極限電流設定電阻，取 $R_8 = 15\text{k}\Omega$ 時，$I'_{\text{LIMIT}} = 0.5 I_{\text{LIMIT}}$ $= 0.5 \times 3.60\text{A} = 1.80\text{A}$。在欠電壓情況下，利用 $R_4 \sim R_6$ 還能進一步減小極限電流，$R_4 \sim R_6$ 的總電阻值為 8.1MΩ。

　　交流輸入端的保護電路由負溫度係數熱敏電阻 R_T 和 EMI 濾波器(C_{13}、L_1)構成。C_1 為濾波電容。C_2 為直流高壓輸入的旁路電容，可降低高頻電磁干擾。初級箝位電路由 VD_Z、VD_6、R_2 和 C_3 組成，VD_Z 採用 P6KE200 型暫態電壓抑制器。阻塞二極體 VD_5 選用 UF4005 型超快恢復二極體。利用 R_2、C_3 降低 VD_Z 上的功率消耗，提高電源效率。

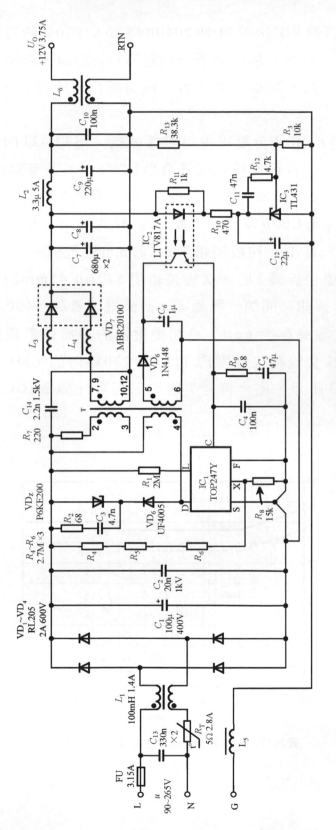

圖 3.17.1　45W LCD 藍視器電源適配器模組的內部電路

　　輸出整流二極體 VD_7 採用 MBR20100 型 20A/100V 的肖特基配對二極體，每只肖特基二極體上都串聯著一個磁珠（L_3 或 L_4），能降低高頻干擾。在輸出連接一只用鐵氧體鐵心製成的共模電感 L_6，能降低 10MHz 以上的共模干擾。

　　12V 輸出經過 R_{13} 和 R_3 分壓後獲得取樣電壓，與 TL431 的基準電壓相比較後產生誤差電壓，再經過線性光耦合器 LTV817A 送至 TOP247Y 的控制端。由 C_{11} 和 R_{12} 構成頻率補償電路。C_{12} 為軟啟動電容。

　　高頻變壓器採用 EE30 型鐵心，配 12 接腳的骨架。鐵心留間隙後的等效電感 $A_{LG} = 1045nH/T^2$。初級繞組用 $\phi0.45mm$ 漆包線繞 22 匝，輔助繞組用 4 股 $\phi0.25mm$ 漆包線繞 3 匝。次級繞組用 5 股 $\phi0.45mm$ 的三重絕緣線繞 3 匝。在初、次級繞組之間加一層遮罩。初級電感量 $L_P = 490\mu H$（允許有 ±10％的誤差），最大漏感 $L_{P0} = 6\mu H$。高頻變壓器的諧振頻率超過 2MHz。

　　該電源模組在交流輸入電壓為 115V、230V 時的 EMI 波形分別如圖 3.17.2、圖 3.17.3 所示，完全符合美國電磁相容性標準 FCC Part 15 Class B。

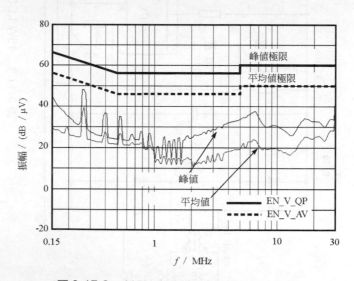

圖 3.17.2　115V 交流輸入時的 EMI 波形圖

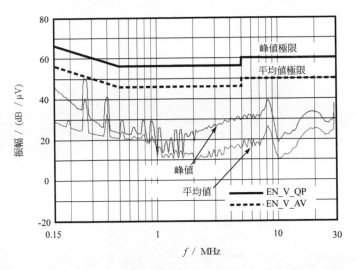

圖 3.17.3 230V 交流輸入時的 EMI 波形圖

CHAPTER

單晶片 DC/DC 電源轉換器
模組的設計

　　DC/DC 電源轉換器是採用脈波調變(PWM)或脈波頻率調變(PFM)技術，將一種直流電壓變換成另一種直流電壓的供電裝置。DC/DC 電源轉換器的拓撲結構有以下 4 種類型：① Buck 電路，即正壓輸出降壓式轉換器，其特點是 $U_O < U_I$，U_O 與 U_I 的極性相同；② Boost 電路，即正壓輸出升壓式轉換器，其特點是 $U_O > U_I$，二者的極性相同；③ Buck-Boost 電路，即反極性降壓或升壓式轉換器，其特點是利用電感傳輸能量，$U_O < U_I$ 或 $U_O > U_I$，U_O 與 U_I 的極性相反，並能根據 U_I 的大小來選擇降壓或升壓工作模式；④ Cuk 電路，即反極性降壓或升壓式轉換器，它是利用電容傳輸能量，其他特點與 Buck-Boost 電路相同。

　　目前，中、小功率的 DC/DC 電源轉換器正朝著單晶片積體化的方向發展。單晶片 DC/DC 電源轉換器具有高整合度、高性價比、高效率、低成本、體積小、重量輕等優點。而單晶片 DC/DC 電源轉換器模組則是採用先進技術與技術製成的商品化零件，它具有高可靠性、高耐受性、高功率密度、即插即用等特點。一些單晶片 DC/DC 電源轉換器模組還採用了同步整流、軟開關等國際先進技術，使 DC/DC 電源轉換器產生了質的快速進展。

　　本章詳細介紹了 13 種單晶片 DC/DC 電源轉換器模組的電路原理及應用，它們都是採用單晶片開關式穩壓器設計而成的。可供讀者設計單晶片 DC/DC 電源轉換器模組時參考。

4.1　16.5W DC/DC 電源轉換器模組

下面介紹一種由DPA424R構成的正激、隔離式 16.5W DC/DC電源轉換器模組，該模組可用於電信設備中。

4.1.1　性能特點和技術指標

1. 它採用DPA-Switch系列單晶片開關式穩壓器DPA424R，直流輸入電壓範圍是36～75V，輸出電壓為3.3V，輸出電流為5A，輸出功率為 16.5W。
2. 該DC/DC源轉換器模組採用400kHz同步整流(Synchronous rectification)技術，用功率MOSFET來代替整流二極體，大大降低了整流器的損耗。
3. 低功率消耗，高效率。輕載時採用跳過週期的工作模式來降低電源消耗，空載功率消耗很低。當直流輸入電壓為48V時，電源效率$\eta = 87\%$。
4. 不需要電流檢測電阻或電流互感器。
5. 具有完善的保護功能，包括過電壓/欠電壓保護，輸出超載保護，開迴路故障檢測，過熱保護，自動重啟動功能，能限制峰值電流和峰值電壓以避免輸出過衝。其內部整合的欠壓保護電路，符合 ETSI 國際標準。

4.1.2　16.5W DC/DC 電源轉換器模組的電路設計

由 DPA424R 構成 16.5W DC/DC 電源轉換器模組的內部電路如圖 4.1.1 所示。與分立元件構成的電源轉換器相比，可大大簡化電路設計。由C_1、L_1和C_2構成輸入端的電磁干擾(EMI)濾波器，可濾除由電路引入的電磁干擾。R_1用來設定欠電壓值(U_{UV})及過電壓值(U_{OV})，取$R_1 = 619k\Omega$時，$U_{UV} = 619k\Omega \times 50\mu A + 2.35V = 33.3V$，$U_{OV} = 619k\Omega \times 135\mu A + 2.5V = 86.0V$。當輸入電壓過高時$R_1$還能線性地減小最大工作週期，防止磁飽和。$R_3$為極限電流設定電阻，取$R_3 = 11.1k\Omega$時，所設定的汲極極限電流$I'_{LIMIT} = 0.6I_{LIMIT} = 0.6 \times 2.50A = 1.5A$。電路中的穩壓二極體$VD_{Z1}$(SMBJ150)對汲極電壓產生箝位作用，能確保將高頻變壓器磁重置。

該電源採用同步整流技術，採用汲-源導通電阻極低的 MOSFET 功率二極體SI4800 做整流二極體，大大降低了整流器的損耗，使DC/DC轉換器的效率得到提高。SI4800是Philips公司採用TrenchMOS™技術製成的功率MOSFET，其通、斷狀態可用邏輯電位來控制，汲-源導通電阻僅為 0.0155Ω。SI4800 的最大汲-源電壓$U_{DS(max)}=30V$，最大閘-源電壓$U_{GS(max)}=\pm 20V$，最大汲極電流
為$9A(25℃)$或$7A(70℃)$。峰值汲極電流可達$40A$。最大功率消耗為$2.5W(25℃)$
或$1.6W(70℃)$。SI4800 的導通時間$t_{ON}=13ns$(包含導通延遲時間$t_{d(ON)}=6ns$，
上升時間$t_R=7ns$)，關斷時間$t_{OFF}=34ns$(包含關斷延遲時間$t_{d(OFF)}=23ns$，下
降時間$t_F=11ns$)，互導$g_{FS}=19S$。工作溫度範圍是$-55\sim +150℃$。SI4800 內
部有一續流二極體 VD，反極性地並聯在汲-源極之間(負極接 D，正極接 S)，
能對 MOSFET 功率晶體產生保護作用。VD 的逆向恢復時間$t_{rr}=25ns$。

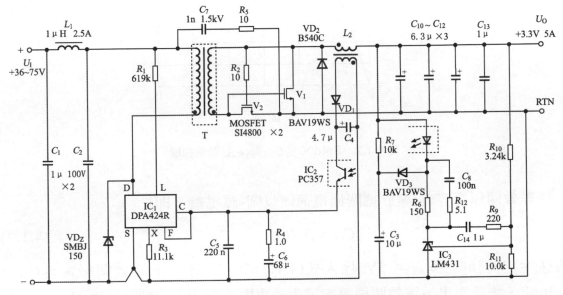

圖 4.1.1　16.5W DC/DC 電源轉換器模組的內部電路

　　功率 MOSFET 與雙極型電晶體不同，它的閘極電容C_{GS}較大，在導通之前
首先要對C_{GS}進行充電，僅當C_{GS}上的電壓超過閘-源開啓電壓($U_{GS(th)}$)時，
MOSFET 才開始導通。對 SI4800 而言，$U_{GS(th)}\ge 0.8V$。為了保證 MOSFET 導
通，用來對C_{GS}充電的U_{GS}要比額定值高一些，而且等效閘極電容也比C_{GS}高出
許多倍。SI4800 的閘-源電壓(U_{GS})與總閘極電荷(Q_G)的關係曲線如圖 4.1.2 所
示。由圖可見，有關係式

$$Q_G = Q_{GS} + Q_{GD} + Q_{OD} \tag{4.1.1}$$

式中，Q_{GS}為閘-源極電荷。Q_{GD}為閘-汲極電荷，亦稱米勒(Miller)電容上的電
荷。Q_{OD}為米勒電容充滿後的過充電荷。當$U_{GS}=5V$時，$Q_{GS}=2.7nC$，$Q_{GD}=5nC$，$Q_{OD}=4.1nC$，代入式(4.1.1)中不難算出，總閘極電荷$Q_G=11.8nC$。

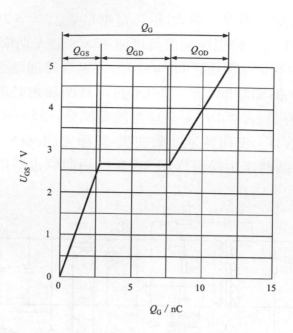

圖 4.1.2　SI4800 的 U_{GS} 與 Q_G 的關係曲線

等效閘極電容 C_{EI} 等於總閘極電荷除以閘-源電壓，即

$$C_{EI} = Q_G/U_{GS} \tag{4.1.2}$$

將 $Q_G = 11.8nC$、$U_{GS} = 5V$ 代入式(4.1.2)中，可計算出等效閘極電容 $C_{EI} =$ 2.36nF。需要指出，等效閘極電容遠大於實際的閘極電容(即 $C_{EI} \gg C_{GS}$)，因此應按 C_{EI} 來計算在規定時間內導通所需要的閘極峰值驅動電流 $I_{G(PK)}$。$I_{G(PK)}$ 等於總閘極電荷除以導通時間，有公式

$$I_G = Q_G/t_{ON} \tag{4.1.3}$$

式中，t_{ON} 為 MOSFET 的導通時間。SI4800 的 $Q_G = 11.8nC$，$t_{ON} = 13ns$，代入式(4.1.3)中計算出，它在規定時間內導通時所需的 $I_{G(PK)} = 11.8nC/13ns = 0.91A$。同步整流二極體 V_2 由次級電壓來驅動，R_2 為 V_2 的閘極負載。同步續流場效晶體 V_1 直接由高頻變壓器的重置電壓來驅動，並且僅在 V_2 截止時 V_1 才工作。當肖特基二極體 VD_2 截止時，有一部分能量儲存在共模扼流圈(亦稱儲能電感)L_2 上。當高頻變壓器完成重置時，VD_2 導通，L_2 中的電能就透過由 VD_2 構成的迴路繼續給負載供電，維持輸出電壓不變。因此，VD_2 被稱為續流二極體。輔助繞組

的輸出經過VD_1和C_4整流濾波後，給光耦合器中的接收場效晶體提供偏壓電壓。C_5為控制端的旁路電容。通電啟動和自動重啟動的時間由C_6決定。

輸出電壓經過R_{10}和R_{11}分壓後，與可調式精密並聯穩壓器LM431中的2.50V基準電壓進行比較，產生誤差電壓，再透過光耦合器 PC357 去控制 DPA424R 的工作週期，對輸出電壓進行調節。R_7、VD_3和C_3構成軟啟動電路，可避免在剛接通電源時輸出電壓發生過衝現象。剛通電時，由於C_3兩端的壓降不能突變，使得LM431不工作。隨著整流濾波器輸出電壓的升高並透過R_7給C_3充電，C_3上的電壓不斷升高，LM431 才轉入正常工作狀態。在軟啟動過程中，輸出電壓是緩慢升高的，最終達到3.3V的穩定值。

高頻變壓器的初級繞組用ϕ0.4mm漆包線分兩層總共繞20匝，次級繞組用4股ϕ0.4mm漆包線繞3匝。初級電感量$L_P=600\mu H$(在400kHz時允許有±25％的誤差)，最大漏感量$L_{P0}=1\mu H$。高頻變壓器的諧振頻率不低於3.8MHz。

在設計電路時需注意下列事項：

1. 設計高頻變壓器重置時，必須考慮V_1的閘極負載R_2對變壓器重置波形的影響。同步續流場效晶體V_1的閘極電容C_{GS1}就作為變壓器重置的負載，所選擇的V_1應在輸入電壓為最小值($U_{I(min)}$)和最大值($U_{I(max)}$)時能可靠地重置。同步整流二極體和同步續流場效晶體的汲-源導通電阻$R_{DS(ON)}$及總閘極電荷Q_G應非常小。

2. 為提高電源效率，VD_2應採用低壓降的肖特基二極體。

3. 在低電壓輸入或中等電壓輸入的情況下，選擇功率較大的 DPA-Switch 晶片能提高電源效率。

4.1.3　高速 MOSFET 驅動器

當閘極峰值驅動電流$I_{G(PK)} \geq 1A$時，需要使用積體化的功率MOSFET驅動器。這種晶片全部採用CMOS技術，電源電壓可低於12V，能驅動更大功率的MOSFET，同時可作為電位轉換器使用，將 TTL 電位轉換為功率 MOSFET 的驅動電位。典型產品有美國微晶片(Microchip)公司開發的 1.5A 雙高速功率MOSFET驅動器 TC4427A，該元件的電源電壓範圍是4.5～18V，高電位輸入電壓$U_{IH}=2.4V$，低電位輸入電壓$U_{IL}=0.8V$，輸出電壓最高可達 18V，具有"軌對軌"(rail-to-rail，即滿電源電壓幅度)的輸出特性。TC4427A 的峰值輸出電流$I_{PK}=1.5A$，能驅動功率 MOSFET。它具有高電容負載特性，其汲極電容為 1000pF。TC4427A 的延遲時間為 30ns。TC4427A 的同類產品還有TC4426A、TC4428A。該系列產品不僅可用於桌上型電腦和筆記型電腦中的交換式電源,還特別適合於驅動較大功率的同步整流器。

　　TC4427A的內部方塊圖如圖 4.1.3 所示(晶片內部有兩套完全相同的驅動器電路,圖中僅繪出其中一路)。主要包括輸入保護電路,輸入級MOSFET,2mA恒流源,輸出為300mV的反相施密特整形器,兩級放大器A_1、A_2(反相輸出時僅用A_2,同相輸出時還需串入A_1),輸出級互補型 MOSFET。其輸入等效電容為 12pF。OUT 為其中一路驅動電壓的輸出端。TC4427A 屬於低功率消耗元件,輸入為高電位時的電源電流為1mA(典型值,下同),輸入為低電位時的電源電流為100μA。TC4427A 的輸入電流為1μA,輸出阻抗為7Ω。

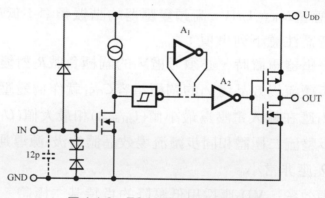

圖 4.1.3　TC4427A 的內部方塊圖

　　衡量功率MOSFET驅動器性能的技術指標還有兩個:第一個指標是抗鎖死能力,功率 MOSFET 一般都接著感性電路,所產生的逆向衝擊電流可將輸出MOSFET鎖死,而TC4427A的輸出端最高可承受 0.5A的逆向電流,因此不會出現鎖死現象;第二指標是承受瞬間短路電流的能力,這對高頻交換式電源尤為重要。瞬間短路電流是由於驅動脈衝的上升時間或下降時間太長、或傳輸延遲時間過長而造成的。此時高壓側和低壓側的MOSFET在很短的時間裏處於同時導通的狀態,在電源與地之間就產生了瞬間短路。瞬間短路會使電源效率顯著降低,使用專用的MOSFET驅動器能從以下兩個方面解決瞬間短路問題:

1. MOSFET 閘極驅動脈衝的上升時間與下降時間必須相等,並且盡可能短。TC4427A 在配 1000pF 負載時,脈衝的上升時間(t_R)和下降時間(t_F)均為 25ns。

2. 驅動脈衝的傳輸時間必須很短(與切換頻率相匹配)，才能保證高壓側和低壓側的MOSFET具有相同的導通延遲時間和關斷延遲時間。TC4427A的脈衝上升緣和下降緣的延遲時間均為30ns。

4.2　19.2W DC/DC 電源轉換器模組

下面介紹一種由DPA425R構成的19.2W反激、隔離式DC/DC電源轉換器模組。

4.2.1　性能特點和技術指標

1. 它採用DPA-Switch系列單晶片開關式穩壓器DPA425R，直流輸入電壓範圍是 36～75V，輸出電壓為±12V，兩路輸出電流均為 0.8A，總輸出功率為 19.2W，適用於電信設備中。
2. ＋12V 和−12V為對稱輸出，二者能共用校正，只需調節＋12V 輸出，−12V輸出就自動調好了。±12V 輸出電壓的穩定度均為±5％。
3. 切換頻率為400kHz，低功率消耗，高效率。當直流輸入電壓為48V時，電源效率$\eta = 80\%$。
4. 整合度高，與分立元件構成的電源轉換器相比能大大簡化電路設計。
5. 具有過熱保護、短路保護和輸出超載保護功能。

4.2.2　19.2W DC/DC 電源轉換器模組的電路設計

由 DPA425R 構成 19.2W DC/DC 電源轉換器模組的內部電路如圖 4.2 所示。輸入端EMI濾波器由$C_1 \sim C_3$和L_1構成，可濾除電路干擾。R_1用來設定欠電壓值(U_{UV})及過電壓值(U_{OV})，取$R_1 = 619\text{k}\Omega$時，$U_{UV} = 33.3\text{V}$，$U_{OV} = 86.0\text{V}$。當輸入電壓過高時R_1還能自動減小最大工作週期，避免磁飽和。R_3為極限電流設定電阻，取$R_3 = 10\text{k}\Omega$時，所設定的極限電流$I'_{LIMIT} = 0.75 I_{LIMIT} = 0.75 \times 5.00\text{A} = 3.75\text{A}$。穩壓二極體$VD_{Z1}$產生箝位作用，確保將高頻變壓器磁重置。

由於＋12V (U_{O1})和−12V (U_{O2})為對稱輸出，因此只需調節U_{O1}，U_{O2}就能自動跟蹤U_{O1}的變化。由電阻R_7、二極體VD_3和電容C_{16}構成軟啟動電路，在啟動時能降低輸出電壓的上升速率，防止出現電壓過衝現象。

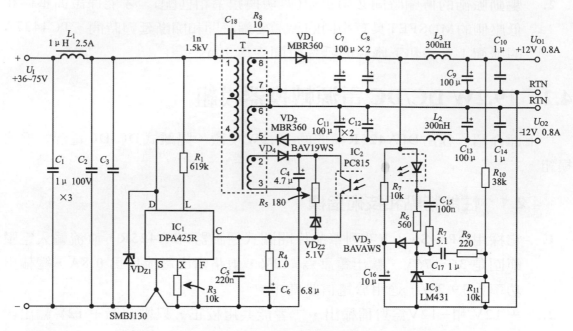

圖 4.2　19.2W DC/DC 電源轉換器模組的內部電路

　　DPA425R工作時所需的控制能量由輔助繞組提供。調節信號則透過光耦合器PC815從次級繞組回授回來。當控制迴路出現故障或輸出短路時，DPA425R能自動重啟動。回授電路中的R_5和VD_{Z2}構成了自動防故障電路，一旦光耦合器迴路發生開路故障，可為回授迴路提供一條通路，防止因PC815損壞而使輸出端瞬間過電壓。

　　兩隻輸出整流二極體VD_1、VD_2均採用肖特基二極體 MBR360，輸出濾波器分別由$C_7 \sim C_{10}$和L_3，$C_{11} \sim C_{14}$和L_2組成。R_{10}和R_{11}為取樣電阻。

　　高頻變壓器的初級繞組用兩股ϕ0.29mm漆包線分兩層各繞 7 匝。＋12V、－12V繞組分別用ϕ0.29mm漆包線繞 5 匝。輔助繞組用ϕ0.13mm漆包線繞 5 匝。初級電感量$L_P = 22\mu H$(在 400kHz 時允許有±25 ％的誤差)，最大漏感量$L_{P0} = 0.75\mu H$。高頻變壓器的諧振頻率不低於 3.8MHz。

　　在設計電路時應注意以下事項：

1.　將初級繞組的脈動電流與峰值電流的比例係數設計為$K_{RP} \approx 0.4$，DPA425R就工作在連續模式，可使高頻變壓器的體積為最小，並且在 19.2W 的輸出功率下最大交流磁通密度$B_M < 0.15T$。每個繞組單獨繞一層，可將漏感降至最低。VD_1和VD_2宜採用低壓降的肖特基二極體。

2. 該電路沒有從-12V輸出端引出回授信號。爲了改善-12V輸出的穩壓性能，可在-12V輸出端與取樣電阻R_{10}、R_{11}的公共端之間，再接一隻取樣電阻R_{12}。此時，R_{12}和R_{10}的電阻值均取76kΩ。

3. 後置濾波器(L_3和C_9或L_2和C_{13})的諧振頻率應設計在交疊頻率的附近(典型值爲切換頻率的 5 %～10 %)。

4. ＋12V 輸出迴路是從高頻變壓器次級的第 8 腳→整流二極體VD_1→電容C_7、C_8，最後返回高頻變壓器第 7 腳，在給印刷電路板佈線時應確保通過C_7、C_8的漣波電流相等。上述原則對-12V輸出的佈線也適用。

5. 選擇更大功率的 DPA-Switch 晶片，能提高低壓(或中等電壓)輸入時的電源效率。

4.3　30W DC/DC 電源轉換器模組

下面介紹一種由 DPA424R 構成的正激、隔離式30W DC/DC 電源轉換器模組。

4.3.1　性能特點和技術指標

1. 它採用單晶片開關式穩壓器DPA424R，直流輸入電壓範圍是 36～75V，輸出電壓爲 5V，輸出電流爲 6A，輸出功率爲 30W。

2. 採用肖特基整流二極體，電源效率$\eta=80$ %。

3. 具有輸出超載保護、開迴路保護和過熱保護功能，並且能在空載下工作。輸入欠電壓/過電壓指標符合 ETSI 國際標準。

4. 與分離元件相比，其週邊電路簡單，不僅能簡化電路設計，還可降低成本。DPA424R 的切換頻率達 400kHz，適合配小尺寸的鐵心。

4.3.2　30W DC/DC 電源轉換器模組的電路設計

由 DPA424R 構成 30W DC/DC 電源轉換器模組的內部電路如圖 4.3.1 所示。由C_1～C_3和L_1構成輸入端 EMI 濾波器。R_1爲欠電壓值、過電壓值設定電阻，欠電壓值$U_{UV}=33.3V$，過電壓值$U_{OV}=86.0V$。當輸出瞬間超載時，R_1還能自動減小最大工作週期以防止磁飽和。R_3爲極限電流設定電阻，取$R_3=8.25kΩ$時，所設定的汲極極限電流$I'_{LIMIT}=0.85I_{LIMIT}=0.85×2.50A=2.125A$。磁重置電路由穩壓二極體$VD_Z$、電容$C_8$和$C_9$組成，在功率MOSFET截止時能將高頻變壓器磁重置。穩壓二極體VD_Z具有箝位作用，當負載發生瞬間變化或輸出過衝時可限制汲極電壓的升高。C_8可濾除汲極電壓上的尖峰脈衝。C_9和R_5相串聯，再與輸出整流二極體VD_2相並聯，能抑制阻尼振盪。

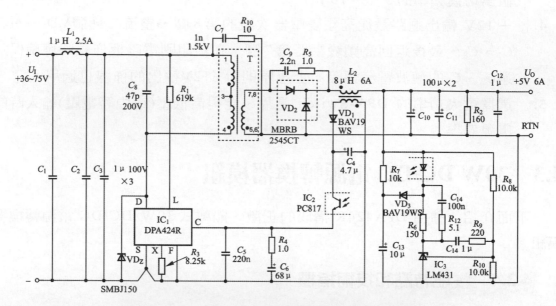

圖 4.3.1　30W DC/DC 電源轉換器模組的內部電路

DPA424R 的偏壓由儲能電感L_2的附加繞組來提供。由於L_2接在輸出電路中，因此偏壓不受輸入電壓的影響，其效果要比用高頻變壓器的輔助繞組更好。空載時利用負載電阻R_2可將偏壓維持在 8V 以上。

由R_7、VD_3和C_{13}組成的軟啓動電路，能避免在啓動過程中輸出過衝。其他元件用來控制輸出電壓並爲迴路提供補償。

高頻變壓器採用 PR1048 型鐵心，配 8 腳骨架。初級、次級繞組分別用$\phi 0.35mm$漆包線繞 15 匝、4 匝。初級電感量$L_P=450\mu H$(允許有±25 %的誤差)，最大漏感量$L_{P0}=1\mu H$。高頻變壓器的諧振頻率不低於 3.8MHz。儲能電感的主級側繞組用兩股$\phi 0.56mm$漆包線繞 7 匝，次級側繞組(即輔助繞組)用$\phi 0.56mm$漆包線繞 18 匝，鐵心留間隙後的等效電感$A_{LG}=163nH/T^2$，主級側的電感為$8\mu H$(允許有±10 %的誤差)。

該電源轉換器模組的效率與輸出功率的關係曲線如圖 4.3.2 所示。

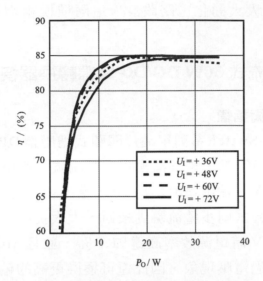

圖 4.3.2　電源效率與輸出功率的關係曲線

在設計電路時需注意下列事項：

1. 選擇C_9應使高頻變壓器在$U_I = U_{UV}$時能被磁重置，欠壓情況下DPA424R的汲極電壓不超過 170V。為減小由漏感產生的尖峰脈衝，C_8的電容量應隨C_9的增大而增大。

2. 穩壓二極體VD_{Z1}可將汲極電壓限制在功率 MOSFET 的崩潰電壓($U_{(BR)DS}$ ＝ 200V)以下，並能確保將高頻變壓器磁重置。

3. 光耦合器 PC817 的電流傳輸比(CTR)應為 100 ％〜200 ％，才能使迴路處於最佳穩定狀態。

4. 在空載、輸入電壓為最大值時，從C_4兩端加至接收晶體的偏壓應高於 8V，正常工作時為 12〜15V。

5. C_5、R_4和C_6應儘量靠近 DPA424R，上述元件的地端應接源極接腳。初級返回端需接到 DPA424R 的節點上，而不要直接連源極接腳。應儘量減小初、次級迴路的面積以減小漏感。

4.4　兩種 60W DC/DC 電源轉換器模組

下面介紹兩種由 DPA426R 構成的 60W DC/DC 電源轉換器模組，第一種模組採用電容耦合式同步整流驅動技術，能達到很高的電源效率；第二種模組採用二極體整流，可大大簡化電路設計。這兩種模組均可作為電信設備中的 DC/DC 電源轉換器。

4.4.1 同步整流式 60W DC/DC 電源轉換器模組的電路設計

1. 性能特點和技術指標

(1) 它採用 DPA-Switch 系列單晶片開關式穩壓器 DPA426R，構成正激、隔離式 DC/DC 電源轉換器模組。直流輸入電壓範圍是 36～75V，輸出電壓為 12V，輸出電流均為 5A，輸出功率可達 60W。

(2) 採用電容耦合式同步整流驅動技術，大大提高了電源效率。當直流輸入電壓為 36V 時電源效率高達 91.5％，並且 MOSFET 整流二極體不會出現閘極過電壓現象，因此還可獲得更高的輸出電壓。

(3) 為保證高頻變壓器有足夠的磁重置時間，DPA426R 的切換頻率選 300kHz。

(4) 所需週邊元件數量少，不需要接外部電流檢測電阻或電流互感器。

(5) 具有輸出超載保護、開迴路保護和過熱保護功能。

(6) 體積小，功率密度高(功率密度表示電源模組每單位體積可輸出的功率)。其外形尺寸為 90mm × 53mm × 15mm，功率密度高達 3.66W/cm^3。

2. 同步整流式 60W DC/DC 電源轉換器模組的電路設計

由 DPA426R 構成同步整流式 60W DC/DC 電源轉換器模組的內部電路如圖 4.4.1 所示。該電路採用電容耦合式同步整流驅動技術，這不僅對提高輸出電壓十分有用，還允許使用無源的 RC 電路來驅動 MOSFET 整流場效晶體，而不會出現閘極過電壓的情況。若直接用電阻來驅動 MOSFET 整流場效晶體，有可能發生閘極過電壓現象。

電阻 R_1 用來設定欠電壓/過電壓值，並且當輸入電壓為最大值時 R_1 能線性地降低最大工作週期 D_{max}，防止在輸出瞬間超載時鐵心發生飽和。取 $R_1 = 619k\Omega$ 時，$U_{UV} = 33.3V$，$U_{OV} = 86.0V$。在高頻變壓器正常工作時，由 VD_1、C_{18}、L_2 和 VD_2 構成的諧振電路能吸收高頻變壓器的洩漏能量。穩壓二極體 VD_{Z1} 可在短時間內對汲極電壓產生箝位作用。

同步整流二極體 V_2 的驅動電路是由 C_{10}、R_5、R_8 和 VD_{Z2} 構成的，在正半周，次級繞組的上端為正極性，經過 C_{10}、R_5 對同步整流場效晶體 V_2 的等效閘極電容進行充電，使閘極電壓高於開啟電壓，V_2 迅速導通。

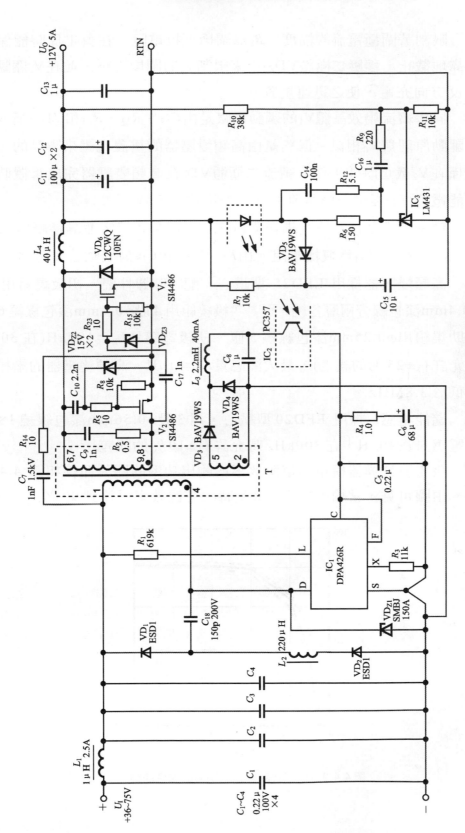

圖 4.4.1　同步整流式 60W DC/DC 電源轉換器模組的內部電路

R_5可限制著閘極電流的幅度。R_8為閘極下拉電阻，在負半周時能保證V_2可靠地截止。穩壓二極體VD_{Z2}用來限制V_2的閘極電壓，並在V_2關斷時給C_9反方向充電，使之迅速重置。

　　同步續流場效晶體V_1的驅動電路是由C_{17}、R_{23}、R_{15}和VD_{Z3}構成的，其驅動原理與V_2相似。但V_1是由高頻變壓器的重置電壓來驅動的，並且V_1僅在V_2截止時才工作。續流二極體VD_6在高頻變壓器完成重置時可為儲能電感(L_4)提供一條電流通路，維持輸出不變。

　　精密光耦回授電路光耦合器PC357、可調式精密並聯穩壓器LM431等組成。R_{10}和R_{11}為取樣電阻。由R_7、VD_5和C_{15}構成軟啟動電路。

　　高頻變壓器採用 EFD25 型鐵心，配 10 腳骨架。初級繞組用 4 股$\phi0.4$mm漆包線分兩層各繞 5 匝。次級繞組用 4 股$\phi0.4$mm漆包線繞 6 匝。輔助繞組用$\phi0.25$mm漆包線繞 5 匝。初級電感量$L_P = 190\mu$H(在 300kHz 時允許有±25％的誤差)，最大漏感量$L_{P0} = 1\mu$H。高頻變壓器的諧振頻率不低於 3.8MHz。

　　儲能電感L_4採用 EFD20 型鐵心，用 3 股$\phi0.56$mm漆包線繞 18 匝。其電感量為40μH，在 300kHz 時允許有±10％的誤差。

　　該電源轉換器模組的電源效率與輸出功率的關係曲線如圖 4.4.2 所示。由圖可見，當輸出功率為 2W 時，電源效率已達到 90％。

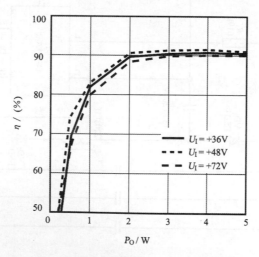

圖 4.4.2　電源效率與輸出功率的關係曲線

在設計電路時需注意以下事項：

(1)　在整個設計中，高頻變壓器的磁重置是個關鍵問題。MOSFET整流場效晶體的閘極負載會影響到高頻變壓器的重置波形。對於MOSFET續流管V_1而言，其等效閘極電容C_{E1}也應包含在閘極負載中。應選擇合適的元件值，以確保高頻變壓器在輸入電壓為最小值時有足夠的重置時間，並且在輸入電壓為最大值時DPA426R的汲極電壓不超過安全值。

(2)　為保證高頻變壓器有足夠的磁重置時間，必須將 DPA426R 的頻率選擇端(F)接控制端(C)，此時切換頻率設定為300kHz。

(3)　C_{10}、C_{17}分別用來驅動V_2和V_1，所提供的驅動電壓必須在最壞的情況下也能達到 MOSFET 的開啟電壓(亦即閘-源開啟電壓$U_{GS(th)}$)。

4.4.2　二極體整流式 60W DC/DC 電源轉換器模組的電路設計

1.　性能特點和技術指標

(1)　它屬於反激、隔離式 DC/DC 電源轉換器。採用二極體整流式輸出電路，並且用普通穩壓二極體BTZ52C11來代替價格較高的可調式精密並聯穩壓器 LM431，可降低成本。

(2)　切換頻率選 400kHz。在直流輸入電壓為 36V、滿載情況下的電源效率可達 82 ％。

(3)　能精確設定輸入欠電壓/過電壓值。

(4)　具有過熱保護、短路保護和輸出超載保護功能。

2.　二極體整流式 60W DC/DC 電源轉換器模組的電路設計

由 DPA426R 構成二極體整流式 60W DC/DC 電源轉換器模組的內部電路如圖 4.4.3 所示。輸入端 EMI 濾波器由C_1、L、C_2和C_3構成。R_1為欠電壓/過電壓設定電阻，所設定的欠電壓值為 33.3V，過電壓值為 86.0V。當負載發生瞬間變化時，R_1能自動減小最大工作週期以防止磁飽和。R_3為極限電流設定電阻，取$R_3 = 8.8$kΩ時，所設定的汲極極限電流$I'_{LIMIT} = 0.84 I_{LIMIT} = 0.84 \times 7A = 5.88A$。

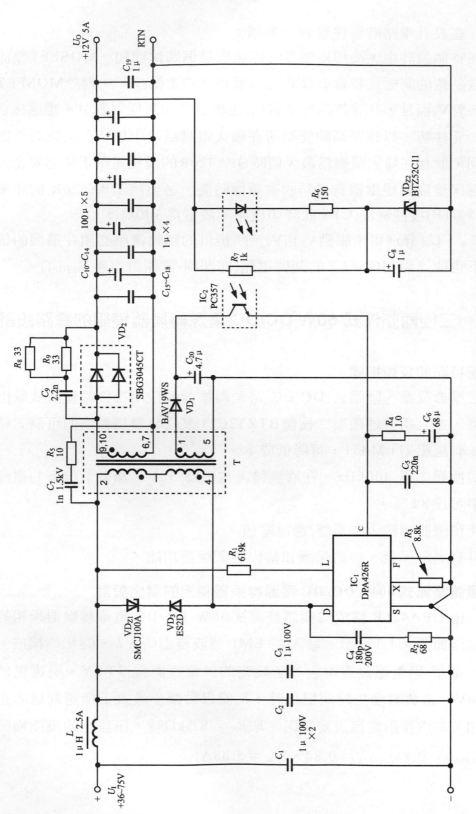

圖 4.4.3　二極體整流式 60W DC/DC 電源轉換器模組的內部電路

　　汲極箝位保護電路由穩壓二極體 SMCJ100A(VD_{Z1})和超快恢復二極體 ES2D (VD_3)組成。SMCJ100A 為表面封裝的 100 V/1 mA 穩壓二極體，它可承受高達 1500W 的暫態功率。ES2D 的額定電流為 2A，最高逆向電壓為 200V，逆向恢復時間為 20ns。C_4 和 R_2 可吸收尖峰電壓。

　　輸出整流二極體 VD_2 採用 SBG3045CT 型 30A/45V 肖特基二極體。C_9、R_8 和 R_9 並聯在 VD_2 兩端，能抑制高頻雜訊。輸出電容 $C_{10}\sim C_{18}$ 被分成兩種類型，$C_{10}\sim C_{14}$ 採用 OSCON 電容，$C_{15}\sim C_{18}$ 選用陶瓷電容，它們可交替濾除脈動電流，並且通過每只濾波電容的脈動電流是相等的。陶瓷電容 C_{19} 直接並聯在輸出端。OSCON 表示鋁聚合物導體電容，其最大優點是等效串聯電阻(ESR)僅為十幾毫歐姆，而普通鋁殼電解電容的 ESR 高達幾百毫歐姆。等效串聯電阻 ESR 與電容的損耗角正切($tg\delta$)成正比，$ESR = tg\delta/(\omega C)$，$\omega$ 為角頻率，C 為電容量。因此，ESR 愈小，電容的損耗愈低。採用 OSCON 電容不僅能降低次級電路的損耗，還能改善濾波效果。

　　回授電路由光耦合器 PC357、電阻 R_6、R_7、穩壓二極體 BTZ52C11 所構成，可將輸出電壓調節在 12V 上。BTZ52C11 的穩壓值為 11V，PC357 中的 LED 壓降接近於 1V。輸出電壓經過 R_7 獲得回授信號，與 BTZ52C11 的穩壓值進行比較之後得到誤差電壓，再透過 PC357 去控制 DPA426R 的工作週期，使輸出電壓保持不變。R_6 為 LED 的限流電阻，C_8 為軟啟動電容。

　　輔助繞組的輸出電壓經過 VD_1 和 C_{20} 整流濾波後，給 PC357 提供偏壓。由 PC357 輸出的回授信號接 DPA426R 的控制端。

　　高頻變壓器採用 EFD25 型鐵心，配 10 腳骨架。初級繞組用兩股 $\phi0.56$mm 漆包線分兩層各繞 8 匝。次級繞組用 4 股 $\phi0.35$mm 漆包線繞 5 匝。輔助繞組用 $\phi0.16$mm 漆包線繞 5 匝。初級電感量 $L_P=21\mu$H(在 400kHz 時允許有 ±25 ％的誤差)，其最大漏感量 $L_{P0}=1\mu$H。高頻變壓器的諧振頻率不低於 3.0MHz。

　　在設計電路時需注意以下事項：

(1)　為提高電源效率，高頻變壓器應工作在連續模式，即設計的初級繞組的脈動電流與峰值電流的比例係數為 $K_{RP} \approx 0.5$。交流磁通密度 $B_M < 0.11$T。VD_2 採用肖特基二極體有助於提高電源效率。

(2) 為了提高輸出電壓的精度，可用 TL431 及相關電路來代替穩壓二極體 BTZ52C11。

(3) 輸出濾波電容 C_{10}～C_{18} 應具有相同長度的電流路徑，以保證它們能夠平均分配漣波電流。

4.5　15W 多通道輸出式 DC/DC 電源轉換器模組

下面介紹一種由 DPA424P 構成的 15W 多通道輸出式 DC/DC 電源轉換器模組，可用做 IP 電話設備的電源。

4.5.1　性能特點和技術指標

1. 它採用 DPA424P 型單晶片開關式穩壓器，構成正激、隔離式、3 路輸出的 DC/DC 電源轉換器模組。直流輸入電壓範圍是 36～75V，3 路輸出分別為 5V/2.4A、7.5V/0.4A 和 20V/10mA，總輸出功率為 15.2W。切換頻率為 400kHz。

2. 多通道輸出，穩壓性能好。在最壞的情況下，各路輸出的負載調整率指標見表 4.5。

表 4.5　各路輸出的負載調整率指標

3 路輸出電壓 U_o/V	5	7.5	20
負載變化範圍/(%)	20～100	0～100	100
負載調整率 S_I/(%)	≤±1	−4～＋8	−3～＋6
輸入直流電壓範圍/V	36～72		

3. 採用電容耦合式同步整流技術，電源效率可達 88％。

4. 能精確設定輸入線路的欠電壓、過電壓值。

5. 具有輸出超載保護、開迴路保護和過熱保護功能。

4.5.2　15W DC/DC 電源轉換器模組的電路設計

由 DPA424P 構成 15W DC/DC 電源轉換器模組的內部電路如圖 4.5 所示。由 C_1、L_1 和 C_2 構成輸入端 EMI 濾波器。R_1 為欠電壓值、過電壓值設定電阻，所設定的 U_{UV}、U_{OV} 分別為 33.3V、86.0V。當負載發生瞬間變化時，R_1 還能自動減小最大工作週期，防止磁飽和。R_2為極限電流設定電阻，取$R_2 = 13.3\text{k}\Omega$時，所設定的汲極極限電流$I'_{\text{LIMIT}} = 0.57I_{\text{LIMIT}} = 0.57 \times 2.50\text{A} = 1.425\text{A}$。穩壓二極體$\text{VD}_{\text{Z1}}$可將汲極電壓箝制在安全範圍以內。$V_1$的等效閘極電容能給高頻變壓器提供最佳重置。

　　該電源以 5V 輸出作為主輸出，其他兩路輸出都是在此基礎上獲得的。電阻R_5、C_{15}、R_4和 MOS 場效電晶體V_2、V_1構成 5V 主輸出的電容耦合式同步整流器。穩壓管VD_{Z2}起箝位作用。在沒有開關信號時，透過下拉電阻R_6使V_2關斷。儲能電感L_2回掃繞組的電壓經過VD_1和C_7整流濾波後，獲得 20V 輸出。高頻變壓器次級繞組(8 − 5)的電壓經過VD_6和C_8整流濾波後獲得 7.5V 輸出。6.8V 穩壓二極體VD_{Z3}和二極體VD_2反極性串聯後就充當 7.5V 輸出的負載電阻，空載時輸出電壓一旦超過 7.5V，VD_{Z3}就被逆向崩潰，利用VD_{Z3}和VD_2上的總壓降可將輸出電壓箝制在大約 7.5V 上，以改善空載穩壓特性。正常工作時，輔助繞組的輸出電壓經過VD_4、C_6整流濾波後給光耦合器 PC357 提供 12～15V 的偏壓。

　　R_7、VD_5和C_{14}組成軟啟動電路，能防止在啟動過程中輸出過衝。高頻變壓器採用 PTS14/8 型鐵心，配 8 腳骨架。初級繞組用$\phi 0.35\text{mm}$漆包線分兩層各繞 8 匝、7 匝。次級 5V 繞組用 4 股$\phi 0.33\text{mm}$漆包線繞 4 匝，7.5V 繞組用 4 股$\phi 0.33\text{mm}$漆包線繞 2 匝。初級電感量$L_P = 434\mu\text{H}$(允許有±25 %的誤差)，其最大漏感量$L_{P0} = 1\mu\text{H}$。高頻變壓器的諧振頻率不低於 3.8MHz。

　　儲能電感L_2上的輔助繞組用$\phi 0.16\text{mm}$漆包線繞 26 匝。5V 輸出電路中的扼流圈用兩股$\phi 0.33\text{mm}$漆包線繞 6 匝，7.5V 輸出電路中的扼流圈用$\phi 0.33\text{mm}$漆包線繞 12 匝，20V 輸出電路中的扼流圈用$\phi 0.16\text{mm}$漆包線繞 40 匝。

　　在設計電路時應注意下列事項：

1. 在空載並且輸入電壓為最大值時，從C_6兩端輸出的偏壓應大於 8V(正常情況下為 12～15V)。

2. 高頻變壓器次級繞組與 5V、7.5V 輸出端之間的印製導線電阻應儘量小。

3. 高頻變壓器鐵心的最短重置時間與V_1的等效閘極電容有關，V_1的導通時間則受磁重置電壓的控制。當V_1的導通時間為最大值時，電源效率最高。必要時可在 5V 繞組(6 − 5)之間並聯 RC 緩衝器，用增加電容的辦法來增大V_1的導通時間。工作在輸入電壓最小值時(對應於最大工作週期)，為保證能完全重置，重置時間應盡可能長一些。

4. 在設計印刷電路板時，C_4、C_5和R_3應儘量靠近 DPA424P。為減少漏感，初級、次級迴路的面積要儘量小。

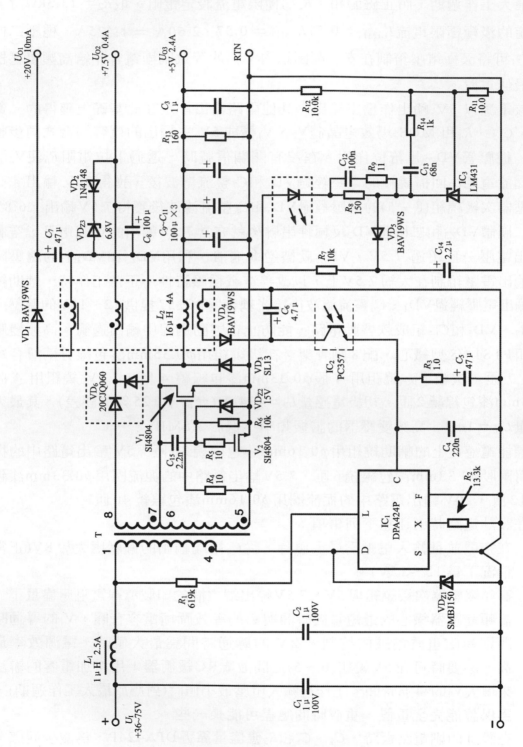

圖4.5 15W DC/DC 電源轉換器模組的內部電路

4.6 同步整流式兩路輸出的 50W DC/DC 電源轉換器模組

下面介紹一種由 DPA425R 構成的 50W 兩路輸出式 DC/DC 電源轉換器模組，可用於電信設備中。

4.6.1 性能特點和技術指標

1. 它採用單晶片開關式穩壓器 DPA425R，構成正激、隔離式、兩路輸出的 DC/DC 電源轉換器模組。直流輸入電壓範圍是 36～75V，兩路輸出分別爲 5V/6A、3.3V/6A，總輸出功率爲 50W。
2. 當負載從空載變化到滿載時，兩路輸出的交叉調整率可達±4％。
3. 它採用同步整流技術，當輸入直流電壓爲 36V 時電源效率可達 90％。
4. 選擇 300kHz 的切換頻率，使高頻變壓器有足夠的重置時間。
5. 能精確設定輸入線路的欠電壓、過電壓值。
6. 具有輸出超載保護、開迴路保護和過熱保護功能。
7. 體積小，功率密度高。外形尺寸爲 98mm × 57mm × 15mm，功率密度爲 0.59W/cm^3。

4.6.2 50W DC/DC 電源轉換器模組的電路設計

由 DPA425R 構成 50W DC/DC 電源轉換器模組的內部電路如圖 4.6.1 所示。由 C_1～C_3 和 L_1 構成輸入端 EMI 濾波器。R_1 爲欠電壓值、過電壓值設定電阻，所設定的 U_{UV}、U_{OV} 分別爲 33.3V、86.0V。R_1 還能自動減小最大工作週期，當負載發生瞬間變化時防止磁飽和。R_3 爲極限電流設定電阻，取 $R_3 = 15k\Omega$ 時，所設定的汲極極限電流 $I'_{LIMIT} = 0.52I_{LIMIT} = 0.52 \times 5.00A = 2.6A$。由 VD_1、C_4、L_2、VD_2 和 VD_{Z1} 構成的保護電路，不僅能吸收漏感能量，還能將汲極電壓箝位在 200V 以內。

5V 輸出的同步整流場效晶體 V_2 受 C_{12} 控制。R_{14} 爲閘極限流電阻。R_{13} 爲閘極下拉電阻，沒有開關信號時能將 V_2 關斷。穩壓二極體 VD_{Z2} 用來限制 V_2 的閘極電壓。3.3V 同步整流驅動電路由 C_{13}、R_{16}、R_{17} 和 VD_{Z3} 組成。

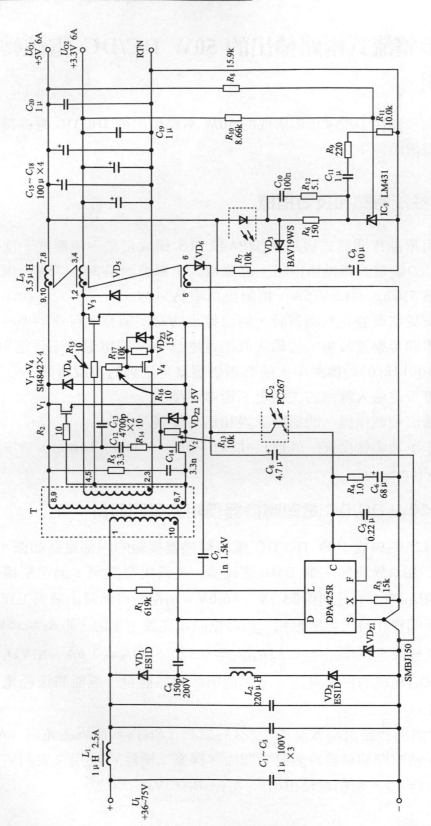

圖 4.6.1　50W DC/DC 電源轉換器模組的內部電路

　　來自高頻變壓器的重置電壓分別經過R_2和R_{15}驅動MOS場效電晶體V_1和V_3，V_1和V_3僅在V_2和V_4關閉的情況下才工作。當高頻變壓器完成重置時，由續流二極體VD_4、VD_5為儲能電感(L_3)的兩個繞組分別提供一條電流路徑以維持輸出電流連續。VD_4和VD_5宜採用肖特基二極體。

　　儲能電感L_3的輔助繞組(5－6)上的電壓經過VD_6、C_8整流濾波後，給光耦合器 PC267 提供偏置電壓。

　　高頻變壓器採用 EFT25 型鐵心，配10腳骨架。初級繞組用4股ϕ0.33mm漆包線繞 11 匝。次級 5V 繞組用 4 股ϕ0.4mm漆包線繞 3 匝，3.3V 繞組用 4 股ϕ0.4mm漆包線繞 2 匝。初級電感量$L_P = 250\mu$H(允許有±25 %的誤差)，最大漏感量$L_{P0} = 0.8\mu$H。高頻變壓器的諧振頻率不低於 3.8MHz。

　　儲能電感L_3的輔助繞組用ϕ0.25mm漆包線繞 12 匝，5V 輸出電路中的扼流圈用兩股ϕ0.4mm漆包線繞 6 匝，3.3V 輸出電路中的扼流圈用兩股ϕ0.4mm漆包線繞 4 匝。

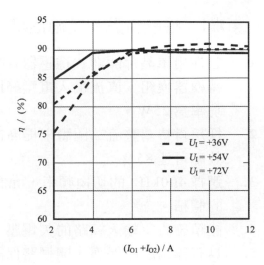

圖 4.6.2　電源效率與兩路輸出總電流的關係曲線

　　該電源轉換器的電源效率與兩路輸出總電流($I_{O1} + I_{O2}$)的關係曲線如圖 4.6.2 所示。由圖可見，當輸入電壓為最小值(36V)、($I_{O1} + I_{O2}$)＝ 4A 時，電源效率已達到 90 %。

　　在設計電路時應注意下列事項：

1. 利用R_5、C_{14}可使高頻變壓器重置。所選擇的重置時間應能在輸入電壓為最小值時保證將高頻變壓器完全重置，而在輸入電壓為最大值時保證汲極電壓不超過 200V。選擇 300kHz 的切換頻率有利於獲得足夠的重置時間。

2. 同步整流二極體V_2、V_4分別由C_{12}和C_{13}驅動。在最壞的情況下，所選擇的C_{12}和C_{13}電容量應保證驅動電壓能達到 MOSFET 的開啓電壓。

3. 在整個骨架寬度範圍內均勻地繞制線圈，能減小高頻變壓器的漏感。

4. 如果用DPA426R來代替DPA425R，還可將電源效率再提高1％。適當增大R_3的電阻值可進一步降低汲極極限電流。

4.7　25W DC/DC 電源轉換器模組

下面介紹一種由DPA425R構成的25W反馳式DC/DC電源轉換器模組。

4.7.1　性能特點和技術指標

1. 它採用單晶片開關式穩壓器DPA425R，構成反激、隔離式DC/DC電源轉換器模組。直流輸入電壓範圍是 36～75V，輸出為 7V/3.57A，輸出功率為25W。

2. 採用肖特基整流二極體來提高電源效率，當輸入直流電壓為36V時電源效率可達85％。

3. 選擇400kHz的切換頻率，允許採用尺寸較小的鐵心以減小高頻變壓器的體積。

4. 能精確設定輸入線路的欠電壓、過電壓值，符合ETSI國際標準。

5. 具有輸出超載保護、開迴路保護和過熱保護功能。

6. 週邊電路簡單，成本低。

4.7.2　25W DC/DC 電源轉換器模組的電路設計

由 DPA425R 構成 25W DC/DC 電源轉換器模組的內部電路如圖 4.7.1 所示。輸入端EMI濾波器由C_1～C_3和L_1構成。R_1為欠電壓值/過電壓值設定電阻，所設定的欠電壓、過電壓值分別為 33.3V、86.0V，它還能自動減小最大工作週期以防止磁飽和。R_3為極限電流設定電阻，取$R_3 = 15\text{k}\Omega$時，所設定的汲極極限電流$I'_{\text{LIMIT}} = 2.6\text{A}$。汲極箝位電路採用一隻SMBJ130型穩壓二極體，可將汲極電壓箝位在200V以下。

輔助繞組上的電壓經過VD_1、C_4整流濾波後，給光耦合器 PC267 提供偏壓。在輸出整流二極體VD_2兩端並聯C_9、R_5和R_8，可吸收漏感在次級電路中形成的尖峰脈衝。由L_2、C_{13}和C_{14}組成的後置濾波器，專門用來濾除由高頻開關產生的尖峰電壓。軟啟動電路由R_7、VD_3和C_{17}組成。

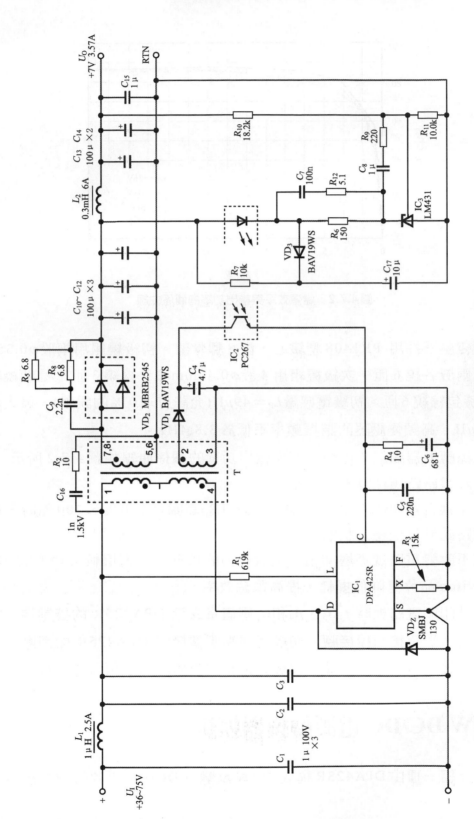

圖 4.7.1　25W DC/DC 電源轉換器模組的內部電路

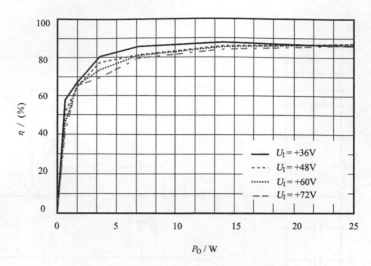

圖 4.7.2　電源效率與輸出功率的關係曲線

　　高頻變壓器採用 PR1408 型鐵心，配 8 腳骨架。初級繞組用兩股ϕ0.35mm 漆包線分兩層各繞 6 匝。次級繞組用 4 股ϕ0.45mm 漆包線繞 3 匝，輔助繞組用 ϕ0.2mm 漆包線繞 6 匝。初級電感量L_P＝49μH(允許有±10 ％的誤差)，最大漏感量L_{P0}＝1μH。高頻變壓器的諧振頻率不低於 3.8MHz。

　　該電源轉換器模組的電源效率與輸出功率的關係曲線如圖 4.7.2 所示。

　　在設計電路時應注意下列事項：

1. 當光耦合器 PC267 的電流傳輸比(CTR)範圍是 100 ％～200 ％時，能使迴路處於最佳穩定狀態。

2. 在不改變電路或不增加輸出超載能力的情況下，選用較大功率的 DPA-Switch 晶片可降低損耗，提高電源效率。

3. 設計印刷電路板時，C_5、R_4和C_6應儘量靠近 DPA425R 的控制端，它們的接地端應接源極接腳。初級返回端應當接到 DPA425R 的節點上，不要直接連源極接腳。減小初級迴路和次級迴路的面積可減小漏感。

4.8　5W DC/DC 電源轉換器模組

　　下面介紹一種由 DPA423R 構成的 5W 反馳式 DC/DC 電源轉換器模組。

4.8.1　性能特點和技術指標

1.　它採用單晶片開關式穩壓器DPA423R，構成反激、隔離式DC/DC電源轉換器模組。直流輸入電壓範圍是 36～75V，輸出為 5V/1A，輸出功率為 5W。

2.　屬於高效率電源模組，電源效率大於 80％。

3.　能精確設定輸入線路的欠電壓、過電壓值。

4.　具有過熱保護、短路保護和輸出超載保護功能。

5.　外形尺寸為 35mm × 20mm，功率密度為 $0.3W/cm^3$。

6.　週邊電路簡單，成本低。

4.8.2　5W DC/DC 電源轉換器模組的電路設計

由DPA423R構成5W DC/DC電源轉換器模組的內部電路如圖4.8.1所示。由 C_1、L_1 和 C_2 構成輸入端 EMI 濾波器。R_1 為欠電壓值/過電壓值設定電阻，所設定的欠電壓、過電壓值分別為 33.3V、86.0V，並能自動減小最大工作週期以防止磁飽和。R_3 為極限電流設定電阻，取 $R_3 = 14.4kΩ$ 時，所設定的汲極極限電流 $I'_{LIMIT} = 0.53 × 1.25A = 0.66A$。利用穩壓二極體 VD_Z 可箝制由漏感產生的尖峰電壓，確保汲極電壓在安全範圍以內。輔助繞組的輸出透過二極體 VD_1 和電容 C_4 整流濾波後，給光耦合器 PC817 提供偏置電壓。

次級整流二極體 VD_2 採用SL23型肖特基二極體，這種二極體在 125℃、2A 的工作條件下導通壓降僅為 0.320V。前級濾波電容 C_7 和 C_8 可濾除連波電壓。電感 L_2 和電容 C_9 組成的後置濾波器能濾除交換式電源所產生的尖峰電壓。由 R_2、VD_3 和 C_{11} 組成軟啟動電路，能避免在啟動過程中輸出過衝。

高頻變壓器採用 EFD-10 型鐵心，配 8 腳骨架。鐵心留間隙後的等效電感 $A_{LG} = 100nH/T^2$。初級電感量 $L_P = 174μH$(允許有 ±10％ 的誤差)，最大漏感量 $L_{P0} = 1μH$。高頻變壓器的諧振頻率不低於 4.7MHz。

該電源轉換器模組的電源效率與輸出功率的關係曲線如圖4.8.2所示。

在設計電路時應注意下列事項：

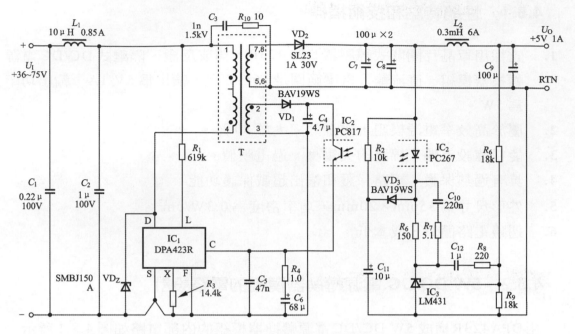

圖 4.8.1　5W DC/DC 電源轉換器模組的內部電路

1. 為提高電源效率，高頻變壓器應設計在連續模式下工作，即初級脈動電流與峰值電流的比例係數 $K_{RP} \approx 0.4$。一種簡便方法是首先用 PI 電子規格表格計算出在額定輸出功率下的峰值電流(I_P)，然後選合適阻值的 R_3，將汲極極限電流設定為 $(1.1 \sim 1.15)I_P$。

2. 交流磁通密度 $B_M < 0.15T$。VD_2 宜採用低壓降的肖特基二極體。

3. 5V 輸出迴路是從高頻變壓器次級的第 7、8 腳→整流二極體 VD_2 →電容 C_7、C_8，最後返回高頻變壓器第 5、6 腳，在給印刷電路板佈線時應確保通過 C_7、C_8 的漣波電流相等。

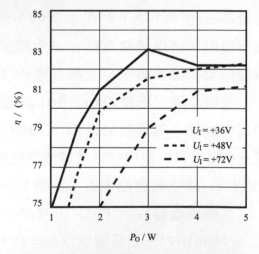

圖 4.8.2　電源效率與輸出功率的關係曲線

4.9　同步整流式 20W DC/DC 電源轉換器模組

下面介紹一種由 DPA424R 構成的 20W DC/DC 電源轉換器模組。

4.9.1　性能特點和技術指標

1. 它採用單晶片開關式穩壓器 DPA424R，構成正激、隔離式 DC/DC 電源轉換器模組。直流輸入電壓範圍是 36～75V，輸出為 2.5V/8A，輸出功率為 20W。
2. 採用同步整流技術並選擇 300kHz 切換頻率以提高電源效率，使電源效率超過 86％。
3. 能精確設定輸入線路的欠電壓/過電壓值，符合 ETSI 國際標準。
4. 具有過熱保護、短路保護和輸出超載保護功能。
5. 週邊電路簡單，成本低。

4.9.2　20W DC/DC 電源轉換器模組的電路設計

由 DPA424R 構成 20W DC/DC 電源轉換器模組的內部電路如圖 4.9.1 所示。由 $C_1 \sim C_3$、L_1 構成輸入端 EMI 濾波器。R_1 為欠電壓/過電壓設定電阻，所設定的欠電壓、過電壓值分別為 33.3V、86.0V，並能自動減小最大工作週期以防止磁飽和。R_3 為極限電流設定電阻，取 $R_3 = 15\text{k}\Omega$ 時，所設定的汲極極限電流 $I'_{\text{LIMIT}} = 0.51 \times 1.25\text{A} = 0.64\text{A}$，能避免輸出過衝。利用穩壓二極體 VD_Z 的箝位作用，可使汲極電壓在安全範圍以內。輔助繞組的輸出通過 VD_1、L_3 和 C_4 整流濾波後，給光耦合器 PC357 提供偏壓。

同步整流器由 MOS 場效電晶體 V_1 和 V_2、閘極電阻 R_8 等構成。VD_3 為續流二極體。在 DPA424R 關斷期間，利用電容 C_8 和 V_1 的等效閘極電容可將高頻變壓器重置。

該電源模組的輸出電壓很低，需要較高的電壓才能驅動光耦合器 PC357 中的 LED，這裏是利用儲能電感(共模扼流圈)的附加繞組來提供驅動電壓的。

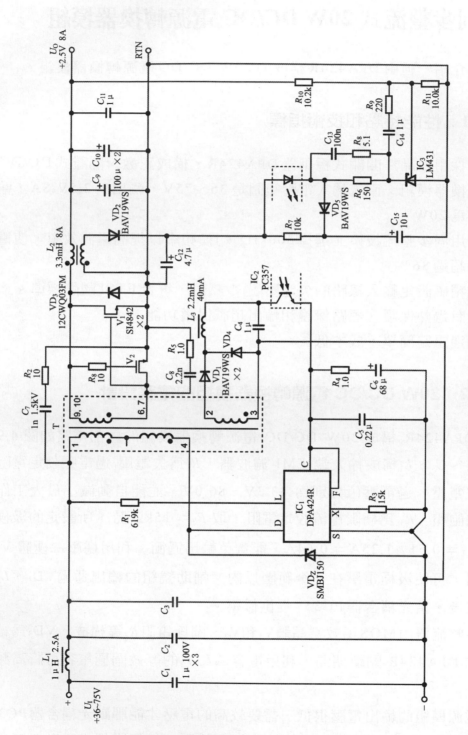

圖 4.9.1　20W DC/DC 電源轉換器模組的內部電路

高頻變壓器採用PR1408型鐵心，配8腳骨架。初級繞組用兩股ϕ0.33mm漆包線分兩層各繞7匝，次級繞組用4股ϕ0.33mm漆包線繞2匝，輔助繞組用ϕ0.2mm漆包線繞6匝。初級電感量L_P＝392μH(允許有±25 %的誤差)，最大漏感量L_{P0}＝1μH。高頻變壓器的諧振頻率不低於3MHz。

儲能電感的主繞組用ϕ0.2mm漆包線繞4匝，輔助繞組用4股ϕ0.4mm漆包線繞10匝。主繞組的電感量爲3.3μH(允許有±10 %的誤差)。鐵心留間隙後的等效電感A_{LG}＝206nH/T^2。

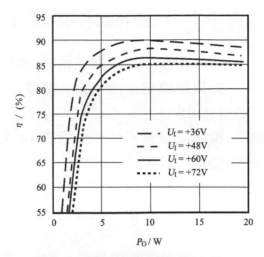

圖4.9.2　電源效率與輸出功率的關係曲線

該電源模組的電源效率與輸出功率的關係曲線如圖4.9.2所示。

設計電路時應注意下列事項：

1. 設計印刷電路板時，初級迴路及次級迴路的面積均應爲最小，以減小分佈電感。

2. 爲使迴路處於最佳穩定狀態，所用光耦合器 PC357 的電流傳輸比 CTR 應爲100 %～200 %。

3. VD_Z採用 150V 穩壓二極體，能保證高頻變壓器可靠地重置並將汲極電壓限制在200V 以下。

4. 在輸入電壓爲最小值、額定負載的情況下，輔助繞組的輸出電壓應爲12～15V。

5. 所選擇的C_8、R_5應確保高頻變壓器能在輸入電壓爲最小值時被重置，並且當輸入電壓爲最大值時汲極電壓不超過170V。

4.10　同步整流式 30W DC/DC 電源轉換器模組

下面介紹一種由DPA425R構成的同步整流式 30W DC/DC 電源轉換器模組。

4.10.1 性能特點和技術指標

1. 它採用單晶片開關式穩壓器DPA425R，構成正激、隔離式DC/DC電源轉換器模組。直流輸入電壓範圍是36～75V，輸出為5V/6A，輸出功率為30W。
2. 採用同步整流技術並選擇300kHz的切換頻率，電源效率超過90％。
3. 能精確設定輸入線路的欠電壓/過電壓值。
4. 具有過熱保護、開迴路保護和輸出超載保護功能。
5. 週邊電路簡單，成本低。

4.10.2 30W DC/DC 電源轉換器模組的電路設計

由DPA425R構成30W DC/DC 電源轉換器模組的內部電路如圖4.10.1所示。將 DPA425R 的頻率選擇端(F)與控制端(C)短接後，切換頻率即被設定為300kHz。輸入端 EMI 濾波器由C_1～C_3、L_1構成。透過R_1設定的欠電壓、過電壓值分別為 33.3V、86.0V。當極限電流設定電阻$R_3 = 18.2k\Omega$時，所設定的汲極極限電流$I'_{LIMIT} = 0.43 \times 5.00A = 2.15A$，能避免輸出過衝。利用穩壓二極體$(VD_Z)$的箝位作用，可使汲極電壓低於 200V。$L_2$輔助繞組的輸出經過$VD_2$、$C_4$整流濾波後，給光耦合器 PC357 提供偏壓。

同步整流器由 MOSFET V_1和V_2構成。電容C_3和電阻R_5用來驅動同步整流二極體V_2，當電源斷電時，C_3能防止直流電進入V_1的閘極。在下一個開關週期到來之前，VD_4將C_3上的電荷洩放掉。R_{13}能防止尖峰電壓導致V_1中的續流二極體以及外部續流二極體VD_1誤導通。

高頻變壓器採用EFD20型鐵心，配10腳骨架。初級繞組用ϕ0.45mm漆包線分兩層各繞 8 匝，次級繞組用 0.127mm 厚的銅箔繞 4 匝。初級電感量$L_P = 307\mu H$(允許有±25 ％的誤差)，最大漏感量$L_{P0} = 1\mu H$。高頻變壓器的諧振頻率不低於3MHz。

儲能電感的主繞組用 4 股ϕ0.4mm漆包線繞 6 匝，輔助繞組用ϕ0.2mm漆包線繞 15 匝。主繞組的電感量為$8\mu H$(允許有±10 ％的誤差)。鐵心留間隙後的等效電感$A_{LG} = 278nH/T^2$。

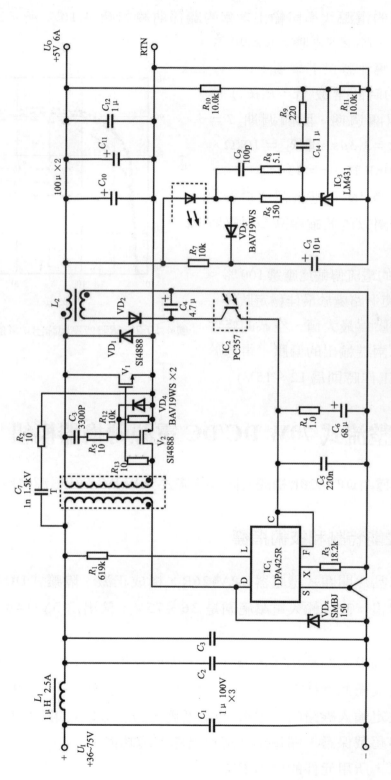

圖 4.10.1　30W DC/DC 電源轉換器模組的內部電路

該電源模組的電源效率與輸出功率的關係曲線如圖 4.10.2 所示。由圖可見，當$U_I = 36V$、$P_O \geq 8W$ 時，$\eta \geq 90\%$。

設計電路時應注意以下事項：

1. R_{12}與C_3的時間常數 $(\tau = R_{12}C_3)$ 應遠大於開關週期，開關週期 $T = 1/300kHz = 3.3\mu s$。取$R_{12} = 10k\Omega$、$C_3 = 3300pF$ 時，$\tau = 33\mu s \gg T$。

2. 穩壓二極體VD_Z可把汲極電壓限制在安全範圍以內並確保高頻變壓器重置。

3. 光耦合器的電流傳輸比應選$100\% \sim 200\%$，使迴路處於最佳穩定狀態。

4. 在輸入電壓為最大值、空載的條件下，從C_4兩端輸出的偏壓不得低於8V(正常工作時則為 12～15V)。

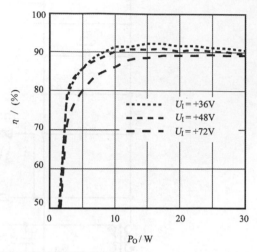

圖 4.10.2　電源效率與輸出功率的關係曲線

4.11　同步整流式 70W DC/DC 電源轉換器模組

下面介紹一種由DPA426R構成的同步整流式 70W DC/DC 電源轉換器模組。

4.11.1　性能特點和技術指標

1. 它採用單晶片開關式穩壓器DPA426R，構成正激、隔離式DC/DC 電源轉換器模組。直流輸入電壓範圍是 36～75V，輸出為 5V/14A，輸出功率達 70W。

2. 由於該電源模組的輸出電流達 14A，因此採用了自驅動(self-driven)式同步整流技術並選擇300kHz的切換頻率，使電源效率大於90%。

3. 能精確設定輸入線路的欠電壓/過電壓值，符合 ETSI 國際標準。

4. 具有輸出超載保護、開迴路保護和過熱保護功能。

5. 電路簡單，所用元件的成本低廉。

4.11.2　70W DC/DC 電源轉換器模組的電路設計

由 DPA426R 構成 70W DC/DC 電源轉換器模組的內部電路如圖 4.11.1 所示。DPA426R 的頻率選擇端(F)與控制端(C)短路，將切換頻率設定爲 300kHz。輸入端 EMI 濾波器由 $C_1 \sim C_3$、L_1 構成。利用 R_1 設定的欠電壓、過電壓值分別爲 33.3V、86.0V，當輸出瞬間超載時能自動減小最大工作週期，避免磁飽和。取 $R_2 = 6.8\mathrm{k}\Omega$ 時，所設定的汲極極限電流 $I'_{\mathrm{LIMIT}} = I_{\mathrm{LIMIT}} = 7.00\mathrm{A}$。

精密光耦回授電路由光耦合器 PC357 和可調式精密並聯穩壓器 LM431 組成。由 R_7、VD_6 和 C_{20} 構成的軟啓動電路，可避免在啓動過程中發生輸出過衝現象。輔助繞組的輸出經過 VD_3、L_5 和 C_8 整流濾波後給 PC357 提供偏壓，二極體 VD_5 產生保護作用。

由 VD_1、C_9、L_2 和 VD_2 構成的迴路能吸收漏感能量，而磁場能量則儲存在高頻變壓器上。穩壓二極體(VD_Z)對汲極電壓產生了箝位作用，可將汲極電壓限制在 200V 以下。

爲滿足對大電流進行整流的需要，這裏採用自驅動式同步整流器，將同步整流場效晶體 $V_1 \sim V_3$ 的驅動電路互相並聯，同步續流場效晶體 $V_4 \sim V_6$ 也互相並聯。當輸出發生瞬間變化或輸出過衝時，利用 C_9 和 R_{13} 能衰減次級尖峰電壓並幫助高頻變壓器重置。

高頻變壓器採用 EFD25 型鐵心，配 10 腳骨架。鐵心留間隙後的等效電感 $A_{\mathrm{LG}} = 1100\mathrm{nH/T}^2$。初級繞組用 4 股 $\phi 0.4\mathrm{mm}$ 漆包線分兩層各繞 6 匝、5 匝。次級繞組用 0.127mm 厚的銅箔繞 3 匝。輔助繞組用 $\phi 0.25\mathrm{mm}$ 漆包線繞 5 匝。初級電感量 $L_\mathrm{P} = 130\mu\mathrm{H}$(允許有 ±10 % 的誤差)，最大漏感量 $L_{\mathrm{P0}} = 10\mu\mathrm{H}$。高頻變壓器的諧振頻率不低於 3MHz。

該電源模組的電源效率與輸出功率的關係曲線如圖 4.11.2 所示。

在設計電路時需注意下列事項：

1. 光耦合器 PC357 的電流傳輸比應爲 100 % ～ 200 %，使迴路處於最佳穩定狀態。

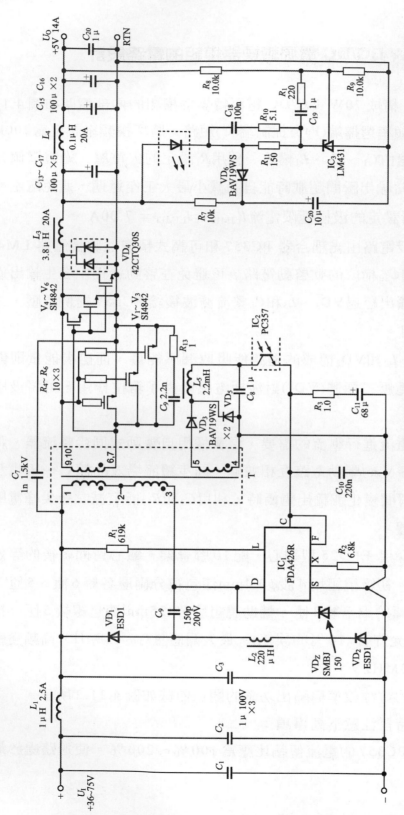

圖 4.11.1　70W DC/DC 電源轉換器模組的內部電路

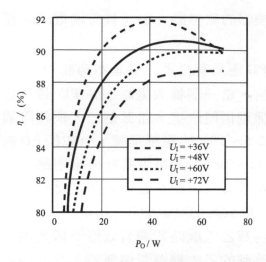

圖 4.11.2 電源效率與輸出功率的關係曲線

2. VD$_Z$的穩壓值取 150V 時,即可將汲極電壓限制在 200V 以下,同時可確保高頻變壓器能可靠地重置。

3. 當輸入電壓為最小值、滿載輸出時,偏置電壓應在 12～14V 範圍內。

4.12 帶乙太網路介面的 15W DC/DC 電源轉換器模組

下面首先簡要介紹乙太網路電源的主要特點與基本功能,然後詳細闡述一種帶乙太網路介面電路的同步整流式 15W DC/DC 電源轉換器模組的設計原理。

4.12.1 乙太網路電源簡介

乙太網路(Ethernet Network)是目前最常用的一種區域網路。乙太網路最早是由施樂(Xerox)公司建立的,1980 年由 Xerox、DEC 和 Intel 三家公司聯合開發為一個標準。最初乙太網路的傳輸速率只有 10Mbps,稱之為標準乙太網路。目前,快速乙太網路的傳輸速率為 100Mbps,而千兆乙太網路的傳輸速率高達 1000Mbps(1Gbps)。乙太網路具有高度靈活、相對簡單、易於實現等顯著優點,其傳輸介質主要有雙絞線、同軸電纜和光纖,現已成為最重要的一種區域網路。

乙太網路電源簡稱 PoE(Power Over Ethernet),它僅透過一根乙太網路電纜即可同時為使用者提供資料和供電電源,不需要再另外佈線。乙太網路電源中的電源裝置簡稱為 PD,它具有以下特點:能提供 PD 檢測與分類信號;能提供到 DC/DC 電源轉換器的軟啓動介面；具有過電流保護、過電壓保護、過熱保護等功能。

根據 PoE 規範，PD 應具有以下三個基本功能：

1. 能識別信號阻抗。當一個輸入電壓加到 PD 時，它必須在規定電壓範圍內呈現正確的識別信號阻抗。當某個乙太網路設備請求供電時，首先給乙太網路發出 2.5～10V 的電壓信號，有效的 PD 檢測到此電壓信號後就將一個 23.75kΩ～26.25kΩ 電阻置於供電迴路上，電流會隨輸入電壓而變化；透過檢測該電流確認在乙太網路電纜終端有一個有效的乙太網路設備需要供電。如放置的電阻值在 12kΩ～23.75kΩ 或在 26.25kΩ～45kΩ 範圍內，則認爲該乙太網路設備有效但不需要供電。其他範圍的電阻值則意味著所檢測到的乙太網路設備無效。

2. 類型。PD 有不同的類型，每種類型對應於一定的電流。例如，"0" 類 PD 的電流爲 0.5 mA～4mA。當 PD 檢測有效信號之後，就對 PD 進行分類。具體方法是將送到網路鏈路上的電壓升高到 15.5～20.5V，使 PD 獲得一個固定的電流，再根據電流範圍完成 PD 分類。

3. 開關連接。連接乙太網路電源的開關主要有兩種，一種是雙極型電晶體開關，其電源效率較高，成本較低；另一種開關爲 MOSFET 開關，其電源效率極高(可接近於 100 %)。

下面介紹一種帶乙太網路介面電路的同步整流式 15W DC/DC 電源轉換器模組，可廣泛用於網路及通信設備中。

4.12.2　15W 乙太網路電源模組的性能特點和技術指標

1. 由 DPA424P 構成帶介面電路的乙太網路電源(PoE)。
2. 包含 PoE 識別信號阻抗(24.9kΩ，直流 2.5～10V)。
3. 包含 "0 類" 類型電路(0.5～4mA，直流 15～20V)。
4. 若使用雙極型電晶體開關，則 PoE 介面的效率 $\eta \geq 87\%$，成本較低。
5. 若使用 MOSFET 開關，則 PoE 介面的效率 $\eta \geq 97\%$，效率極高。

4.12.3　15W 乙太網路電源模組的電路設計

由雙極型切換電晶體和 DPA424P 構成 15W PoE 模組的內部電路如圖 4.12.1 所示。該電源模組包括兩大部分：乙太網路介面電路(電路中用虛線框表示)，DC/DC 電源轉換器。

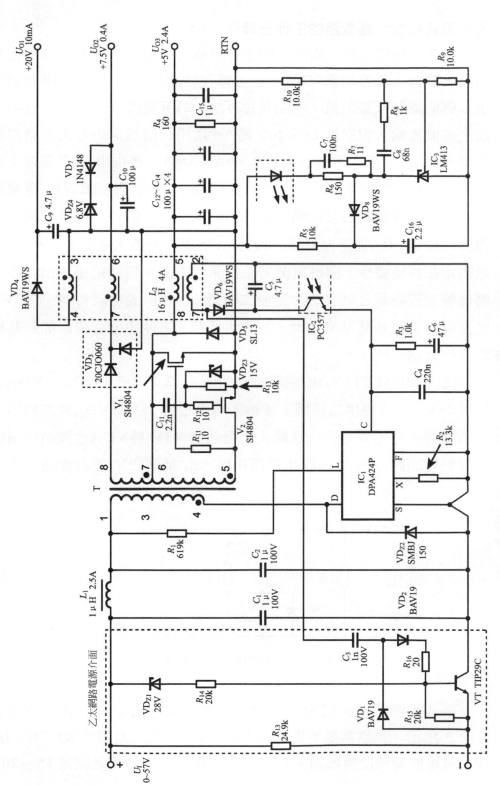

圖 4.12.1　由雙極型切換電晶體和 DPA424P 構成 15W PoE 模組的內部電路

1. 乙太網路電源介面電路的工作原理

　　該乙太網路電源介面電路的工作過程可分為以下三個階段：在第一階段，當輸入電壓加到PD時，它必須在直流2.5～10V的電壓範圍內呈現正確的識別信號阻抗，電阻R_{13}(24.9 kΩ)可提供這個阻抗；在第二階段，當直流輸入電壓為15～20V時，PD用一個規定的電流來識別裝置類型，例如"0類"電流範圍是0.5mA～4mA，這也由R_{13}來完成；在第三階段，透過雙極型切換電晶體(VT)將輸入電壓接到DC/DC電源轉換器上，該電源轉換器允許輸入超過30V(28V＋$U_{R_{13}}$)的直流電壓。此時穩壓二極體VD_{Z1}被逆向崩潰，透過R_{14}給VT提供基極電流。R_{15}的作用是防止在其他條件下開啟電源。一旦開啟電源，輔助繞組輸出的高頻電壓信號就經過耦合電容C_3、整流二極體VD_2和限流電阻R_{16}來提高VT的直流偏壓，使基極電流增大。在負半周時VD_1導通，可確保加到基極上的偏壓總為正壓。

　　使用MOSFET (V_3)的開關電路如圖4.12.2所示。VD_{Z4}、VD_{Z5}分別採用28V、15V穩壓二極體。當輸入電壓超過28V時VD_{Z4}被逆向崩潰，使V_3導通，將電源開啟。當輸入電壓超過43V時VD_{Z5}也被逆向崩潰，能限制V_3的閘-源電壓，產生保護作用。R_{15}能防止V_3被誤導通。

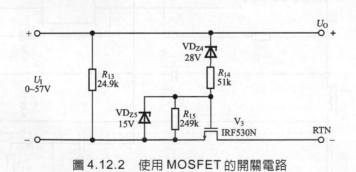

圖4.12.2　使用MOSFET的開關電路

　　該乙太網路電源模組的識別信號阻抗與輸入電壓的關係曲線如圖4.12.3所示，識別電壓範圍是2.5～10V。其輸入電流等級("0"類)與輸入電壓的關係曲線如圖4.12.4所示，輸入電壓等級範圍是15～20V。

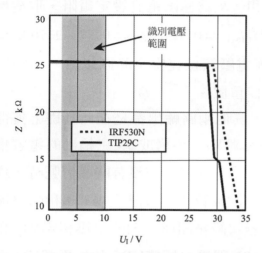

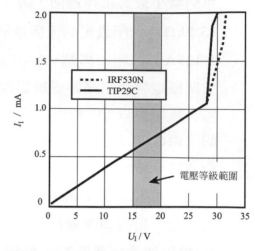

圖 4.12.3　識別信號阻抗與輸入電壓的關係曲線　　圖 4.12.4　輸入電流等級（“0”類）與輸入電壓
　　　　　　　　　　　　　　　　　　　　　　　　　　　　　　的關係曲線

2.　15W DC/DC 電源轉換器的工作原理

　　　　DC/DC 電源轉換器的主要性能準則如下：

(1)　它採用 DPA424P 型單晶片開關式穩壓器，構成正激、隔離式、3 路輸出的 DC/DC 電源轉換器模組。直流輸入電壓範圍是 36～75V，3 路輸出分別為 5V/2.4A、7.5V/0.4A 和 20V/10mA，總輸出功率為 15.2W。切換頻率為 400kHz。

(2)　多通道輸出，穩壓性能好。在最壞的情況下，各路輸出的負載調整率指標見表 4.12。

表 4.12　各路輸出的負載調整率指標

3 路輸出電壓 U_O/V	5	7.5	20
負載變化範圍/(%)	20～100	0～100	100
負載調整率 S_I/(%)	≤ ±1	−4～＋8	−3～＋6

(3)　採用電容耦合式同步整流技術，DC/DC 電源轉換器的效率高達 88 %。

(4)　能精確設定輸入線路的欠電壓、過電壓值。

(5)　具有輸出超載保護、開迴路保護和過熱保護功能。

　　　　圖 4.12.1 中，輸入端 EMI 濾波器由 C_1、L_1 和 C_2 構成。R_1 為欠電壓值/過電壓值設定電阻，所設定的 $U_{UV} = 33.3V$，$U_{OV} = 86.0V$。R_1 還能

自動減小最大工作週期，防止磁飽和。R_2為極限電流設定電阻，取$R_2 =$ 13.3kΩ時，所設定的汲極極限電流$I'_{LIMIT} = 0.57 I_{LIMIT} = 0.57 \times 2.50A =$ 1.425A。穩壓二極體VD_{Z2}可將汲極電壓箝位在安全範圍以內。V_1的等效閘極電容能給高頻變壓器提供最佳重置。

　　該電源以 5V 輸出作為主輸出，其他兩路輸出都是在此基礎上獲得的。由C_{11}、R_{11}、R_{12}和MOS場效電晶體V_2、V_1構成 5V 主輸出的電容耦合式同步整流器。穩壓二極體VD_{Z3}起箝位作用。在沒有開關信號時，透過下拉電阻R_{13}使V_2關斷。儲能電感L_2回掃繞組的電壓經過VD_4和C_9整流濾波後，獲得 20V 輸出。高頻變壓器次級繞組$(8 - 5)$的電壓經過VD_3和C_{10}整流濾波後獲得 7.5V 輸出。將 6.8V 穩壓二極體VD_{Z4}和二極體VD_7反極性串聯後作為 7.5V 輸出的負載電阻，以改善空載穩壓特性。空載時輸出電壓一旦超過 7.5V，VD_{Z4}就被逆向崩潰，利用VD_{Z4}和VD_2上的壓降可將輸出電壓箝制在大約 7.5V 上。正常工作時，輔助繞組的輸出電壓經過VD_6、C_5整流濾波後給光耦合器 PC357 提供 12～15V 的偏壓。

　　R_5、VD_8和C_{16}組成軟啟動電路，能防止在啟動過程中輸出過衝。

　　高頻變壓器採用PTS14/8型鐵心，配 8 腳骨架。初級繞組用$\phi 0.35mm$漆包線分兩層各繞 8 匝、7 匝。次級 5V 繞組用 4 股$\phi 0.33mm$漆包線繞 4 匝，7.5V 繞組用 4 股$\phi 0.33mm$漆包線繞 2 匝。初級電感量$L_P = 434\mu H$(允許有±25 ％的誤差)，其最大漏感量$L_{P0} = 1\mu H$。高頻變壓器的諧振頻率不低於 3.8MHz。

　　儲能電感L_2的輔助繞組用$\phi 0.16mm$漆包線繞 26 匝，5V 輸出的扼流圈用兩股$\phi 0.33mm$漆包線繞 6 匝，7.5V 輸出的扼流圈用$\phi 0.33mm$漆包線繞 12 匝，20V 輸出的扼流圈用$\phi 0.16mm$漆包線繞 40 匝。

　　該電源模組的電源效率與輸出功率的關係曲線如圖 4.12.5 所示。

3.　電路設計要點

(1)　採用雙極型功率切換電晶體(VT)

①　選擇雙極型切換電晶體 VT，要能承受較高的電壓並提供足夠的電流，其電流放大因數要足夠高。

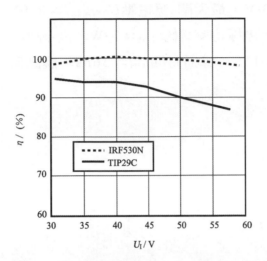

圖 4.12.5　電源效率與輸出功率的關係曲線

② 選擇R_{14}的電阻值以提供足夠大的基極電流，確保能夠開啟 DC/DC 電源轉換器。

③ 選擇R_{16}的電阻值(典型值為 10～20Ω)以限制在開關過程中產生的尖峰電流。

④ 推薦採用 Fairchild 公司生產的 TIP29C 型雙極型中功率切換電晶體。其主要參數如下：集極-基極崩潰電壓$U_{(BR)CBO} = 100V$，集極-射極崩潰電壓$U_{(BR)CEO} = 100V$，射極-基極崩潰電壓$U_{(BR)EBO} = 5V$，基極最大允許電流$I_{BM} = 0.4A$，集極最大允許電流$I_{CM} = 1A$，集極最大功率消耗$P_{CM} = 30W$，共射極電流放大倍數$h_{FE} = 75$ 倍，截止頻率 $f_T = 3.0$ MHz。

(2) 採用功率 MOSFET (V_3)

① 選擇R_{14}的電阻值以限制穩壓二極體VD_{Z4}和VD_{Z5}的功率消耗。

② 選擇R_{15}的電阻值以確保在輸入電壓低於 28V 時能關閉V_3。

③ 選擇VD_{Z4}的穩壓值以防止在輸入電壓低於 28V 時開啟V_3。

④ 注意，R_{14}、R_{15}的電阻值還影響到VD_{Z4}的損耗。

⑤ 選擇VD_{Z5}的穩壓值以限制V_3的最大閘-源電壓(典型值應為 15V)。

⑥ 推薦採用 Philips 公司生產的 IRF530N 型 N 通道功率 MOSFET。其主要參數如下：汲-源極崩潰電壓$U_{(BR)DS} = 100V$，閘極開啟電壓

$U_{\text{GS(th)}} = 3$ V，最大閘-源電壓 $U_{\text{GS(max)}} = \pm 20$V，最大汲極電壓 $I_{\text{DM}} =$ 17A，最大汲極功率消耗 $P_{\text{DM}} = 79$W，汲-源導通電阻 $R_{\text{DS(ON)}} = 80$mΩ，互導 $g_{\text{FS}} = 11$S。導通時間 $t_{\text{ON}} = 36$ns，關斷時間 $t_{\text{OFF}} = 12$ns。

5

單晶片交換式電源設計指南

設計一個具有高性價比的交換式電源，所涉及的知識面很廣。設計人員不僅要掌握各種單晶片交換式電源的工作原理和應用電路，瞭解有關通用及特種半導體元件、類比與數位電路、電磁相容性、熱力學等方面的知識，還必須積累豐富的實務經驗，掌握大量的實驗資料。按照傳統方法，交換式電源要全部靠人工設計，不僅工作量大，效率低，而且因設計時的變數多，難於準確估算，使得設計結果與實際情況相差較大，需要多次修正。單晶片交換式電源的問世，使交換式電源的設計能實現標準化和規範化。目前，利用電腦設計單晶片交換式電源正成為國際通電源領域的一項新技術。不僅能充分發揮高科技的優勢，大為減輕設計人員的工作量，還可實現交換式電源的最佳化設計。因此，軟體必將成為最佳化單晶片交換式電源設計的關鍵技術。

本章詳細介紹了單晶片交換式電源的設計方法，重點闡述了利用電腦設計單晶片交換式電源的新技術，包括 KDP Expert 2.0 專家系統的設計理念、設計方法、介面風格和使用指南。此外，還介紹了 StarPlug、VIPer 這兩種專家系統的典型應用。

5.1 單晶片交換式電源工作模式的設定

單晶片交換式電源有兩種基本工作模式，一種是連續傳輸模式(簡稱連續模式)；另一種為不連續傳輸模式(簡稱不連續模式)。下面首先介紹兩種工作模式的設定方法及功率消耗比較，然後闡述兩種工作模式的回授理論。

5.1.1 單晶片交換式電源兩種工作模式的設定

1. 連續模式及不連續模式的特點

連續模式的特點是高頻變壓器在每個開關週期，都是從非零的能量儲存狀態開始的。不連續模式的特點是，儲存在高頻變壓器中的能量在每個開關週期內都要完全釋放掉。由圖 5.1.1 所示開關電流波形上可以看出二者的區別。連續模式的開關電流先從一定幅度開始。

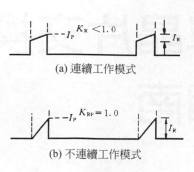

圖 5.1.1　開關電流的波形

沿斜坡上升到峰值，然後又迅速回零。此時，初級繞組脈動電流(I_R)與峰值電流(I_P)的比例係數$K_{RP} < 1.0$，即

$$I_R = K_{RP} \cdot I_P < I_P \tag{5.1.1}$$

不連續模式的開關電流則是從零開始上升到峰值，再迅速降到零。此時$K_{RP} = 1.0$，即

$$I_R = I_P \tag{5.1.2}$$

2. 工作模式的設定

利用I_R與I_P的比例關係，亦即K_{RP}的數值，可以定量地描述單晶片交換式電源的工作模式。K_{RP}的取值範圍是 $0\sim1.0$。若取$I_R = I_P$，即$K_{RP} = 1.0$，就將交換式電源設定在不連續模式。當$I_R < I_P$，即$K_{RP} < 1.0$時，交換式電源就被設定為連續模式。具體講，這又分兩種情況：①當 $0 < I_R < I_P$，即$0 < K_{RP} < 1.0$時處於連續模式；②理想情況下，$I_R = 0$，$K_{RP} = 0$，表示處於絕對連續模式，或稱作極端連續模式，此時初級繞組電感量$L_P \to \infty$，而初級繞組開關電流呈矩形波。

實際上在連續模式與不連續模式之間並無嚴格界限，而是存在一個過渡過程。對於給定的交流輸入電壓範圍，K_{RP}值較小，就意味著更為連續的工作模式和相對較大的初級繞組電感量，並且初級繞組的I_P和I_{RMS}值較小，此時可選用功率較小的TOPSwitch晶片和較大尺寸的高頻變壓器來實現最佳化設計。反之，K_{RP}值較大，就表示連續程度較差，初級繞組電感量較小，而I_P與初級繞組有效值電流I_{RMS}較大，此時須採用功率較大的 TOPSwitch 晶片，配尺寸較小的高頻變壓器。

綜上所述，選擇K_{RP}值就能設定交換式電源的工作模式。設定過程為：$L_P \uparrow \rightarrow I_R < I_P \rightarrow K_{RP} < 1.0 \rightarrow$連續模式。對於$85 \sim 265\text{V}$寬範圍輸入或$230\text{V}$固定輸入的交流電壓，選擇$K_{RP} = 0.6 \sim 1.0$比較合適。

3.　兩種工作模式的功率消耗比較

下面給出兩個設計實例，能夠說明在寬範圍輸入時，$K_{RP} = 1.0$(不連續模式)、$K_{RP} = 0.4$(連續模式)所對應的I_P與I_{RMS}值的變化情況。由此可對兩種工作模式下的 TOPSwitch 功率損耗加以比較。

⑴　不連續模式的設計實例

已知工作參數：$K_{RP} = 1.0$，$U_{Imin} = 90\text{V}$，$D_{max} = 60 \%$，$P_O = 30\text{W}$，電源效率$\eta = 80 \%$。初級繞組峰值電流I_P既可表示為I_R和K_{RP}的函數，又可表示為基本參數(P_O、U_{Imin}、D_{max}、η)和I_R的函數。有關係式

$$I_P = I_R / K_{RP} \tag{5.1.3}$$

$$I_P = \frac{P_O}{U_{Imin} D_{max} \eta} + \frac{I_R}{2} \tag{5.1.4}$$

將(5.1.3)式整理成$I_R = K_{RP} \cdot I_P$，再代入(5.1.4)式，從中可解出I_P值來。最後得到

$$I_P = \frac{2P_O}{U_{Imin} D_{max} \eta(2 - K_{RP})} \tag{5.1.5}$$

把$U_{Imin} = 90\text{V}$，$D_{max} = 60 \%$，$\eta = 80 \%$，$P_O = 30\text{W}$，$K_{RP} = 1.0$ 代入 (5.1.5)式中計算出$I_P = 1.39\text{A}$。進而求出初級繞組有效值電流

$$I_{RMS} = I_P \sqrt{D_{max}\left(\frac{K_{RP}^2}{3} - K_{RP} + 1\right)} = 1.39\sqrt{0.6 \times \left(\frac{1}{3} - 1 + 1\right)} = 0.62\text{A}$$

(2) 連續模式的設計實例

已知工作參數：$K_{RP} = 0.4$，$U_{Imin} = 90V$，$D_{max} = 40\%$，$P_O = 30W$，$\eta = 80\%$。與上例的區別僅是K_{RP}變成0.4，D_{max}降至40%，這就表示工作在更為連續的模式。同理可計算出$I'_P = 0.87A$，$I'_{RMS} = 0.54A$。

不難求出，連續模式的峰值電流僅為不連續模式峰值電流的 63 %，而有效值電流是不連續模式的 87 %。由此可見，對於給定的TOPSwitch晶片，兩種工作模式下的功率消耗之比為

$$\frac{P'_O}{P_O} = \frac{(I'_{RMS})^2 R_L}{(I_{RMS})^2 R_L} = (87\%)^2 = 75.7\%$$

這顯示在同樣條件下，採用連續模式可比不連續模式減小24.3%的功率消耗。換言之，對於同樣的輸出功率，採用連續模式可使用功率較小的 TOPSwitch 晶片，或者允許 TOPSwitch 工作在較低的損耗下。此外，設計成連續模式時，初級繞組電路中的交流成分要比不連續模式低，並能減小集膚效應以及高頻變壓器的損耗。

5.1.2 單晶片交換式電源回授理論的分析

下面以TOPSwitch的基本回授電路為例，對不連續模式和連續模式的回授理論作深入分析。需要說明，這裏講的回授理論僅討論初級繞組與輸出電路之間的相互作用。這與由回授繞組及其週邊電路構成的控制電路是兩個概念，後者專用來調節工作週期的，因此下述討論不涉及回授繞組。

1. 基本回授過程

TOPSwitch 系列單晶片交換式電源可視為單晶片組合元件，它將高壓功率切換電晶體(MOSFET)以及所需全部類比與數位元電路組合在一起，完成輸出隔離、脈寬調變及多種保護功能。TOPSwitch 的基本回授電路如圖 5.1.2 所示。對該電路稍加更改，即可實現單路或多通道輸出、升壓或降壓輸出、正壓或負壓輸出。

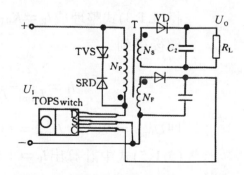

圖 5.1.2　TOPSwitch 的基本回授電路

在TOPSwitch的基本回授電路中，高頻變壓器具有能量儲存、隔離輸出和電壓變換這三大功能。圖 5.1.2 中的N_P、N_S、N_F分別代表初級繞組、次級繞組、回授繞組以及各自的匝數。暫態電壓抑制器(TVS)和超快恢復二極體(SRD)構成了箝位保護電路，能吸收初級繞組漏感所產生的尖峰電壓。VD 為輸出整流二極體，C_2是輸出濾波電容，R_L為負載電阻。U_O為輸出電壓。圖 5.1.2 中省略了交流輸入及整流濾波電路。交流電經過整流橋和濾波電容，產生直流輸入高壓U_I，當TOPSwitch導通時VD 處於截止狀態，而初級繞組電流沿斜線上升。有公式

$$I_{\text{PRI}} = I_I + \frac{(U_I - U_{\text{DS(ON)}})\,t_{\text{ON}}}{L_P} \tag{5.1.6}$$

式中，I_{PRI}為初級繞組(PRIMARY)電流，它包含峰值電流I_P和脈動電流I_R。I_I是初級繞組電流的初始值。$U_{\text{DS(ON)}}$是MOSFET的汲-源導通電壓，t_{ON}為導通時間。由於 VD 截止，初級繞組與輸出負載隔離，因此原來儲存在C_2上的電能就給負載供電，維持輸出電壓不變。此時電能以磁場能量的形式儲存在高頻變壓器內。

在TOPSwitch關斷期間，高頻變壓器中的磁通量開始減小，並且次級繞組的感應電壓極性發生變化，使得 VD 因順向偏壓而導通。儲存在高頻變壓器中的能量就傳輸到輸出電路。

一方面給R_L供電，另一方面還給C_2重新充電。次級繞組電流就從初始值按下式衰減：

$$I_S = \frac{I_P\,N_P}{N_S} - \frac{(U_O + U_{\text{F1}})\,t_{\text{OFF}}}{L_P} \cdot \frac{N_P}{N_S} \geq 0 \tag{5.1.7}$$

式中，I_S為次級繞組(SECONDARY)電流，$I_P N_P / N_S$為次級繞組電流的初始值。I_P為初級繞組電流在 TOPSwitch 導通結束前的峰值。U_{F1}為輸出整流二極體 VD 的順向導通壓降。t_{OFF}是 TOPSwitch 的關斷時間。在TOPSwitch關斷期間，如次級繞組電流I_S衰減到零，輸出電流就由C_2來提供。

TOPSwitch 有兩種工作模式，這取決於關斷期間最後的I_S值。若在關斷期間I_S衰減到零，就工作在不連續方式。若I_S的衰減結果仍大於零，則工作在連續模式。

2.　實際情況下兩種工作模式的回授原理

在理想情況下，沒有考慮回授電路中寄生元件(分佈電容和洩漏電感)的影響。但實際情況下必須考慮分佈電容和洩漏電感的影響，因此在工作波形中存在尖峰電壓和尖峰電流。

(1)　實際不連續模式的回授原理實際不連續模式的工作波形及簡化電路原理如圖 5.1.3 所示。由(a)圖可見，在不連續模式下每個開關週期被劃分成 3 個階段。另外，在實際電路中還存在著 3 個寄生元件：一次繞組的漏感 L_{P0}，次級繞組的漏感 L_{S0}，分佈電容 C_D。其中，C_D 是 TOPSwitch 的輸出電容 C_{OSS} 與高頻變壓器初級繞組的分佈電容 C_{XT} 之和，即 $C_D = C_{OSS} + C_{XT}$。下面專門討論這些寄生元件對電路的影響。

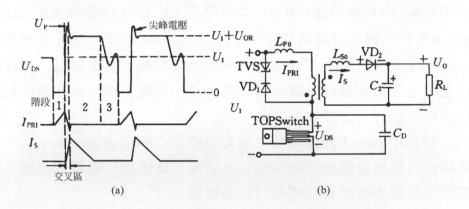

(a)工作波形；(b)電路原理

圖 5.1.3　實際不連續模式的回授原理

在階級 1，隨著 TOPSwitch 導通，C_D 就放電。上一週期結束時儲存在 C_D 上的能量 E_D 在初始就被釋放掉。因為 E_D 與 U^2_{CD} 成正比，所以當 C_D 的容量較大時，電源效率會明顯降低，這在 U_I 很高時更是如此。需要說明，在階段 1 因高頻變壓器正在儲存能量且次級繞組的電流為零，故漏感的影響可不予考慮。

在階段 2，TOPSwitch 關斷。上一階段中高頻變壓器儲存的能量傳輸給次級繞組。此時漏感 L_{P0} 和 L_{S0} 都試圖阻礙電流的變化。具體講，L_{P0} 是要阻礙初級繞組電流 I_{PRI} 的減少，而 L_{S0} 試圖阻礙次級繞組電流 I_S 的增大。於是在 I_{PRI} 減小和 I_S 增大的過程中，就形成一個"交叉區"。最終結果是 I_{PRI} 沿斜線降為零，其斜率由漏感 L_{P0} 和初級繞組電壓所決定；I_S 則沿斜線上升到峰值 I_{SP}，斜率由漏感 L_{S0} 和次級繞組電壓所決定。關鍵問題是在交叉區內初級繞組電流必須保持連續。當被衰減的初級繞組電流流過 C_D 時，就將 C_D 充電到 U_P。這個由漏感 L_{P0} 產生的峰值電壓就疊加在 U_{DS} 的波形上，形成漏感尖峰電壓，亦稱作汲-源峰值脈衝。有關係式

$$U_{DS} = U_I + U_{OR} + U_P \tag{5.1.8}$$

在實際的電路中利用箝位保護電路，可將 U_{DS} 箝制在 TOPSwitch 的汲-源崩潰電壓額定值(700V 或 350V，視晶片而定)以下，避免因 U_P 使 U_{DS} 升高而損壞晶片。

在階段 3，感應電壓 U_{OR} 降為零。高頻變壓器已將在階段 1 儲存的能量全部釋放掉，使汲-源電壓從階段 2 結束時的 $U_{DS} = U_I + U_{OR}$，降低到 $U_{DS} \approx U_I$。但由於該電壓變化又透過激勵由雜散電容和初級繞組電感構成的諧振電路，產生衰減振盪波形，並疊加到 U_{DS} 波形上，直到 TOPSwitch 再次導通時才停振，因此在階段 3 的 U_{DS} 波形出現了波谷與波峰。顯然，這個衰減振盪波形對 C_D 上的電壓和能量，產生了"調變"作用，並在下一個開關週期開始時，決定轉換的功率損耗。

(2)　實際連續模式的回授原理

實際連續模式的回授電路中也存在著與不連續模式相同的寄生元件，另外還需考慮輸出電路的實際特性。理想的整流二極體應當沒有順向導通壓降和逆向恢復時間。接面整流二極體的逆向恢復時間是由少數載子透過二極體接面點而產生的，肖特基二極體則是由接面電容引起的。對於單晶片交換式電源，推薦使用逆向恢復時間極短的肖特基二極體，或者超快恢復二極體作為輸出整流二極體。不得使用普通低速整流二極體，因為後者不僅使得高頻損耗增大、效率降低，還會造成整流二極體的熱崩潰。

實際連續模式的工作波形如圖 5.1.4 所示。在階段 1，TOPSwitch 開始導通時次級繞組仍有電流通過，這說明在導通瞬間，$U_{DS} = U_I + U_{OR}$，而不是 $U_{DS} = 0$。其結果是 TOPSwitch 導通功率消耗比不連續模式要高一些。這是由於在分佈電容 C_D 上還儲存額外能量的緣故。此外，在次級繞組輸出關斷之前，還必須對次級繞組漏感 L_{S0} 充電，致使

在 I_S 增大、I_{PRI} 減小過程中又產生了電流交叉現象。一旦 L_{S0} 被充好電，輸出整流二極體就被逆向偏置而截止，使次級繞組電流 I_S 變為零，而 I_S 的這一變化又感應到初級繞組，導致初級繞組電流波形的前沿出現了一個逆向恢復電流峰值(尖峰電流)。該尖峰電流使初

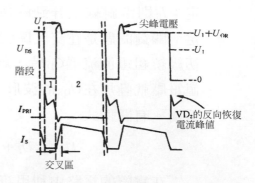

圖 5.1.4　實際連續模式的工作波形

級繞組電流瞬間突然增大，很容易造成內部過流保護電路產生誤動作。為此，TOPSwitch內部專門設計了前沿閉鎖電路。其作用就是在 TOPSwitch剛導通時將過流比較器輸出的上升緣封鎖180ns的時間，以便能躲過尖峰電流，防止造成誤觸發。

在 TOPSwitch 的關斷期間，也不存在階段 3，只有階段 2。在關斷的瞬間受漏感 L_{P0} 和 L_{S0} 的影響，初級繞組電流和次級繞組電流也會形成一個交叉區，這使得 U_{DS} 上升到 $(U_I + U_{OR})$。但與不連續模式所不同的是，感應電壓 U_{OR} 將一直存在到 TOPSwitch 再次導通為止，所以不存在 U_{OR} 降到零後的時間間隔(即階段 3)。

5.2　單晶片交換式電源保護電路的設計

為使單晶片交換式電源能夠長期穩定、安全可靠地工作，必須設計各種類型的保護電路，避免因電路出現故障、使用不當或環境條件發生變化而損壞交換式電源。

5.2.1　保護電路的分類

單晶片交換式電源的保護電路可分成兩大類。第一類是晶片內部的保護電路，例如 TOPSwitch 系列中的過電流保護電路、過熱保護電路、關斷/自動重啓動電路、前沿閉鎖電路。此外，TOPSwitch-FX 系列還增加了欠電壓保護、過電壓保護、軟啓動等保護電路。第二類是外部保護電路，主要包括過電流保護裝置(保險絲、自恢復保險絲、熔斷電阻器)、電磁干擾(EMI)濾波器、啓動

限流保護電路、汲極箝位保護電路(或 R、C、VD 吸收電路)、輸出過電壓保護電路、輸入欠電壓保護電路、軟啓動電路、散熱裝置。單晶片交換式電源保護電路的分類及保護功能，詳見表 5.2。其中，內部保護電路是由晶片廠家設計的，外部保護電路則由使用者自行設計。下面僅介紹輸出過電壓保護電路、輸入欠電壓保護電路和軟啓動電路的設計。

表 5.2　保護電路的分類及保護功能

類型	保護電路名稱	保護功能
內部保護電路	過電流保護電路	限定功率切換電晶體的極限電流I_{LIMIT}
	過熱保護電路	當晶片溫度超過最高接面溫度時就關斷輸出級
	關斷/自動重啓動電路	一旦調節失控，能重新啓動電路，使交換式電源恢復正常工作
	欠電壓鎖定電路	在正常輸出之前，使晶片做好準備工作
	可程式狀態控制器	用手動控制、微控制器(MCU)操作、數位電路控制、禁止操作等方式，實現工作狀態與備用狀態的互相轉換
外部保護電路	過電流保護裝置(如保險絲、自恢復保險絲、熔斷電阻器)	當輸入電流超過規定值時切斷輸入電路
	EMI 濾波器	濾除交換式電源所產生的以及從電路引入的電磁干擾
	啓動限流保護電路	利用軟啓動功率元件限制輸入濾波電容的瞬間充電電流
	汲極箝位保護電路	吸收由漏感產生的尖峰電壓，對 UDS 進行箝位，保護功率切換電晶體
	輸出過電壓保護電路	利用晶閘管(SCR)、雙向觸發二極體(DIAC)或穩壓二極體限制輸出電壓
	輸入欠電壓保護電路	利用光耦合器或回授繞組進行回授控制，實現在輸入電壓過低時的欠電壓保護
	軟啓動電路	剛通電時利用軟啓動電容使輸出電壓平滑地升高
	散熱器(含散熱片)	給晶片和輸出整流二極體加裝合適的散熱器，防止過熱損壞

5.2.2　輸出過電壓保護電路的設計

1.　由分立式電晶體構成的輸出過電壓保護電路

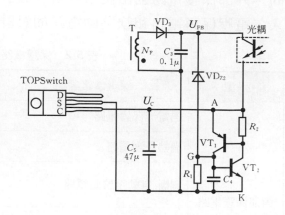

電路如圖 5.2.1 所示。這裏是用兩隻 PNP 和 NPN 型電晶體 VT_1、VT_2，來構成分立式 SCR 電路，其三個電極分別為陽極 A、陰極 K、閘極(又稱控制極) G。回授電壓 U_{FB} 經穩壓二極體 VD_{Z2} 和電阻 R_1 分壓後提供閘極電壓 U_G。正常情況下 U_G 較低，SCR 關斷。當次級出現過電壓時，$U_O \uparrow \rightarrow U_{FB} \uparrow \rightarrow U_G \uparrow$，就觸發 SCR 並使之導通，進而使控

圖 5.2.1　由分立式電晶體構成的 SCR 輸出過電壓保護電路

制端電壓 U_C 變成低電位，將 TOPSwitch 關斷，產生了保護作用。穩壓二極體 VD_{Z2} 的穩定電壓與 VT_2 的射極接面電壓之和等於($U_{Z2} + U_{BE2}$)，當 $U_{FB} > U_{Z2} + U_{BE2}$ 時，就進行過電壓保護。

2.　由雙向觸發二極體構成的輸出過電壓保護電路

雙向觸發二極體亦稱兩端交流元件(DIAC)，其結構及特性如圖 5.2.2 所示。它屬於具有對稱性的兩端元件，可等效於基極開路、射極與集極完全對稱的 NPN 電晶體。由於正、逆向伏安特性完全對稱，當 DIAC 兩端電壓 U 小於順向轉折電壓 $U_{(BO)}$ 時，元件呈高阻態；當 $U > U_{(BO)}$ 時 DIAC 就導通。同理，當 U 超過逆向轉折電壓 $U_{(BR)}$ 時，DIAC 也能導通。正、逆向轉折電壓的對稱性可用 $\Delta U_{(B)}$ 表示，一般要求 $\Delta U_{(B)} = U_{(BO)} - U_{(BR)} < 2V$。因為雙向觸發二極體的結構簡單，價格低廉，所以常用來構成過電壓保護電路，並適合於觸發雙向閘流體(TRIAC)。

由雙向觸發二極體構成的輸出過電壓保護電路如圖 5.2.3 所示。一旦輸出過電壓，使 U_{FB} 超過了 DIAC 的轉折電壓時，DIAC 就導通，對光敏電晶體的 U_{CE} 電壓進行箝位，使 U_C 降低，TOPSwitch 被關斷。圖中使用一隻 MBS4991 型雙向觸發二極體，其正、反向轉折電壓均為 10V，最大導通電流為 2A，功率消耗為 0.5W。R 為限流電阻。

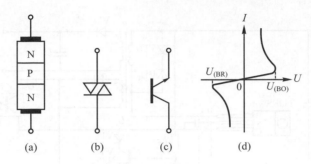

(a)結構；(b)符號；(c)等效電路；(d)伏安特性

圖 5.2.2　雙向觸發二極體的結構及特性

3.　由穩壓二極體構成的輸出過壓保護電路電路

如圖 5.2.4 所示。這裏使用一隻 1N5231B 型 5.1V、20mA 的穩壓二極體來限制輸出電壓值。當光敏電晶體損壞或次級繞組開路時，也能產生保護作用。1N5231B 可用穩壓二極體 2CW340 代替。

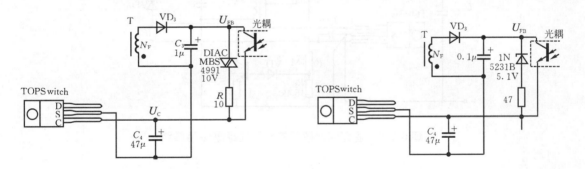

圖 5.2.3　由 DIAC 構成的輸出過電壓保護電路　圖 5.2.4　由穩壓二極體構成的輸出過電壓保護電路

5.2.3　輸入欠電壓保護電路的設計

1.　專配光耦合器的輸入欠電壓保護電路

適配光耦合器的輸入欠電壓保護電路如圖 5.2.5 所示。當直流輸入電壓 U_I 低於下限值時，經 R_1、R_2 分壓後使 VT 的基極對地電壓 $U_B \leq 4.4V$，於是 VT 和 VD$_4$ 均導通，迫使 $U_C < 5.7V$，立即將 TOPSwitch 關斷。設 VT 的射極接面電壓 $U_{BE} = 0.65V$，VD$_4$ 的導通壓降 $U_{F4} = 0.65V$，晶片正常工作時 U_C 的下限電壓為 5.7V。顯然，當 VT 和 VD$_4$ 導通時，基極電壓 $U_B = U_C - U_{BE} - U_{F4} = 5.7V - 0.65V - 0.65V = 4.4V$，因此可將 $U_B = 4.4V$ 作為 VT 的欠電壓臨界值。有公式

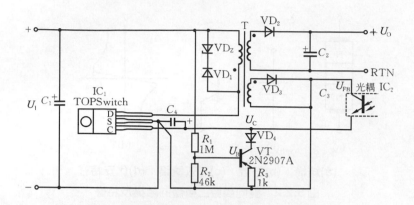

圖 5.2.5　適配光耦合器的輸入欠電壓保護電路

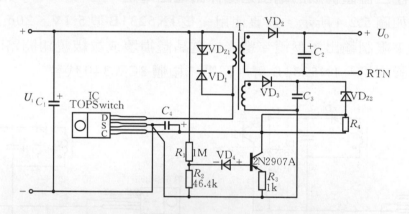

圖 5.2.6　適配回授繞組的輸入欠電壓保護電路

$$U_B = \frac{U_I R_2}{R_1 + R_2} \tag{5.2.1}$$

$$R_2 = \frac{U_B}{U_I - U_B} \cdot R_1 \tag{5.2.2}$$

　　設欠電壓值 $U_I = 100V$，取 $R_1 = 1M\Omega$，再與 $U_B = 4.4V$ 一併代入式(5.2.2)中計算出 $R_2 = 46.0k\Omega$。爲降低保護電路的功率消耗，應將回授電壓 U_{FB} 設計成 12V。PNP 型電晶體 2N2907A 亦可用 JE9015 代替。

　　若交流電壓 u 突然發生斷電，U_I 就隨 C_1 的放電而衰減，使 U_O 降低，一旦 U_O 降到自動穩壓範圍之外，C_4 開始放電，同樣可將 TOPSwitch 關斷。

2.　適配回授繞組的輸入欠電壓保護電路

　　電路如圖 5.2.6 所示。當 U_I 欠電壓時，電晶體 VT 導通，U_C 呈低電位而將 TOPSwitch 關斷。當 U_I 又恢復正常時，VD₄ 和 VT 均截止，TOPSwitch

轉入正常工作。該電路還能防止 TOPSwitch 的誤啓動，僅當 U_1 高於欠電壓值時才允許重新啓動。VD_4 能限制 VT 的逆向射極接面電壓不至於過高。同樣，當交流電源突然斷電時，該電路也能產生保護作用。

5.2.4　軟啓動電路的設計

1.　光耦合回授式軟啓動電路

增加軟啓動電容 C_{SS} 可消除通電瞬間對電路造成的衝擊，使輸出電壓平滑地升高。兩種光耦回授式軟啓動單元電路分別如圖 5.2.7(a)、(b) 所示。(a)圖是給配穩壓二極體的光耦合回授電路增加軟啓動電容。(b)圖是給精密光耦回授電路增加軟啓動電容。C_{SS} 可限制光耦合器中 LED 導通時的尖峰電流，進而限制了工作週期。正常工作時 CSS 不產生作用，斷電後 C_{SS} 經 R_2 放電。軟啓動電容可採用 $4.7 \sim 47\mu F$ 的電解電容器。

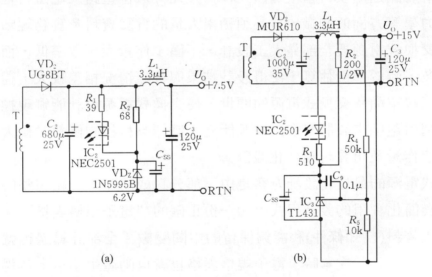

(a)普通光耦合回授電路；(b)精密光合耦回授電路

圖 5.2.7　兩種光耦合回授式軟啓動電路

2.　基本回授式軟啓動電路

利用軟啓動電容可消除基本回授式單晶片交換式電源中的開啓尖峰電壓，單元電路如圖 5.2.8 所示。當 TOPSwitch 瞬間導通時，軟啓動電容 C_{SS} 可增大控制端電流 I_C，從而限制了工作週期，使輸出電壓趨於穩定。關閉電源時 C_{SS} 就透過電阻 R_D 放電。

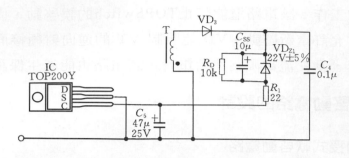

圖 5.2.8 基本回授式軟啓動電路

5.3 利用電腦設計三端單晶片交換式電源的程式流程圖

設計高性價比的交換式電源，所涉及的知識面很廣。設計人員不僅要掌握 TOPSwitch(含 TOPSwitch-II，下同)系列單晶片交換式電源的工作原理與應用電路，瞭解有關通用及特種半導體元件、類比與數位電路、電磁特性、電磁相容性、熱力學等方面的知識，還必須積累大量的實驗資料及實務經驗。按照傳統方法，交換式電源要全部靠人工設計，不僅工作量大、效率低，而且因設計時的變數多，難於準確估算，使得設計結果與實際情況相差較大，還需多次反覆修正。三端單晶片交換式電源的問世，使交換式電源設計能實現標準化與規範化。而利用電腦來設計交換式電源能充分發揮高科技的優勢，極大地減輕設計人員的工作量並可實現最佳化設計。

交換式電源的最佳化設計方案是由三部分封成的：①一組完整的程式流程圖；②一套簡化實用的設計程式；③一份正確的"電子規格表格"。表中的資訊包括輸入資料(已知條件)和能夠保留的中間變數。全部計算過程就是由電腦進行資料處理。設計完畢時，電子規格表格也就自動產生了。上述過程可用程式流程圖表示出來。

由 TOPSwitch 構成交換式電源的基本電路如圖 5.3.1 所示。下面就以該電路爲例，介紹用電腦設計交換式電源時的全部程式流程圖，詳見圖 5.3.2～圖 5.3.4。現將整個設計過程分成 4 個階段，共 35 個步驟(詳見 5.4 節)：

1. 步驟 1～步驟 2：確定總體設計方案，選擇回授電路類型。

2. 步驟 3～步驟 11：選擇 TOPSwitch 晶片。爲降低成本，要求晶片既能滿足輸出功率的指標，又不留出過多餘量。

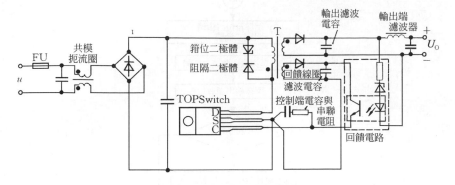

圖 5.3.1　交換式電源的基本電路

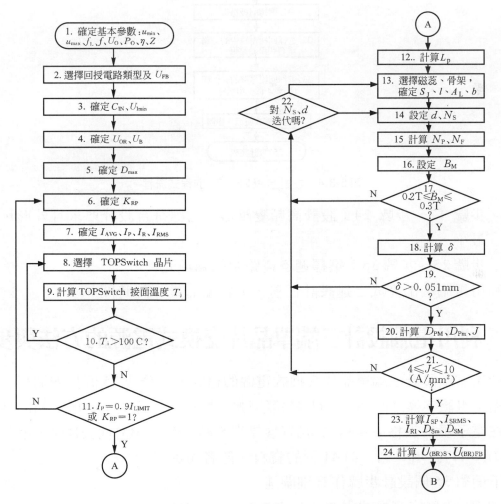

圖 5.3.2　設計步驟 1～11 的程式流程圖　　圖 5.3.3　設計步驟 12～24 的程式流程圖

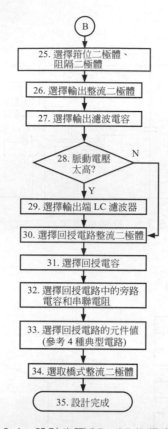

圖 5.3.4 設計步驟 25～35 的程式流程

3. 步驟 12～步驟 24：設計高頻變壓器。它應符合設計要求且外形尺寸為最小。

4. 步驟 25～步驟 35：選擇週邊電路中的關鍵元件。

利用電腦全部完成上述設計任務，大約僅需幾分鐘時間。

5.4 利用電腦設計三端單晶片交換式電源的方法與步驟

利用電腦設計三端單晶片交換式電源的程式，可分成 35 個步驟進行。下文中右端用黑體字標註的**(B3)**、**(D41)**等符號，均指同一行文字中所介紹的參數、資料在電子規格表格中單格的位置(參見表 5.8)。例如**(B3)**代表 B 列、第三行的資料；**(D41)**表示 D 列、第 41 行的資料，餘者類推。

下面對 35 個設計步驟作詳細闡述。

[步驟 1] 確定交換式電源的基本參數

① 交流輸入電壓最小值$u_{\min}$(見表 5.4.1) **(B3)**

② 交流輸入電壓最大值$u_{\max}$(見表 5.4.1) **(B4)**

③ 電路頻率f_L：50Hz 或 60Hz **(B5)**

④ 切換頻率f：100kHz **(B6)**

⑤ 輸出電壓U_O(V)：(已知) **(B7)**

⑥ 輸出功率P_O(W)：(已知) **(B8)**

⑦ 電源效率η：一般取 80％，除非有更好的資料可用。 **(B9)**

⑧ 損耗分配係數Z：Z代表次級損耗與總功率消耗的比值。在極端情況下，$Z=0$表示全部損耗發生在初級，$Z=1$則表示全部損耗發生在次級。若無更合適的資料，一般取$Z=0.5$。 **(B10)**

表 5.4.1　根據交流輸入電壓範圍確定$u_{\min}$、$u_{\max}$值

交流輸入電壓u/V	$u_{\min}$/V	$u_{\max}$/V
固定輸入：100/115	85	132
通用輸入：85～265	85	265
固定輸入：230±35	195	265

[步驟 2]根據輸出要求，選擇回授電路的類型以及回授電壓U_{FB}
詳見表 5.4.2。

表 5.4.2　回授電路的類型及U_{FB}的參數值

回授電路類型	U_{FB}/V	U_O的準確度/(%)	S_V/(%)	S_I/(%)
基本回授電路	5.7	±10	±1.5	±5
改進型基本回授電路	27.7	±5	±1.5	±2.5
配穩壓二極體的光耦合回授電路	12	±5	±0.5	±1
配 TL431 的光耦合回授電路	12	±1	±0.2	±0.2

從 4 種回授電路中選擇一種合適的電路，並確定回授電壓U_{FB}值。 **(B11)**

[步驟 3]根據u、P_O值來確定輸入濾波電容C_{IN}、直流輸入電壓最小值U_{Imin}

① 令橋式整流二極體的導通時間$t_c=3$ms。 **(B12)**

②　根據u，從表 5.4.3 中查出C_{IN}值。　　　　　　　　　　　**(B13)**

③　得到U_{Imin}值。　　　　　　　　　　　　　　　　　　　　**(D33)**

表 5.4.3　確定C_{IN}、U_{Imin}值

u/V	P_O/W	比例係數/$(\mu F/W)$	$C_{IN}/\mu F$	U_{Imin}/V
固定輸入：100/115	已知	2～3	$(2\sim3)\cdot P_O$值	≥ 90
通用輸入：85～265	已知	2～3	$(2\sim3)\cdot P_O$值	≥ 90
固定輸入：230±35	已知	1	P_O值	≥ 240

[步驟 4]根據u，確定U_{OR}、U_B值

①　根據u從表 5.4.4 中查出U_{OR}、U_B值。　　　　　　　　**(B16)**

②　在第 25 步驟將用到U_B值來選擇暫態電壓抑制器(TVS)。

表 5.4.4　確定U_{OR}、U_B值

u/V	初級感應電壓U_{OR}/V	箝位二極體逆向崩潰電壓U_B/V
固定輸入：100/115	60	90
通用輸入：85～265	135	200
固定輸入：230±35	135	200

③　當 TOPSwitch 關斷且次級電路處於導通狀態時，次級電壓會感應到初級上。感應電壓U_{OR}就與U_I相疊加後，加至內部功率切換電晶體(MOSFET)的汲極上。與此同時，初級漏感也釋放能量，並在汲極上產生尖峰電壓U_L。由於上述不利情況同時出現，極易損壞晶片，因此須給初級增加箝位保護電路。利用 TVS 元件來吸收尖峰電壓的瞬間能量，使上述三種電壓之和$(U_I + U_{OR} + U_L)$低於 MOSFET 的汲-源崩潰電壓$U_{(BR)DS}$值(此值與 TOPSwitch 型號有關，為 700V 或 350V)。

[步驟 5]根據U_{Imin}和U_{OR}來確定最大工作週期D_{max}

D_{max}的計算公式為

$$D_{max} = \frac{U_{OR}}{U_{OR} + U_{Imin} - U_{DS(ON)}} \cdot 100 \%$$　　　　(5.4.1)

① 設定 MOSFET 的汲-源導通電壓 $U_{DS(ON)}$。 **(B17)**

② 應在 $u = u_{\min}$ 時確定 $D_{\max}$ 值。 **(D37)**

若將 $U_{OR} = 135V$、$U_{Imin} = 90V$、$U_{DS(ON)} = 10V$ 一併代入式(5.4.1)中，即可求出 $D_{\max} = 64.3\%$，這與典型值 67 % 已很接近。$D_{\max}$值隨u的升高而減小，例如當 $u = u_{\max} = 265V$ 時，$D_{\max}$就減至 34.6 %。

[步驟6]確定初級漣波電流I_R與初級峰值電流I_P的比值K_{RP}定義比例係數

$$K_{RP} = I_R / I_P \tag{5.4.2}$$

① 當u確定之後，K_{RP}有一取值範圍。在 110V/115V 或寬範圍電壓輸入時，可選$K_{RP} = 0.4$，當 230V 輸入時，取$K_{RP} = 0.6$。

② 在整個迭代過程中，可適當增大K_{RP}值，但不得超過表 5.4.5 中規定的最大值。

表 5.4.5　根據u來確定K_{RP}

u/V	K_{RP}	
	最小值(連續模式)	最大值(不連續模式)
固定輸入：100/115	0.4	1.0
通用輸入：85～265	0.4	1.0
固定輸入：230+35	0.6	1.0

[步驟7]確定初級波形的參數

計算下列參數(電流單位均取 A)：

① 輸入電流的平均值I_{AVG} **(D38)**

$$I_{AVG} = \frac{P_O}{\eta V_{Imin}} \tag{5.4.3}$$

② 初級峰值電流I_P **(D39)**

$$I_P = \frac{I_{AVG}}{(1 - 0.5K_{RP}) \cdot D_{\max}} \tag{5.4.4}$$

③ 初級脈動電流I_R[式(5.4.2)] **(D40)**

④ 初級有效值電流I_{RMS} **(D41)**

$$I_{\text{RMS}} = I_P \cdot \sqrt{D_{\max}\left(\frac{K_{\text{RP}}^2}{3} - K_{\text{RP}} + 1\right)} \tag{5.4.5}$$

[步驟 8]根據電子規格表格和所需 I_P 值，選擇 TOPSwitch 晶片

① 電子規格表格詳見表 5.8。

② 考慮到電流熱效應會使在 25℃ 下定義的極限電流值降低約 10 %，所選晶片的極限電流最小值 $I_{\text{LIMIT(min)}}$ 應滿足下述條件：

$$0.9 I_{\text{LIMIT(min)}} \geq I_P \tag{5.4.6}$$

③ 若晶片散熱不良，可選功率稍大些的晶片。

[步驟 9 和步驟 10]計算晶片的接面溫度 T_j

① 按下式計算接面溫度：

$$T_j = [I_{\text{RMS}}^2 \cdot R_{\text{DS(ON)}} + \frac{1}{2} C_{\text{XT}} \cdot (U_{\text{Imax}} + U_{\text{OR}})^2 f] \cdot R_{\theta A} + 25℃ \tag{5.4.7}$$

式中，C_{XT} 是汲極電路接面點的等效電容，即高頻變壓器初級繞組的分佈電容。公式中括弧內第二項 $\frac{1}{2} C_{\text{XT}} \cdot (U_{\text{Imax}} + U_{\text{OR}})^2 f$，代表當交流輸入電壓較高時，由於 C_{XT} 在每個開關週期開始時洩放電荷而引起的切換損耗，可用 P_{CXT} 來表示。

② 計算過程中若發現 $T_j > 100℃$，應選擇功率較大的 TOPSwitch 晶片。

[步驟 11]驗算 I_P

公式為

$$I_P = 0.9 I_{\text{LIMIT(min)}} \tag{5.4.8}$$

① 輸入新的 K_{RP} 值且從最小值開始迭代，直到 $K_{\text{RP}} = 1.0$。 **(B20)**

② 檢查 I_P 值是否符合要求。 **(D39)**

③ 迭代 $K_{\text{RP}} = 1.0$ 或 $I_P = 0.9 I_{\text{LIMIT(min)}}$

[步驟 12]計算高頻變壓器的初級電感量 L_P **(D44)**

有關高頻變壓器的計算公式詳見 5.9 節(下同)。

[步驟 13]選擇高頻變壓器所使用的鐵心和骨架，並從產品目錄中查出下列參數：

① 鐵心有效橫截面積 S_J (cm²)，即有效磁通面積。 **(B24)**

②　鐵心的有效磁路長度l (cm)。　**(B25)**

③　鐵心在不留間隙時與匝數相關的等效電感A_L(μH/匝^2)　**(B26)**

④　骨架寬度b(mm)。　**(B27)**

　　大陸製 E 型鐵心的尺寸規格、鐵心型號與輸出功率的關係詳見 7.6 節。在同樣情況下，採用三重絕緣線來代替普通漆包線，可減小鐵心尺寸，提高絕緣性，各繞組之間也不需要加絕緣層。

[步驟 14]為初級層數d和次級繞組匝數N_S賦值，並進行計算

①　開始時取$d = 2$(在整個迭代過程中應使 $1.0 \leq d \leq 2.0$)。　**(B29)**

②　開始時取$N_S = 1$(100V/115V交流輸入)，或$N_S = 0.6$(230V 或寬範圍交流電壓輸入)。　**(B30)**

③　在使用公式計算時可能需要迭代。

[步驟 15]計算初級繞組匝數N_P和回授繞組匝數N_F

首先令矽P_N接面二極體的順向壓降為 0.7V，肖特基二極體為 0.4V。

①　設定輸出整流二極體的順向壓降U_{F1}。　**(B18)**

②　設定回授電路整流二極體的順向壓降U_{F2}。　**(B19)**

③　計算N_P。　**(D45)**

④　計算N_F。　**(D46)**

[步驟 16～步驟 22]設定最大磁通密度B_M、初級繞組的電流密度J、鐵心的氣隙寬度δ，進行迭代，一直到滿足給定範圍(必要時可改變初級層數d及N_S值或更換鐵心、骨架)

①　設置安全邊距M，在 230V 交流輸入或寬範圍輸入時取$M = 3$mm，在 110V/115V 交流輸入時$M = 1.5$mm。使用三重絕緣線時$M = 0$。**(B28)**

②　最大磁通密度$B_M = 0.2 \sim 0.3$T。　**(D48)**

③　鐵心氣隙寬度$\delta \geq 0.051$mm。　**(D51)**

④　初級繞組的電流密度$J = (4 \sim 10)$A/mm^2。　**(D58)**

⑤　按照表 5.4.6 所示，透過改變d、N_S、鐵心尺寸，來調整B_M、δ、J值，使之符合要求。

⑥　確定初級導線最小直徑(裸線)D_{Pm}(mm)。　**(D55)**

⑦　確定初級導線最大外徑(帶絕緣層)D_{PM}(mm)。　**(D53)**

表 5.4.6　參數調整

	B_M/T	δ/mm	J/(A/mm²)	備註
層數d	↑	—	—	↑	(B29)
次級匝數N_S	↑	↓	↑	↓	(B30)
鐵心尺寸	↑	↓	↑	↑	(B24～B27)

　　國內外漆包線的規格詳見 7.8 節。中國採用公制線規，國外線規主要有美制線規(AWG)、英制線規(SWG)。

[步驟 23]確定次級參數I_{SP}、I_{SRMS}、I_{RI}、D_{Sm}、D_{SM}

① 次級峰值電流I_{SP}(A)   **(D61)**

$$I_{SP} = I_P \cdot \frac{N_P}{N_S} \tag{5.4.9}$$

② 次級有效值電流I_{SRMS}(A)   **(D62)**

$$I_{SRMS} = I_{SP} \cdot \sqrt{(1 - D_{max}) \cdot \left(\frac{K_{RP}^2}{3} - K_{RP} + 1 \right)} \tag{5.4.10}$$

③ 輸出濾波電容上的漣波電流I_{RI}(A)   **(D64)**

$$I_{RI} = \sqrt{I_{SRMS}^2 - I_O^2} \tag{5.4.11}$$

④ 次級導線最小直徑(裸線)D_{Sm}(mm)   **(D68)**

$$D_{Sm} = 1.13 \sqrt{\frac{I_{SRMS}}{J}} \tag{5.4.12}$$

⑤ 次級導線最大外徑(帶絕緣層)D_{SM}(mm)   **(D69)**

$$D_{SM} = \frac{b - 2M}{N_S} \tag{5.4.13}$$

[步驟 24]確定$U_{(BR)S}$、$U_{(BR)FB}$

① 次級整流二極體最大反峰值電壓$U_{(BR)S}$ **(D74)**

$$U_{(BR)S} = U_O + U_{(Imax)} \cdot N_S/N_P \tag{5.4.14}$$

② 回授級整流二極體最大反峰值電壓$U_{(BR)FB}$ **(D75)**

$$U_{(BR)FB} = U_{FB} + U_{Imax} \cdot N_F / N_P \tag{5.4.15}$$

[步驟 25]選擇箝位二極體和阻隔二極體

參見表 5.4.7。對於低功率的 TOP200、TOP201、TOP210 型單晶片交換式電源，可選 $U_B = 180V$ 的暫態電壓抑制器。有關暫態電壓抑制器(TVS)和超快恢復二極體(SRD)的工作原理、選取原則和產品型號，參見 7.2 節和 7.3 節。

表 5.4.7　選擇箝位二極體與阻隔二極體

u/V	箝位電壓U_B/V	箝位二極體(TVS)	阻隔二極體(SRD)
100/115	90	P6KE91(91V/5W)	BYV26B(400V/1A)
85～265	200	P6KE200(200V/5W)	BYV26C(600V/1A)
230±35	200	P6KE200	BYV26C

[步驟 26]選擇輸出整流二極體(參見 7.3 節、7.4 節)

[步驟 27]利用步驟 23 得到的I_{RI}，選擇輸出濾波電容C_{OUT}

① 濾波電容C_{OUT}在 105℃、100kHz 時的漣波電流(Ripple Current)應 $\geq I_{RI}$。

② 要選擇等效串聯電阻很低的電解電容器。等效串聯電阻的英文縮寫為 ESR(Equivalent Series Resistance)，符號為r_0。它表示在電容器的等效電路中，與之相串聯的代表電容器損耗的等效電阻，簡稱串聯損耗電阻。輸出的漣波電壓U_{RI}出下式確定：

$$U_{RI} = I_{SP} \cdot r_0 \tag{5.4.16}$$

式中的I_{SP}由步驟 23 得到。

③ 為減小大電流輸出時的漣波電流I_{RI}，可將幾隻濾波電容並聯使用，以降低電容的r_0值和等效電感L_0。

④ C_{OUT}的容量與最大輸出電流I_{OM}有關。例如，當 $U_O = 5～24V$、$I_{OM} = 1A$ 時，C_{OUT}取 $330\mu F/35V$；$I_{OM} = 2A$ 時，C_{OUT}應取 $1000\mu F/35V$。

[步驟 28～步驟 29]當輸出端的漣波電壓超過規定值時，應再增加一級 LC 濾波器

① 濾波電感$L = 2.2～4.7\mu H$。當 $I_{OM} < 1A$ 時可採用由非晶合金磁性材料製成的磁珠；大電流時應選用磁環繞製而成的扼流圈。

②　為減小L上的壓降，宜選較大些的濾波電感或增大線徑。通常可取$L$$=3.3\mu H$。

③　濾波電容C取$120\mu F/35V$，要求其r_0很小。

[步驟30]選擇回授電路中的整流二極體，見表5.4.8。表中的U_{RM}為整流二極體最高逆向工作電壓，$U_{(BR)FB}$是從步驟24得到的，要求

$$U_{RM} \geq 1.25 U_{(BR)FB} \tag{5.4.17}$$

表 5.4.8　選擇回授電路中的整流二極體

整流二極體類型	整流二極體型號	U_{RM}/V	生產廠家
玻璃封裝高速開關矽二極體	1N4148	75	大陸製
超快恢復二極體	BAV21	200	Philips 公司
	UF4003	200	GI 公司

[步驟31]選擇回授濾波電容

回授濾波電容應取$0.1\mu F/50V$陶瓷電容器。

[步驟32]選擇控制端電容及串聯電阻

控制端電容一般取$47\mu F/10V$，普通電解電容器即可。與之相串聯的電阻可選6.2Ω、$1/4W$，在不連續模式下可省掉此電阻。

[步驟33]按從表5.4.2選定的那種回授電路，選取元件值。

[步驟34]選擇輸入橋式整流二極體

①　整流橋的逆向崩潰電壓U_{BR}應滿足下式要求：

$$U_{BR} \geq 1.25\sqrt{2}u_{max} \tag{5.4.18}$$

式中的u_{max}值可從步驟1得到。

舉例說明，當交流輸入電壓範圍是$85\sim132V$時，$u_{max} = 132V$，由式(5.4.18)算出$U_{BR} = 233.3V$，可選耐壓 400V 的橋式整流二極體。對於寬範圍輸入交流電壓，$u_{max} = 265V$，同理求得$U_{BR} = 468.4V$，應選耐壓 600V 的橋式整流二極體。需要指出，假如用 4 只矽整流二極體來構成橋式整流，整流二極體的耐壓值還應進一步提高。例如可選1N4007(1A/1000V)、1N5408(3A/1000V)型的整流二極體。

這是因爲此類二極體的價格低廉，且按照耐壓值"寧高勿低"的原則，能提高橋式整流二極體的安全性與可靠性。

② 設輸入有效值電流爲I_{RMS}，橋式整流二極體額定的有效值電流爲I_{BR}，應當使$I_{BR} \geq 2I_{RMS}$。計算I_{RMS}的公式如下：

$$I_{RMS} = \frac{P_O}{\eta u_{min} \cos \phi} \qquad (5.4.19)$$

式中，$\cos \phi$爲交換式電源的功率因數，一般爲 $0.5 \sim 0.7$。若無更可信的資料，可選$\cos \phi = 0.5$。

[步驟35]設計完畢

最後需要說明幾點：

第一，有關光耦合器的產品型號及選取原則見 7.5 節。

第二，爲防止高頻變壓器產生磁飽和現象，在將兩個 E 型鐵心對接時，二者之間總共需留出大約 $0.2 \sim 0.4$mm 的間隙，空氣隙處可墊絕緣紙(如青殼紙)。

第三，歐美國家常用"圓密耳"(Circular Mil)作爲導線橫截面積的單位，並以"圓密耳/A"表示導線容量C_A的單位。因 1 密耳 $= 0.001$ 英吋 $= 0.0254$mm，故 1 圓密耳 $= \pi \times 0.0254$mm$^2/4 = 5.06 \times 10^{-4}$mm^2，即$1mm^2 = 1980$圓密耳。

在國際單位制中，則以電流密度 J(單位元是 A/mm^2)來表示導線在每平方毫米面積上所允許的電流值。電流密度 J 與電流容量C_A的換算公式爲

$$J = \frac{1980}{C_A} \qquad (5.4.20)$$

舉例說明，若已知導線的電流容量$C_A = 400$ 圓密耳/A，則其電流密度$J = 1980/400 \approx 5$A/mm^2，以此類推。

5.5　KDP Expert 2.0 專家系統的設計原理與使用指南

下面首先介紹KDP Expert 2.0 專家系統的主要特點，然後詳細闡述其軟體設計與維護，最後介紹使用方法及注意事項。

5.5.1　KDP Expert 2.0 軟體的主要特點

交換式電源的設計是多個變數的迭代過程，不斷地調整這些變數，最終可實現最佳化設計。爲了便於處理這些變數，我們採用了基於Windows互動式視

覺化整合開發環境的VB(Visual Basic 6.0)，開發出功能和通用性都很強的KDP Expert 2.0專家系統。該軟體全部採用中文介面，設計了8個常用的介面和2個元件庫(晶片庫與鐵心庫)，技術參數完全符合中國的國家標準和國際單位制。它具有類似於"傻瓜相機"的特點，使用起來非常方便，初學者只要輸入電源參數並選擇好TOPSwitch晶片和高頻變壓器鐵心等關鍵參數，即可將設計結果顯示出來。該軟體還能自動產生電路原理圖，儲存並列印電子規格表格以及電路原理圖。整個設計過程僅需幾分鐘即可完成。為使專業技術人員能夠獲得最佳性能準則，該軟體還提供了一套高階參數介面，包括回授參數選擇介面，輸出整流二極體選擇介面，回授輸出電壓介面以及變壓器高階參數介面。

　　介面的層次結構如圖5.5.1所示。下面按照介面的結構層次，詳細介紹KDP Expert 2.0專家系統的軟體設計和使用方法。

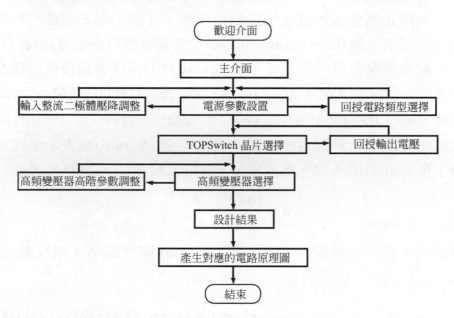

圖5.5.1　KDP Expert 2.0介面的結構層次

5.5.2　KDP Expert 2.0軟體的設計

1.　KDP Expert 2.0專家系統的歡迎介面

　　歡迎介面就是在程式啟動時，給使用者提供軟體名稱、版本序號及版權資訊的引導介面。該歡迎介面在啟動5秒鐘後自動關閉，正式呼叫主介面。KDP Expert 2.0專家系統的歡迎介面如圖5.5.2所示。

2. 主介面的設計

　　所謂主介面，就是KDP Expert 2.0執行之後在電腦視窗首先顯示的介面。利用該介面可對設計檔案完成初始設定，並可實現檔案的新建、開啓、儲存及另存新檔等功能，還可查閱版本及說明資訊、調整介面設置。同時，主介面也作爲軟體執行的總體背景環境。

圖 5.5.2　KDP Expert 2.0 專家系統的歡迎介面

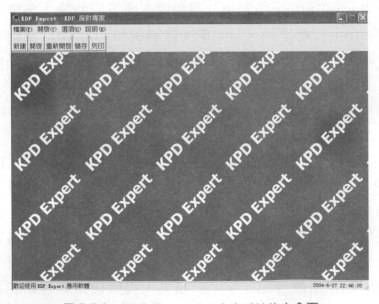

圖 5.5.3　KDP Expert 2.0 專家系統的主介面

功能表編輯器主要包括 5 部分：①檔案(&F)：新建(&N)，開啓(&O)，儲存(&S)，另存新檔(&A)，列印(&P)，當前設計，關閉當前設計(&C)，退出(&X)；②視圖(&V)：工具列(&T)，狀態列(&B)；③選項：根據各地電路電壓範圍定義地區(亞太地區、歐洲和美國)，確定 SI 單位。KDP Expert 2.0 專家系統的主介面如圖 5.5.3 所示。在開始使用KDP Expert2.0 時，將暫時不用的功能表或按鈕遮罩掉，可防止因使用者疏忽大意造成的不當操作，而影響軟體的正常使用。

3.　電源參數設置介面的設計

電源參數設置介面如圖 5.5.4 所示。該介面的左邊爲設置電源輸入參數的區域，右邊爲設置直流輸出參數的區域。設置交流輸入參數包括 3 個具有可以設定輸入範圍功能的 TextBox 控制項、3 個對應 TextBox 的 TrackBar 控制項和 3 個提供標準輸入數值的 RadioButton 控制項。在改變 TextBox 控制項的數值時，與其相對應的 TrackBar 控制項也隨著 TextBox 控制項數值的改變而改變本身的指標位置，二者保持一致。同樣，當改變 TrackBar 控制項指標位置時，相對應的 TextBox 控制項也將改變本身的顯示數值。這 3 個 RadioButton 控制項具有互斥性，即當某個 RadioButton 被選擇了，其他已被選擇的 RadioButton 選擇狀態將被取消，因此最多只能保持一個 RadioButton 被選擇的狀況。這樣可利用 3 個 RadioButton 控制項分別設置 3 種不同的輸入參數。當其中一個 RadioButton 被選擇時，TextBox 控制項和 TrackBar 控制項將依據被選擇的 RadioButton 來改變本身的數值或指標。例如，如果使用者選擇了標示"通用輸入"的RadioButton，那麼第一個TextBox控制項和TrackBar控制項就顯示 "85"，第二個 TextBox 控制項和 TrackBar 控制項就顯示 "265"。

設置直流輸出參數主要是由12個可設定輸入範圍的 TextBox 控制項、19 個可設定監測輸出範圍的TextBox控制項、2 個設定高階參數的 Button 控制項和 1 個 ComboBox 控制項組成的。

使用者輸入正確的輸出參數之後，軟體就自動計算相對應的結果並在對應的控制項中顯示出來。若計算結果超出了允許範圍，軟體就把超出範圍的結果用醒目的紅字顯示出來，提醒使用者有錯誤發生。

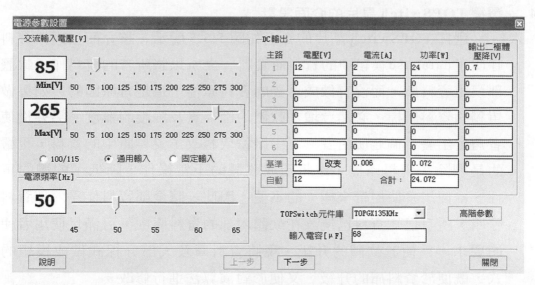

圖 5.5.4　電源參數設置介面

　　介面中的ComboBox控制項列出了軟體表現階段支援的TOPSwitch產品庫名稱，依次為TOPSwitch-GX(135kHz)、TOPSwitch-GX(65kHz)、TOPSwitch-FX(135kHz)、TOPSwitch-FX(65kHz)和　TOPSwitch-II。使用者可自行選擇。只有在使用者選擇了TOPSwitch產品庫名稱並且至少填入一路直流輸出參數的情況下，介面中"下一步"按鈕才被啟動，否則軟體不允許進入下一步，這樣可防止因使用者疏忽大意而造成軟體的不當操作。

　　電源參數設置介面的主要控制項及其功能如下：

Combo 屬性：

List：　　　TOP22×

　　　　　　TOPFX23×(切換頻率選 135kHz)

　　　　　　TOPFX23×(切換頻率選 65kHz)

　　　　　　TOPGX24×(切換頻率選 135kHz)

　　　　　　TOPGX24×(切換頻率選 65kHz)

　　按"下一步"按鈕或"高階參數"按鈕都會呼叫一個新的介面。在Windows操作環境下允許在同一桌面中顯示多個介面，按滑鼠後的介面即為當前介面。

4. 選擇 **TOPSwitch** 晶片的介面設計

選擇 TOPSwitch 晶片的介面如圖 5.5.5 所示。該介面在選擇資料時呼叫了database模組中的資料庫資料。之所以將所有的資料作爲軟體內部模組資料庫，而沒有做成單獨的資料庫檔，這是有原因的。如果做成單獨的資料庫檔，必然會增加軟體的儲存量及維護的難度。另外從使用者角度出發，倘若使用者無意中刪除或修改了資料庫中的資料，更嚴重的是刪除了資料庫檔，這將造成軟體的不當操作，降低了軟體的可靠性，給使用者使用帶來極大的不便。因此，將全部資料作爲內部資料來呼叫，所有已知資料已燒錄在軟體內部的資料庫中，可滿足使用者使用的要求。爲便於軟體的升級，現將資料庫及大部分程式做成模組的形式，既便於資料庫的升級，又便於對演算法進行修改。

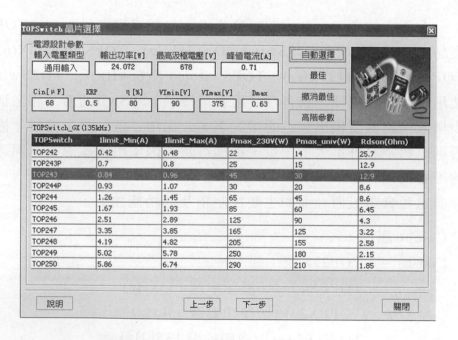

圖 5.5.5 選擇 TOPSwitch 晶片的介面

在 TOP22X.xls 庫存檔案中包含 5 個電子規格表格。表 5.5.1 僅列出 TOPSwitch-GX 庫(切換頻率選 135kHz)的內容。

表 5.5.1 TOPSwitch-GX 庫(切換頻率選 135kHz)

型號	$I_{LIMIT(min)}$/A	$I_{LIMIT(max)}$/A	230V 輸入：P_{max}/W	寬範圍輸入：P_{max}/W
TOP242Y	0.42	0.48	22	14
TOP243P/G	0.7	0.8	25	15
TOP244P/G	0.93	1.07	30	20
TOP243Y	0.84	0.96	45	30
TOP244Y	1.26	1.45	65	45
TOP245Y	1.67	1.93	85	60
TOP246Y	2.51	2.89	125	90
TOP247Y	3.35	3.85	165	125
TOP248Y	4.19	4.82	205	155
TOP249Y	5.02	5.78	250	180
TOP250Y	5.86	6.74	290	210

TOPSwitch 晶片的選擇是透過軟體自動完成的，程式流程如圖 5.5.6 所示。被程式自動選中的晶片在軟體中用深底色的字來與其他晶片加以區分。如果未找到合適的晶片，軟體將會彈出提示框，提醒使用者沒有合適的晶片供選擇，此時將選中這個 TOPSwitch 庫中的第一個晶片，並將計算結果填入相對應的 TextBox 控制項中。

如果使用者認為選擇的晶片不合適，也可以手動選擇晶片，同樣會在介面中將用深底色來顯示被使用者選擇的晶片，並將相關計算結果填入相對應的 TextBox 控制項中，若超出合法範圍，則用醒目的紅字加以提示。

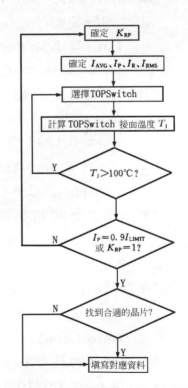

圖 5.5.6 TOPSwitch 選擇流程圖

自動選擇 TOPSwitch 晶片的功能是透過下述程式來實現的：

```
Private Sub Grid1_GotFocus()
    Dim K_RP
    Dim i
    Dim I_P1
    Dim Tj
    Dim I_RMS
    Dim Pcxt
    If Val(Text11.Text)= 1 Then Goto Loop99
'根據輸入交流電壓類型來選擇 K_RP 的初始值
    If Form2.Option3.Value = True Then Goto Loop2
Loop1 K_RP = 0.4
Goto Loop3
Loop2 K_RP = 0.6
Loop3 If K_RP >= 1 Then Goto Loop10
'設定迴圈範圍
    For i = 1 To Form5.Grid1.Rows-2
    Grid1.Row = iGrid1.Col = 5
'計算接面溫度 Tj 值
    I_RMS = Text5.Text * Sqr(Text3.Text *(K_RP ^ 2/ 3 − K_RP + 1))
    P_cxt = 0.1245 *(Text7.Text + Form6.Text3.Text) ^ 2/ 1000000 _
         * Form6.Text2.Text/1000000
    Tj = (I_RMS ^ 2 * Grid1.Text + P_cxt) * 20
'判斷接面溫度 Tj 是否符合要求，若不符合則重新選擇晶片
    If T_j < 140 Then Goto Loop4
    Next i
'在當前 K_RP 值下若找不到合適的晶片，則對 K_RP 進行迭代
    K_RP = K_RP + 0.05
    Goto Loop3
'找到合適的晶片後檢查是否超出電流極限
Loop4 I_P1 = Text10.Text/(1-0.5 * K_RP)/Text3.Text _
      / 0.8/ Text8.Text
```

```
Grid1.Col = 1
Grid1.Row = i
If Val(0.9 * Grid1.Text)＜I_P1 Then
Else: Goto Loop12
End If
Loop8 K_RP = K_RP + 0.05
Loop9 Goto Loop3
Loop10 MsgBox 提示"未找到合適晶片，請手動選擇或修改基本參數！"
Loop11 Goto Loop99
'設定游標所在位置，將相關參數填入相對應的文字框
Loop12 Grid1.Row = i
Loop13 Text11.Text = 1
Loop14 Text4.Text = K_RP
Loop99 End Sub
```

5. 鐵心選擇介面的設計

　　高頻變壓器鐵心選擇介面如圖 5.5.7 所示。除鐵心選擇的演算法與 TOPSwitch晶片選擇的演算法不同之外，其他設計部分二者非常相似，不再贅述。該選擇介面中呼叫的資料同樣是來自軟體內部的資料庫 database 模組。其中，設有安全邊距的鐵心資料庫見表 5.5.2。

表 5.5.2　設有安全邊距的鐵心庫

鐵心型號	主要技術參數					
	P_{max}/W	S_J/mm²	l/cm	A_L/(μH/匝²)	b/mm	$S^{①}$/mm²
E16/8/5(EF-16)M	3.5	0.201	3.76	0.95	10	22.3
E20/10/6(EF-20)M	12.4	0.321	4.63	1.3	12.5	41.2
E25/13/7(EF-25)M	30.2	0.525	5.75	1.75	15.3	61
E30/15/7M	62.7	0.6	6.7	1.7	17.3	90
ETD29/16/10M	81.8	0.76	7.04	2.1	19.4	97
E32/16/9(EF32)M	95.1	0.83	7.4	1.77	20.1	108.5
ETD34/17/11M	116	0.971	7.86	2.45	20.9	122

表 5.5.2　設有安全邊距的鐵心庫(續)

鐵心型號	主要技術參數					
	P_{max}/W	S_J/mm²	l/cm	A_L/(μH/匝²)	b/mm	S①/mm²
E36/18/11M	135	1.2	8.1	2.33	21.5	122.5
ETD39/20/13M	182	1.25	12.3	2.55	25.7	178
E42/21/15M	227	1.78	9.7	3.8	26.3	177
ETD44/22/15M	251	1.73	10.3	3.3	29.5	210
E42/21/20M	266	2.34	9.7	4.75	26.1	177
E55/28/21M	455	3.54	12.4	4.5	33.4	280

①S代表骨架的橫截面積。

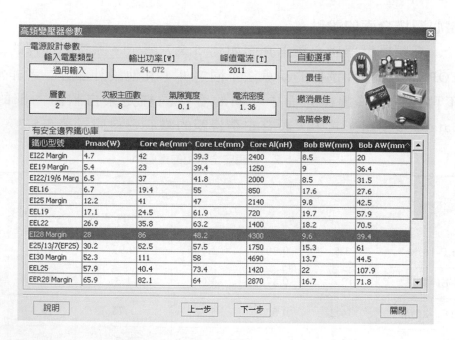

圖 5.5.7　高頻變壓器鐵心選擇介面

自動選擇鐵心的的主流程圖如圖 5.5.8 所示。選擇鐵心的程式如下：

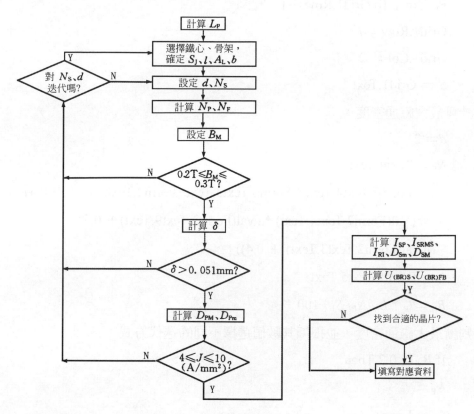

圖 5.5.8　選擇鐵心的主流程圖

Private Sub Grid1_Got Focus()

Dim K_{RP}，M，L_P，i(行數)，S_J，d，N_s，N_P，N_F，I_P，J_1，δ_1，B_M，D_{PM}，_

δ，A_L，b，I_{RMS}，D_{Pm}，e，D_{Pm2}，N_{pp}，AWG(次級繞組導線規格)，S_P，J，S_{P1}

'判斷迴圈旗標：

根據前面的約定，給出 M 值

'計算初級繞組電感量

L_P＝ 1000000 * Form5.Text10.Text *(Form5.Text4.Text*(1-Form6.)_

Text1.Text/ 100)＋ Form6.Text1.Text/ 100)/ Form5.Text5. _

Text ^ 2/ Form5.Text4.Text/ Form6.Text1.Text * 100/ Form6._

Text2.Text/(1－Form5.Text4.Text/ 2) 1

'設定鐵心的選擇範圍

For $i = 1$ To Grid1.Rows-1

Grid1.Row $= i$

Grid1.Col $= 2$

$S_J =$ Grid1.Text

'計算最大磁通密度：

$d = 2$

$N_S =$ Text4.Text

$N_P =$ Form7.Text4.Text * Form6.Text3.Text/(Form2.Text3.Text $+$ 0.4)

$N_F =$ (Val(Form7.Text4.Text) * (Val(Form2.Text9.Text)$+$ 0.7)_

/(Val(Form2.Text3.Text) $+$ 0.4))

$I_P =$ Form5.Text5.Text

$B_M = I_P$ * L_P/ N_P/ S_J / 100

'判斷最大磁通密度，並根據其數值選擇不同的迭代方式

If $B_M <$ 0.2 Then

$N_P = N_P - 1$

Goto Loop1

Else

If $B_M >$ 0.3 Then Goto Loop2

End If

Loop2 Next i

......

其他功能模組還包括計算氣隙寬度，迭代計算電流密度，將部分中間結果參數填入相關文字框，設定游標位置，寫旗標位元等。

6. 設計結果顯示介面的設計

設計結果顯示介面如圖 5.5.9 所示。

7. 交換式電源原理圖的顯示介面

交換式電源原理圖的顯示介面如圖 5.5.10 所示，它是根據 4 種基本回授電路類型而產生的。

最後結果

最後結果

名稱	單位	初階參數	輸出 1	輸出 2	輸出 3	輸出 4	輸出 5	輸出 6
電源輸入								
VACMIN	V	85						
VACMAX	V	265						
FL	Hz	50						
FS	kHz	132						
VO	V		12	0	0	0	0	0
PO	W		24	0	0	0	0	0
η	%	80						
Z		0.45						
VFB	V	12						
TC	ms	2.46						
CIN	μF	68						
開關數量								
VOR	V	135						
VDS	V	15.97						
VF1	V	0.4						
VF2	V	0.7						
KRP		0.5						
高頻變壓器參								
型號		EI22 Margin						
SJ	cm2	0.86						
L	cm	2						
AL	μH/匝2	4300						
NS	匝		8	0	0	0	0	0
直流電壓								
VIMIN	V	90						
VIMAX	V	374.77						
電流參數								
DMAX	%	0.63						

說明		上一步	下一步		表儲存		關閉

圖 5.5.9　設計結果顯示介面

產生電路原理圖

電路原理圖

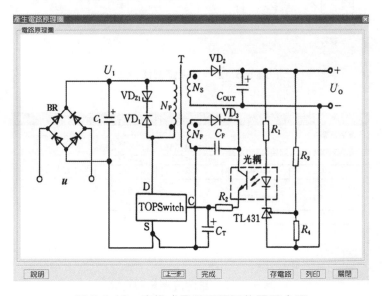

說明		上一步	完成		存電路	列印	關閉

圖 5.5.10　交換式電源原理圖的顯示介面

8. 相關高階參數介面的設計

主要包括回授電路參數選擇介面(如圖 5.5.11 所示)，二極體選擇介面(如圖 5.5.12 所示)，電源高階參數介面(如圖 5.5.13 所示)，高頻變壓器的高階參數介面(如圖 5.5.14 所示)。

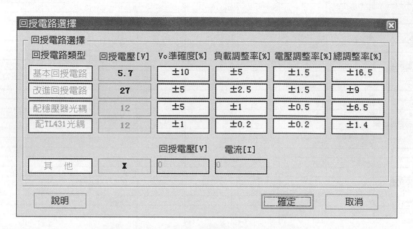

回授電路選擇

回授電路選擇

回授電路類型	回授電壓[V]	Vo準確度[%]	負載調整率[%]	電壓調整率[%]	總調整率[%]
基本回授電路	5.7	±10	±5	±1.5	±16.5
改進回授電路	27	±5	±2.5	±1.5	±9
配穩壓器光耦	12	±5	±1	±0.5	±6.5
配TL431光耦	12	±1	±0.2	±0.2	±1.4

	回授電壓[V]	電流[I]
其 他	X	0	0

說明　　　　　確定　　取消

圖 5.5.11　回授電路類型選擇介面

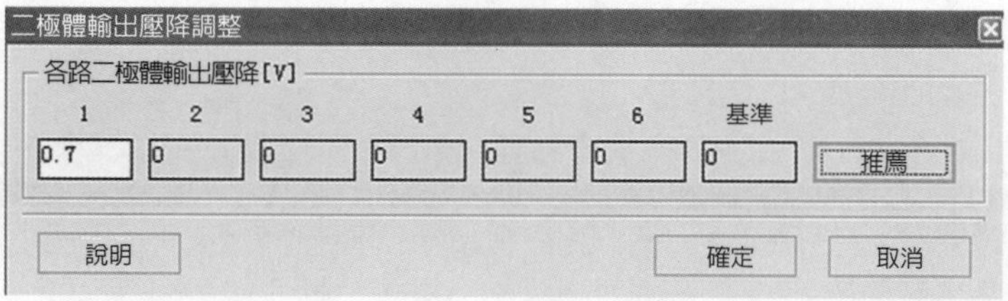

二極體輸出壓降調整

各路二極體輸出壓降[V]

1	2	3	4	5	6	基準
0.7	0	0	0	0	0	0	推薦

說明　　　　　確定　　取消

圖 5.5.12　二極體選擇介面

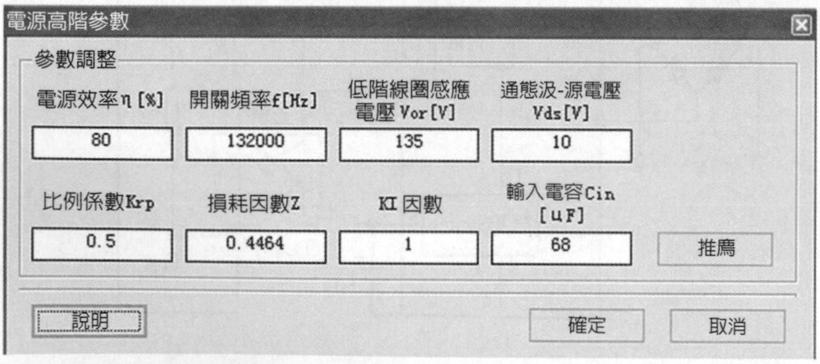

電源高階參數

參數調整

電源效率η[%]	開關頻率f[Hz]	低階線圈感應電壓 Vor[V]	通態汲-源電壓 Vds[V]
80	132000	135	10

比例係數Krp	損耗因數Z	KI 因數	輸入電容Cin [uF]
0.5	0.4464	1	68	推薦

說明　　　　　確定　　取消

圖 5.5.13　電源高階參數介面

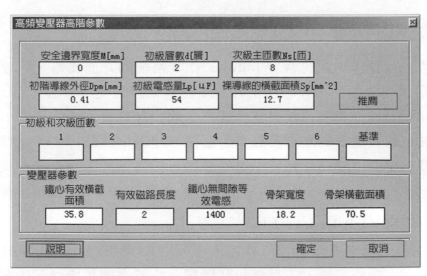

圖 5.5.14　高頻變壓器的高階參數介面

使用該專家系統設計 12V、2A 單晶片交換式電源時，自動產生的 KDP Expert 規格表(局部)如圖 5.5.15 所示。

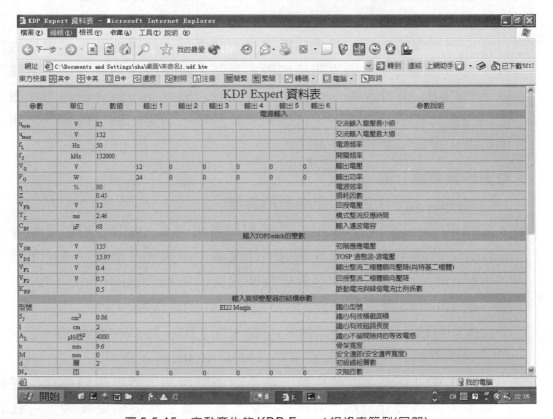

圖 5.5.15　自動產生的 KDP Expert 規格表範例(局部)

5.5.3 KDP Expert 2.0 軟體使用指南

本軟體在設計上力求符合 Windows 作業系統的介面風格，只要熟悉基於 Windows 應用程式的使用者，就很容易掌握本軟體的使用方法。

KDP Expert2.0 專家系統將交換式電源的設計綜合為 5 個步驟：①根據電源設計要求，輸入電源的基本參數；②選擇TOPSwitch晶片；③選擇變壓器鐵心；④選擇TOPSwitch晶片和變壓器的參數，獲得所要求的設計結果；⑤檢查資料是否合理，獲得設計結果清單。下面詳細介紹KDP Expert 2.0的使用方法。

1. 開始使用 KDP Expert 2.0

打開 KDP Expert 2.0 軟體，將彈出 KDP Expert 2.0 主介面。介面中包括：功能表欄，工具欄和狀態欄。功能表欄包括以下內容：檔案、選項、視圖、資料庫更新、說明。工具列中的圖示功能與檔案功能表中的部分功能相對應。

在檔案功能表下有一系列標準選項：新建，打開，儲存，另存新檔，列印，當前設計，關閉當前設計，退出。用滑鼠點擊其中一項，即可完成相對應的功能。選項功能表可完成邊界、使用地區和SI單位的設置。說明功能表中包括說明項和版本資訊。點擊檔案功能表中"新建"或工具列中"新建"圖示，即可進入設計設置介面，該介面與主介面中選項設置功能表功用相同，只要輸入設計檔案名後點擊"確定"按鈕，即可進入電源參數設置介面。

2. 電源參數設置介面

使用該介面可完成以下參數的設置：

(1) 交流電壓：交流輸入電壓最小值和最大值(u_{min}，u_{max})，可以手動輸入或從交流電壓輸入方塊底部提供的選項中選擇，在滑塊左邊文字方塊中給出數值大小，滑塊運動則反映出交流電壓數值的變化。
  ① 選 100/115 按鈕，符合85～132V(AC)的輸入要求。
  ② 致能用輸入(亦稱寬範圍輸入)按鈕，符合85～265V(AC)的輸入要求。
  ③ 選固定輸入按鈕，符合 195～265V(AC)的輸入要求。
(2) 電路頻率：在文字方塊中輸入數字或調整滑塊位置獲得最小交流電路頻率。典型設計值為 50Hz，如果電源必須工作於給定範圍，可在該

範圍中選一個最低頻率，再將滑塊移至所希望的位置，亦可在文字方塊中直接輸入該數值。

(3) 輸出電壓和電流：在文字方塊中鍵入電壓和電流，6 路直流輸出的值可自定義，軟體自動計算每路的輸出功率並計算出總功率，並將每只輸出二極體的壓降也一同顯示出來。在未輸入參數時軟體不允許進入下一步，只有輸入參數後該介面的"下一步"按扭才被啓動。

3. 設置輸出整流二極體壓降的介面

輸出整流二極體的導通電壓降可透過高階設置介面進行修改。首先選擇"高階參數"按鈕，然後進入高階參數介面並鍵入所規定的電壓值。

(1) 選擇 $U_O \leq 49.0V$ 時，應採用肖特基二極體，其導通壓降爲 0.5V。

(2) 選擇 $9.0V \leq U_O \leq 22.0V$ 時，採用矽二極體的導通壓降爲 0.7V。

(3) 選擇 $U_O > 22.0V$ 時，矽二極體的導通壓降爲 1.0V。

使用者還可根據實際選擇的整流元件來修改導通壓降值，使之更好的符合要求。

(1) 基準電壓：電源基準電壓和基準電流從標準數值列表中選擇。這些數值對 4 種典型回授電路(基本回授電路、改進回授電路、配穩壓二極體的光耦合回授電路、配 TL431 的光耦回授電路)均適用。若需要修改這些數值，可選擇 Change，打開回授類型選擇介面，選擇適當的回授類型。

(2) 選擇晶片庫：晶片庫包括 TOP22×，TOPFX23×(切換頻率選 135kHz)，TOPFX23×(切換頻率選 65kHz)，TOPGX24×(切換頻率選 135kHz)，TOPGX24×(切換頻率選 65kHz)。

(3) 輸入電容：該參數由軟體自動計算得出。

以上參數設置完畢，點擊"下一步"，即可進入 TOPSwitch 晶片選擇介面。

4. TOPSwitch 晶片選擇介面

該介面根據上一步中設置的參數給出 TOPSwitch 晶片庫，介面中的參數(包括 TOPSwitch 晶片的選擇)全部由軟體自動算出，但不允許在該介面中修改參數。如果軟體找不到合適的 TOPSwitch 晶片，將自動給出提示，請使用者返回電源參數設置介面，重新修改相關參數或進行手動選擇。如使用者需要對本介面中相關參數進行修改，請點擊"高階參數"按鈕，進入回授輸出電壓介面後完成修改任務。注意，在回授輸出電壓介面中點擊"推薦"按鈕，將返回到與電源參數設置介面中所設置參數相對應的典型值。

核對該介面中參數後，按"下一步"按扭，即進入變壓器選擇介面。

5. 變壓器選擇介面

該介面根據設計設置介面中設置的有/無安全邊界，給出相對應的鐵心庫。介面中的參數(含鐵心的選擇)全部由軟體完成。核對該介面中參數，按"完成"進入下一步設計結果介面。

6. 設計結果介面

該介面以電子規格表格的形式列出設計單晶片交換式電源過程中的中間變數和最終結果。核對表中各參數的值，如果個別參數不符合設計要求，可返回前幾步，再對相關參數進行必要的調整，直到滿意為止。

所產生的交換式電源原理圖可以直接列印，亦可儲存下來。

在上述各介面中，均可用"上一步"、"下一步"按鈕在各介面之間進行切換。

5.6 StarPlug 專家系統的典型應用

由荷蘭飛利浦(Philips)公司於 2000 年 9 月推出了 StarPlug 專家系統(亦稱設計精靈)1.0 版本，是專供開發 TEA1520 系列單晶片交換式電源用的設計軟體。TEA1520 系列包含 TEA1520～TEA1524，最大輸出功率為 50 W。有關 TEA1520 系列的工作原理參見第 6 章。下面介紹 StarPlug 專家系統的典型應用。

在電腦上安裝 StarPlug 專家系統 1.0 版本之後，透過快捷方式即可進入 StarPlug 專家系統的主介面，如圖 5.6.1 所示。該軟體預設為典型用法(General)。使用者可在 "Requirements" (設計要求)下面的工具列中選擇輸入、輸出參數。輸入參數包括輸入電壓範圍，可致能用(universal)輸入(80～276V)、固定輸入(230V 或 100/115V)或其他輸入(Other)。電路頻率分 50Hz、60Hz 兩種。

輸出參數包括輸出功率和輸出電壓。在 System 右邊的視窗中，可選擇切換頻率、電源效率及調節方式(預設為初級回授方式)。

用滑鼠左鍵單擊 "應用" (Apply)按鈕時，就自動彈出一個輸入元件和振盪元件的視窗，如圖 5.6.2 所示。

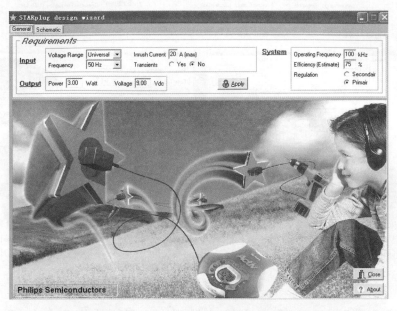

圖 5.6.1　StarPlug 專家系統的主介面

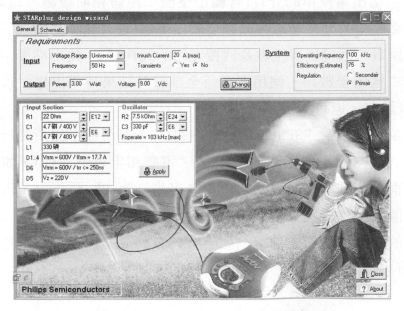

圖 5.6.2　輸入元件和振盪元件的視窗

再用滑鼠左鍵單擊 Apply，就彈出高頻變壓器初級電感量(L_P)的視窗，如圖 5.6.3 所示。

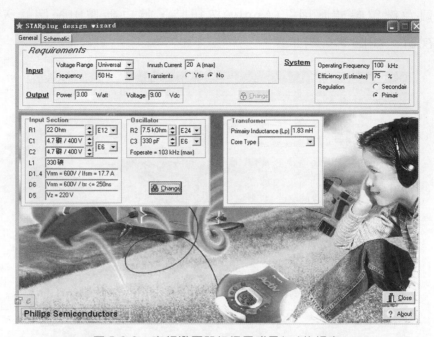

圖 5.6.3　高頻變壓器初級電感量(L_P)的視窗

在選定鐵心型號(Core Typ)之後，就彈出 5 個新的視窗，如圖 5.6.4 所示。這些視窗包括輸出電路中的元件(含輸出整流二極體和前級濾波電容)，輸出濾波器，調節電路中的元件參數，高頻變壓器參數(包含氣隙寬度、磁通量、初級匝數、次級匝數、回授繞組匝數及回授電路的元件值)，輸出端產生過電壓保護作用的穩壓二極體參數等。使用者可將全部設計結果列印出來，或另存為Text Files 檔加以儲存，還可退出該系統。

若用滑鼠左鍵單擊"Schematic(原理圖)"，即可顯示出所設計交換式電源的原理圖及元件參數表(包含電阻、電容、電感和半導體元件)，如圖 5.6.5 所示。但該介面不能列印。必要時，使用者可先打開 Photoshop，再用複製螢幕方式將原理圖及元件參數表黏貼到新建的JPG檔上，然後進行列印。需要指出的是該軟體的功能還不夠完善。例如，它只有調出一種固定的電路原理圖，並且所產生元件參數表的內容不夠完整。

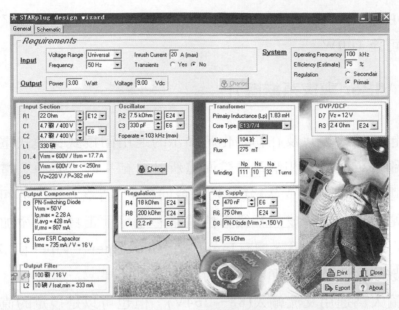

圖 5.6.4　5 個新視窗

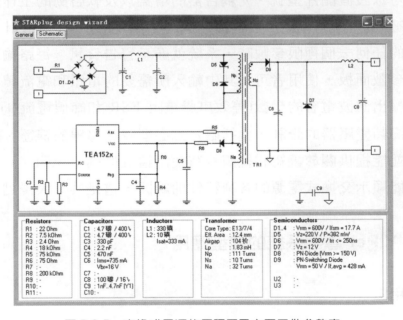

圖 5.6.5　交換式電源的原理圖及主要元件參數表

5.7　VIPer 專家系統的典型應用

意-法半導體有限公司(ST 公司)最近推出的 VIPer 專家系統,是專供開發
VIPer12A、VIPer22A、VIPer50A、VIPer50B、VIPer53、VIPer100、VIPer100A

和VIPer100B等中、小功率單晶片交換式電源的設計軟體。上述系列產品的最大輸出功率可達100W。

該軟體包括規格表以及在初始化時顯示的通用回授式交換式電源電路圖。這是一個可隨著更改配置和修改參數而重新計算結果的"有源"電路圖。從工具條上,可選擇設置初級或次級(帶光耦合回授的)調整方式,亦可選擇由 RC 網路或暫態電壓抑制器構成的初級箝位電路。還可用工具條來添加次級輸出的路數,最多可輸出6路電壓。標有Input、Transformer、Viper和Out的面板,用來拓展參數的輸入格式並顯示出相對應的計算結果。

預設的輸入為通用交流輸入(88〜264V),但也可以是規定的直流輸入。在該面板上還可以設置晶片型號、光耦合器的增益以及軟啟動的工作條件和切換頻率。從ST公司的系列產品中可選擇合適的Viper晶片,一旦設計值接近或超過所選晶片的任何一個極限參數時,系統就顯示警告資訊。每路輸出都能產生自己的技術參數面板,使用者可在其中輸入所需要的電壓和電流值。該面板還能提供所需輸出濾波電容的參數(等效串聯電阻 ESR 和峰值電流I_P)。VIPer 軟體還可完成高頻變壓器的設計,包括確定鐵心型號、導線的線徑、繞組匝數及繞線順序,並能提供關於繞組和繞組視窗使用情況的圖示說明。

該軟體能顯示交換式電源的各種特性曲線圖,這是其一大優點。

5.7.2　VIPer 專家系統的典型應用

1.　典型用法

選擇初級調節方式(Primary Regulation)的主介面如圖5.7.1所示。選擇次級光耦合調節方式(Secondary Regulation)的主介面如圖5.7.2所示。

單擊箝位按鈕"Transil Clamper"時,能改變初級箝位電路的結構,在 RC 吸收迴路、暫態電壓抑制器(TVS)兩種箝位電路之間進行切換。圖 5.7.3 中選擇的就是由暫態電壓抑制器(TVS)組成的箝位電路，而圖 5.7.1 和圖 5.7.2 中均採用 RC 吸收迴路。

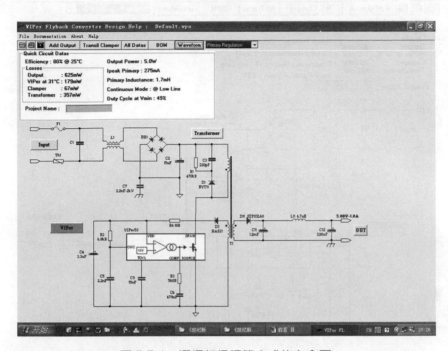

圖 5.7.1　選擇初級調節方式的主介面

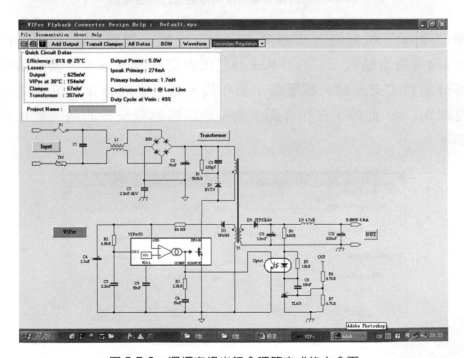

圖 5.7.2　選擇次級光耦合調節方式的主介面

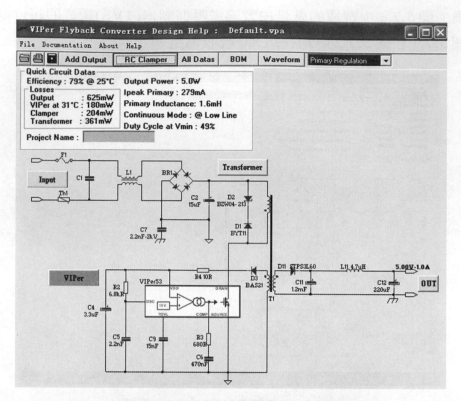

圖 5.7.3　由暫態電壓抑制器組成的箝位電路

　　單擊"Input"按鈕時，可選擇不同的交流輸入電壓。其中，110V AC、220V(AC)均為固定輸入。"Full Range"代表交流通用輸入，調節兩個滑塊的位置，可分別設定交流輸入電壓最小值和最大值，進而確定交流輸入電壓的範圍，參見圖5.7.4。此外，在該介面上還可設置經過整流後的輸入脈動電壓以及電路頻率。

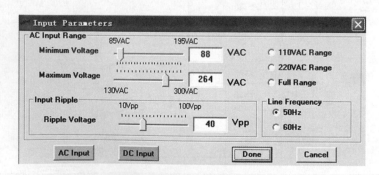

圖 5.7.4　選擇輸入電壓的介面

　　單擊"VIPer"按鈕時，所顯示的設置視窗如圖 5.7.5 所示。該視窗有 3 個區域。最上面的區域包含一個晶片選擇小視窗，可從 VIPer12A、VIPer22A、VIPer50A、VIPer50B、VIPer53、VIPer100、VIPer100A 和 VIPer100B 中選擇合適的 VIPer 晶片。此外，該區域還顯示出下列參數：內部功率 MOSFET 的通態電阻，汲極電流，最大汲極電壓，晶片的封裝形式(可選擇 PS010 或 DIP8 封裝)，環境溫度，接腳接點處的熱阻，以及晶片損耗、傳導損耗和切換損耗。在中間區域利用兩個滑塊可分別調節感應電壓 U_{OR}、切換頻率 f。在最下面區域可設定光耦合器的增益(設定範圍是 0.2～2)、軟啓動時間(設定範圍是 0～20ms)。若選擇初級調節方式，則最下面區域隱藏。設置完畢，該軟體能自動儲存新設置的參數。

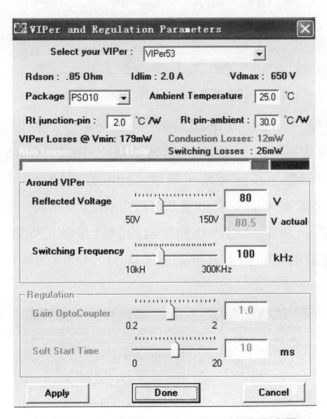

圖 5.7.5　次級調節時 VIPer 專家系統的主介面

　　單擊"OUT"按鈕時，所顯示的介面如圖 5.7.6 所示，顯示出主輸出的參數值。包括輸出電壓，輸出電流，輸出漣波電壓(含初、次級漣波電壓)，初、次級濾波電容的參數，輸出整流二極體的參數。輸出整流二極體共有 6 種型號

(STPS160、STPS745、STPS360、STPS1L40、1N5822 和 1N5819)可供選擇。其中以 1N5819 的導通壓降為最低,其典型值是 390mV。

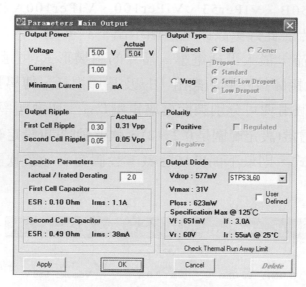

圖 5.7.6　OUT 介面

　　單擊螢幕上方的 "Add Output" 按鈕時,所顯示的介面如圖 5.7.7 所示,此時主輸出已被設定為 OUT。要想增加輔助輸出 Out1～Out5,可先從 Out1 的輸出開始設置輸出參數,設置完畢,單擊 Apply 按鈕即可保存下來;然後設置 Out2 的輸出。依次類推,最多能設置 5 路輔助輸出。此時,單擊高頻變壓器按鈕 "Transformer",就顯示出高頻變壓器的設計參數,如圖 5.7.8 所示。與此同時,在交換式電源的電路圖上自動添加了 Out1～Out5 的輸出電路,如圖 5.7.9 所示。

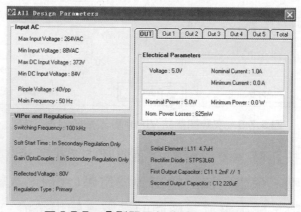

圖 5.7.7　分別顯示各路輸出的參數值

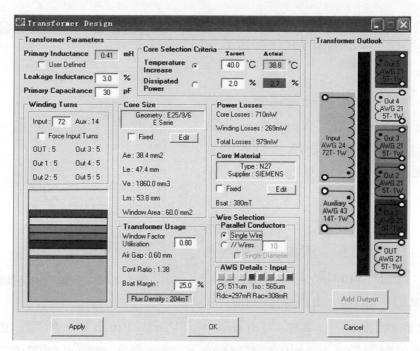

圖 5.7.8 高頻變壓器的顯示視窗

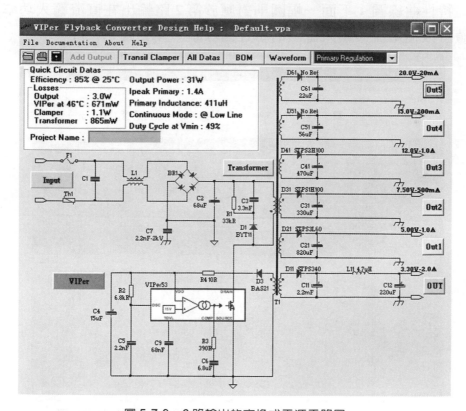

圖 5.7.9 6 路輸出的交換式電源電路圖

單擊"BOM"按鈕時，可顯
示如圖 5.7.10 所示的元件參數表。

2. **顯示波形**

VIPer 專家系統還具有一定的
模擬功能，單擊"Waveform"(波
形)按鈕，可顯示交換式電源的各
種特性曲線圖，這是該軟體的一大
特色。

單擊"VIPer"，能分別顯示
8 種特性曲線圖。例如，單擊雙路
波形按鈕"Dual"，第 1 路(主輸
出)選擇"Idrain＝f[Pin]@Vmin"，

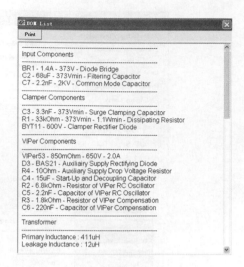

圖 5.7.10　所顯示的元件參數表

第 2 路(輔助輸出)選擇"Idrain ＝ f[Vin]@Pmin"，所顯示的上面一幅
圖就對應於第 1 路輸出在直流輸入電壓為最小值時汲極電流與輸入功率
的特性曲線圖；下面一幅圖則對應於第 2 路輸出在直流輸入功率為最小
值時汲極電流與輸入電壓的特性曲線圖，參見圖 5.7.11。

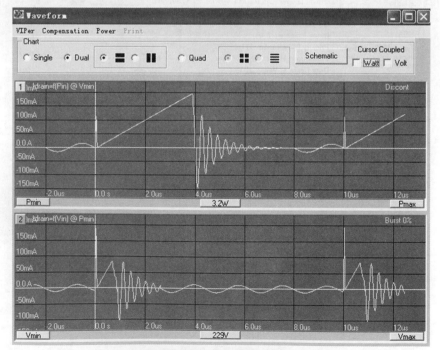

圖 5.7.11　同時顯示第 1 路輸出和第 2 路輸出的兩種特性曲線圖

　　單擊補償按鈕 "Compensation"，能分別顯示 8 種調節曲線圖。若單擊功率 "Power" 按鈕，就分別顯示 4 種功率(或電源效率)曲線圖。例如，圖 5.7.12 上面一幅圖為第 1 路輸出的電源效率與輸入電壓的曲線圖，下面一幅圖為第 2 路輸出的電源效率與輸入功率的曲線圖。

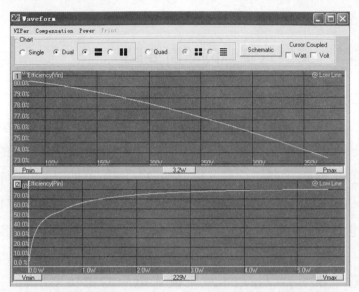

圖 5.7.12　同時顯示第 1 路輸出和第 2 路輸出的兩種電源效率曲線圖

　　VIPer 專家系統最多可同時顯示 4 幅特性曲線圖，參見圖 5.7.13。

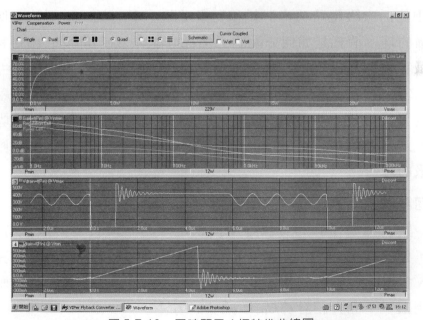

圖 5.7.13　同時顯示 4 幅特性曲線圖

5.8 單晶片交換式電源設計要點及電子規格表格

下面介紹單晶片交換式電源的設計要點，主要包括電源效率的選定，初級繞組各電壓參數的電位分佈情況，根據初級繞組峰值電流選擇晶片的方法，然後介紹電子規格表格的結構。

5.8.1 單晶片交換式電源的設計要點

1. 電源效率的選定

交換式電源效率是指其輸出功率與輸入功率(即總功率)的百分比。需要指出，單晶片交換式電源的效率(η)隨輸出電壓(U_O)的升高而增大。因此，在低壓輸出時($U_O = 5V$ 或 $3.3V$)，η可取 75 %；高壓輸出時($U_O \geq 12V$)，η可取 85 %。在中等電壓輸出時($5V < U_O < 12V$)，可選 80 %。但這只是η的期望值，能否達到還取決於電路設計、安裝、除錯等多種因素。

因電源效率$\eta = P_O/P_I$，故交換式電源的總功率消耗

$$P_D = P_I - P_O = \frac{P_O}{\eta} - P_O = \frac{1 - \eta}{\eta} \cdot P_O \tag{5.8.1}$$

P_D中包括次級電路功率消耗和初級電路功率消耗。重要的是應知道初、次級的功率消耗是如何分配的。損耗分配係數(Z)即反映出這種關係。設初級功率消耗為P_P，次級功率消耗為P_S，則$P_P + P_S = P_D$，$Z = P_S/P_D$，而$1 - Z = P_P/P_D$。需要注意的是，次級繞組功率消耗與高頻變壓器傳輸功率的大小有關，而初級箝位二極體的功率消耗應歸入次級功率消耗之中。這是因為輸入功率在汲極電壓被箝位之前，已被高頻變壓器傳輸到次級的緣故。

2. 如何計算輸入濾波電容的準確值

輸入濾波電容的容量是交換式電源的一個重要參數。C_{IN}值選得過低，會使U_{Imin}值大大降低，而輸入脈動電壓U_R卻升高。但C_{IN}值取得過高，會增加電容器成本，而且對於提高U_{Imin}值和降低脈動電壓的效果並不明顯。下面介紹計算C_{IN}準確值的方法。

交流電壓u經過橋式整流和C_{IN}濾波，在$u=u_{min}$情況下的輸入電壓波形如圖 5.8.1 所示。該圖是在$P_O=P_{OM}$、$f_L=50Hz$(或 60Hz)、橋式整流二極體的響應時間$t_c=3ms$、$\eta=80\%$的情況下繪出的。由圖可見，在直流高壓U_{Imin}上還要疊加上一個振幅為U_R的初級繞組脈動電壓，這是C_{IN}在充放電過程中形成的。

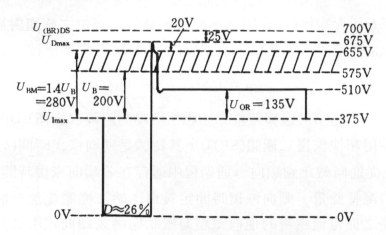

圖 5.8.1　交流電壓為最小值時的輸入電壓波形

欲獲得C_{IN}的準確值，可按下式進行計算：

$$C_{IN}=\frac{2P_O\cdot\left(\frac{1}{2f_L}-t_c\right)}{\eta(2u_{min}^2-U_{Imin}^2)} \tag{5.8.2}$$

舉例說明，在寬範圍電壓輸入時，$u_{min}=85V$。取$U_{Imin}=90V$，$f_L=50Hz$，$t_c=3ms$，假定$P_O=30W$，$\eta=80\%$，一併帶入(5.8.2)式中求出$C_{IN}=84.2\mu F$，比例係數$C_{IN}/P_O=84.2\mu F/30W=2.8\mu F/W$，這恰好在$(2\sim3)\mu F/W$允許的範圍之內。

3.　初級繞組各電壓參數的電位分佈情況

下面詳細介紹輸入直流電壓的最大值U_{Imax}、初級繞組感應電壓U_{OR}、箝位電壓U_B與U_{BM}、最大汲極電壓U_{Dmax}、汲-源崩潰電壓$U_{(BR)DS}$這 6 個電壓參數的電位分佈情況，使讀者能有一個定量的概念。

對於 TOPSwitch-II 系列單晶片交換式電源，其功率切換電晶體的汲-源崩潰電壓$U_{(BR)DS}\geq700V$，現取下限值 700V，其感應電壓$U_{OR}=135V$。本來初級繞組箝位二極體的箝位電壓U_B只需取 135V，即可將疊加在U_{OR}上由漏感而造成的尖峰電壓吸收掉，實際卻不然。手冊中給出U_B參數值僅表示工作在常溫、小電流情況下的數值。實際上箝位二極體(即暫態電壓抑制器 TVS)還具有順向溫度係數，它在高溫、大電流條件下的箝位電壓U_{BM}要遠高於U_B。實驗顯示，二者存在下述關係：

$$U_{BM} \approx 1.4 U_B \qquad (5.8.3)$$

這顯示U_{BM}大約比U_B高 40 %。此外，為防止箝位二極體對初級繞組感應電壓U_{OR}也產生箝位作用，所選用的 TVS 箝位電壓應按下式計算：

$$U_B = 1.5 U_{OR} \qquad (5.8.4)$$

此外，還須考慮與箝位二極體相串聯的阻隔二極體VD_1的影響。VD_1一般採用超快恢復二極體(SRD)，其特徵是逆向恢復時間(t_{rr})很短。但是VD_1在從逆向截止到順向導通過程中還存在著順向恢復時間(t_{fr})，需留出20V 的電壓餘量。順向恢復時間定義為：給二極體施加一個順向暫態電壓，使之從電流為零的逆向電壓偏置狀態轉入順向電壓偏置狀態，直到二極體的順向電壓恢復到規定值所需要的時間間隔。設二極體順向壓降的典型值為U_F，這裏講的規定值即為$1.1 U_F$。順向恢復時間的電壓波形如圖 5.8.2 所示。由圖可見，當給二極體加上順向暫態電壓時，二極體由截止狀態轉變成導通狀態的過程如下：二極體的順向電壓首先要從零上升到$0.1 U_F$，然後達到峰值電壓U_{FM}，再下降到$1.1 U_F$。規定從$0.1 U_F$恢復到$1.1 U_F$所需時間，即為順向恢復時間。需要注意，順向恢復時間(t_{fr})和逆向恢復時間(t_{rr})屬於兩個性質不同的特徵參數。

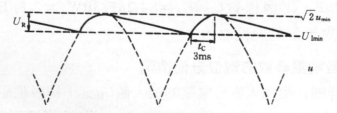

圖 5.8.2　順向恢復時間的電壓波形

考慮上述因素之後，TOPSwitch-II 的最大汲-源極電壓的經驗公式應為：

$$U_{Dmax} = U_{Imax} + 1.4 \times 1.5 U_{OR} + 20V \qquad (5.8.5)$$

　　TOPSwitch-II 等系列在 230V 交流固定輸入時，初級繞組電壓參數對應於波形的分佈情況如圖 5.8.3 所示。此時 $u = 230V \pm 35V$，即 $u_{max} = 265V$，$U_{Imax} = \sqrt{2} u_{max} \approx 375V$，$U_{OR} = 135V$，$U_B = 1.5 U_{OR} \approx 200V$，$U_{BM} = 1.4 U_B = 280V$，$U_{Dmax} = 675V$，最後再留出 25V 的電壓餘量，因此 $U_{(BR)DS} = 700V$。實際上 $U_{(BR)DS}$ 也具有順向溫度係數，當環境溫度升高時 $U_{(BR)DS}$ 也會升高，上述設計就為晶片耐壓值提供了額外的餘量。

4.　根據 I_P 值選擇晶片的方法

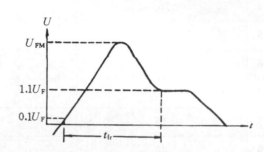

圖 5.8.3　TOPSwitch-II 等系列在 230V 交流輸入時各電壓參數的電位分佈

　　單晶片交換式電源的極限電流最小值 $I_{LIMIT(min)}$，均是針對室溫情況下定義的。若晶片工作在比較高的溫度下，其額定值應減小 10 %，因此通常取初級繞組峰值電流 $I_P = 0.9 I_{LIMIT(min)}$。這顯示在選擇晶片時，可先將 I_P 除以 0.9，轉換成 $I_{LIMIT(min)}$ 值，從有關參數表中查出符合上述要求且與該數值最為接近的 TOPSwitch 晶片。

　　在 P_O 確定之後，採用連續模式能降低 I_P，允許使用功率較小的晶片。若要減小鐵心及高頻變壓器的尺寸，應適當增加初級繞組脈動電流 I_R 與峰值電流 I_P 的比值 K_{RP}。K_{RP} 的取值範圍是 0～1.0。K_{RP} 愈大，鐵心尺寸愈小，其代價是需採用輸出功率較大的晶片。另外，增大 K_{RP} 值還意味著交換式電源要向不連續模式過渡，此時初級繞組電感量 $L_P \downarrow$，$I_P \uparrow$，$I_{RMS} \uparrow$，導致 $\eta \downarrow$。因此，在選擇 K_{RP} 值時應權衡利弊，要在減小鐵心尺寸與保證儘量高的效率這二者之間，確定最佳設計方案。

5.8.2　電子規格表格的結構

　　在用電腦設計單晶片交換式電源時，需借助於電子規格表格才能完成。這種表格的內容以高頻變壓器設計為主，其他週邊電路及關鍵元件參數計算為輔。單路輸出式交換式電源的電子規格表格共分 6 列。A 列代表輸入和輸出的參數。B 列中是由使用者輸入的資料。C 列為計算過程中保留的資料，這些資料可作為中間變數，在前、後設計步驟中交叉使用。D 列為計算結果。E 列給出的是單位(SI 制)。F 列是對參數的說明。

表 5.8　設計 7.5V、15W 交換式電源用的電子規格表格

	A	B	C	D	E	F
1	輸入		中間過程	輸出	單位	參數說明
2	參數	資料	保留資料	計算結果		7.5V、15W 交換式電源
3	u_{min}	85			V	交流輸入電壓最小值
4	u_{max}	265			V	交流輸入電壓最大值
5	f_L	50			Hz	電路頻率
6	f	100			kHz	切換頻率
7	U_O	7.5			V	直流輸出電壓
8	P_O	15			W	輸出功率
9	η	80			%	電源效率
10	Z	0.5				損耗分配係數
11	U_{FB}	10.4			V	回授電壓
12	t_c	3.2			ms	橋式整流二極體導通時間
13	C_{IN}	33			μF	輸入濾波電容
14						
15	輸入 TOPSwitch 的變數					
16	U_{OR}	85			V	初級繞組的感應電壓
17	$U_{DS(ON)}$	10			V	TOPSwitch 的汲-源導通電壓
18	U_{F1}	0.4			V	次級繞組肖特基整流二極體順向壓降
19	U_{F2}	0.7			V	回授電路中高速開關整流二極體順向壓降
20	K_{RP}	0.92			%	初級繞組脈動電流I_R與峰值電流I_P的比例係數
21						
22	輸入高頻變壓器的結構參數					
23		EE22				鐵氧體鐵心型號
24	S_J	0.41			cm^2	鐵心有效橫截面積
25	l	3.96			cm	有效磁路長度

表 5.8　設計 7.5V、15W 交換式電源用的電子規格表格(續)

	A	B	C	D	E	F
26	A_L	2.4			μH/匝	鐵心不留間隙時的等效電感
27	b	8.43			mm	骨架寬度
28	M	0			mm	安全邊距(安全邊界寬度)
29	d	2			層	初級繞組層數
30	N_S	5			匝	次級繞組匝數
31						
32			直流輸入電壓參數			
33	U_{Imin}			93	V	直流輸入電壓最小值
34	U_{Imax}			375	V	直流輸入電壓最大值
35						
36			初級繞組電流波形參數			
37	D_{max}			51	%	最大工作週期(對應於u_{min}時)
38	I_{AVG}			0.20	A	輸入電流的平均值
39	I_P			0.74	A	初級繞組峰值電流
40	I_R			0.68	A	初級繞組脈動電流
41	I_{RMS}			0.32	A	初級繞組有效值電流
42						
43			變壓器初級繞組設計參數			
44	L_P			623	μH	初級繞組電感量
45	N_P			54	匝	初級繞組匝數
46	N_F			7	匝	回授繞組匝數
47	A_{LG}		0.215		μH/匝	鐵心留間隙後的等效電感
48	B_M			0.2085	T	最大磁通密度(B_M= 0.2〜0.3T)
49	B_{AC}		0.0959		T	鐵心損耗交流磁通密度(峰-峰值×0.5)
50	μ_r		1845			鐵心無氣隙時的相對導磁率

表 5.8　設計 7.5V、15W 交換式電源用的電子規格表格(續)

	A	B	C	D	E	F
51	δ			0.22	mm	鐵心的氣隙寬度($\delta \geq 0.051$mm)
52	α		16.85		mm	有效骨架寬度
53	D_{PM}			0.31	mm	初級繞組導線的最大外徑(帶絕緣層)
54	e		0.05		mm	估計的絕緣層總厚度(厚度×2)
55	D_{Pm}			0.26	mm	初級繞組導線的裸線直徑
56	公制線經			ϕ0.280	mm	初級繞組導線規格
57	S_P		0.0516		mm^2	初級繞組導線的橫截面積
58	J			6.17	A/mm^2	電流密度$J=4\sim10$A/mm^2
59						
60			變壓器次級繞組設計參數			
61	I_{SP}			7.95	A	次級繞組峰值電流
62	I_{SRMS}			3.36	A	次級繞組有效值電流
63	I_O			2.00	A	直流輸出電流
64	I_{RI}			2.70	A	輸出濾波電容上的漣波電流
65						
66	S_{Smin}		0.546		mm^2	次級繞組線圈最小橫截面積
67	公制線經			ϕ0.900	mm	次級繞組導線規格
68	D_{Sm}			0.91	mm	次級繞組導線最小直徑(裸線)
69	D_{SM}			1.69	mm	次級繞組導線最大直徑(帶絕緣層)
70	N_{SS}		0.39		mm	次級繞組絕緣層最大厚度
71						
72			電壓極限參數			
73	U_{Dmax}			573	V	最高汲極電壓估算值(包括漏感的作用)
74	$U_{(BR)S}$			42	V	次級繞組整流二極體最高反峰值電壓
75	$U_{(BR)FB}$			59	V	回授電路整流二極體的最高反峰值電壓

　　舉例說明：由 TOP222Y 構成的 7.5V、15W 單晶片交換式電源模組，其交流輸入電壓範圍是 85～265V；電壓調整率 $S_V = \pm 0.5$ %(85～265V)；負載調整率 $S_I = \pm 1$ %(負載電流從滿載的 10 % 變化到 100 %)；輸出漣波電壓最大值為 ± 50mV。表 5.8 給出該模組所對應的電子規格表格，可供讀者在設計交換式電源時參考。需要指出，在設計和使用試算表時，還可根據實際電路的要求，適當增加一些參數。例如可在第 16 行下面插入 TOPSwitch 的極限電流最大值 $I_{LIMIT(max)}$ 參數，並註明由此選定的晶片型號，作為新的 17 行，原 17 行就改為 18 行，依次順延。表中預留出的空行也是專為插入新參數而設置的。

5.9　高頻變壓器的設計

5.9.1　高頻變壓器的設計

　　高頻變壓器的設計是研製單晶片交換式電源的關鍵技術。在 5.4 節中的[步驟 12]～[步驟 22]中曾作過簡單介紹。下面將透過典型實例詳細闡述高頻變壓器的設計方法，使讀者能掌握該項技術。

1. 確定初級電感量 L_P [步驟 12]

　　　　在每個開關週期內，由初級傳輸給次級的磁場能量變化範圍是 $1/2 \cdot L_P I_P^2 \sim 1/2 L_P (I_P - I_R)^2$。初級電感量由下式確定：

$$L_P = \frac{10^6 P_O}{I_P^2 \cdot K_{RP}\left(1 - \frac{K_{RP}}{2}\right) f} \cdot \frac{Z(1 - \eta) + \eta}{\eta} \tag{5.9.1}$$

式中，L_P 的單位為 μH。查表 5.8 可知，交換式電源的輸出功率 $P_O = 15$W，初級峰值電流 $I_P = 0.74$A，初級脈動電流與峰值電流的比例係數 $K_{RP} = 0.92$，切換頻率 $f = 100$kHz，損耗分配係數 $Z = 0.5$，電源效率 $\eta = 80$ %。將它們一併代入 (5.9.1) 式中得到，$L_P = 620.3\mu$H。表 5.8 中 (**D44**) 的資料為 623μH。

2. 選擇鐵心與骨架並確定相關參數 [步驟 13]

　　　　從第 7 章的表 7.6.4 中可以查出，當 $P_O = 15$W 時可供選擇的鐵氧體鐵心型號。若用典型漆包線繞製，可選 EE22 型鐵心，型號中的數字表

示鐵心長度 $A = 22$mm。EE 型鐵心的價格低廉,磁損耗低且適應性強。若採用三重絕緣線,則選 EE20 或 EF20 型鐵心。一旦選好鐵心,骨架的尺寸也就確定下來了。從廠家提供的鐵心產品手冊中還可查出 S_J、l、A_L、b 等參數值。現選擇 EE22 型鐵心,由手冊中查出 $S_J = 0.41$cm^2,$l = 3.96$cm,$A_L = 2.4\mu$H/匝^2,$b = 8.43$mm。

3. **設定初級層數 d 和次級匝數的初始值 N_S [步驟 14]**

設定 $d = 2$ 層。當 $u = 85 \sim 265$V 時,首先取 N_S 的初始值為 0.6 匝;然後用迭代法計算出 $N_S = 5$ 匝。亦可根據次級每伏匝數和 U_{F1} 值,直接計算出 N_S 值(參見下文)。

4. **計算初級匝數 N_P 和回授繞組匝數 N_F [步驟 15]**

詳見[步驟 16]～[步驟 22]。

5. **確定高頻變壓器的主要參數[步驟 16～步驟 22]**

首先設定高頻變壓器的最大磁通密度 B_M,並檢查電流密度 J 和鐵心的氣隙寬度 δ。必要時透過改變初級層數 d 和次級匝數 N_S,對鐵心和骨架的類型進行迭代,直至符合要求。最後得到 B_M(應符合 $B_M = 0.2 \sim 0.3$T 的要求)、J、δ、N_S、N_P、N_F 值。

在設計高頻變壓器時必須確定以下 9 個主要參數:初級電感量 L_P,鐵心氣隙寬度 δ,初級匝數 N_P,次級匝數 N_S,回授繞組匝數 N_F,初級裸導線直徑 D_{Pm},初級導線外徑 D_{PM},次級裸導線直徑 D_{Sm} 和次級導線外徑 D_{SM}。上述參數中,除 L_P 可直接用(5.9.1)式單獨計算之外,其餘 8 個參數都是相互關聯的,通常是從次級匝數開始計算的。另外,由於回授繞組上的電流很小(一般小於 10mA),對其線徑要求不嚴,因此不需要計算導線的內、外直徑。

(1) 計算次級匝數 N_S

對於 100V/115V 交流輸入,次級繞組可取 1 匝/V;對於 230V 交流或寬範圍輸入應取 0.6 匝/V。現已知 $u = 85 \sim 265$V,$U_O = 7.5$V,考慮到在次級肖特基整流二極體上還有 0.4V 的順向導通壓降 U_{F1},因此次級匝數為 $(U_O + U_{F1}) \times 0.6$ 匝/V $= (7.5$V $+ 0.4$V$) \times 0.6$ 匝/V $= 4.74$

匝。由於次級繞組上還存在導線電阻，也會形成壓降，實取 $N_S = 5$ 匝。
下面就以該資料作為初始值，分別計算其餘 7 個參數。

(2)　計算初級匝數

$$N_P = N_S \cdot \frac{U_{OR}}{U_O + U_{F1}} \tag{5.9.2}$$

由表 5.8 中查出，$U_{OR} = 85V$，$U_O = 7.5V$，$U_{F1} = 0.4V$，再與 N_S = 5 匝一同代入(5.9.2)式中計算出，$N_P = 53.8$ 匝。實取 54 匝。

(3)　計算回授繞組匝數 N_F

$$N_F = N_S \cdot \frac{U_{FB} + U_{F2}}{U_O + U_{F1}} \tag{5.9.3}$$

將 $N_S = 5$ 匝，$U_{FB} = 10.4V$，$U_{F2} = 0.7V$，$U_O = 7.5V$，$U_{F1} = 0.4V$
代入(5.9.3)式中計算出，$N_F = 7.03$ 匝。實取 7 匝。

(4)　根據初級層數 d、骨架寬度 b 和安全邊距 M，用下式計算有效骨架寬度 b_E(單位是 mm)：

$$b_E = d(b - 2M) \tag{5.9.4}$$

將 $d = 2$，$b = 8.43mm$，$M = 0$ 代入(5.9.4)式中求得，$b_E = 16.86mm$。
再利用下式計算初級導線的外徑(帶絕緣層)D_{PM}：

$$D_{PM} = b_E / N_P \tag{5.9.5}$$

將 $b_E = 16.86mm$，$N_P = 54$ 匝代入(5.9.5)式中求出，$D_{PM} = 0.31mm$。
扣除漆皮後，裸導線的內徑 $D_{Pm} = 0.26mm$。

(5)　驗證初級導線的電流密度 J 是否滿足初級有效值電流 $I_{RMS} = 0.32A$ 之條件。計算電流密度的公式為

$$J = \frac{1980}{\frac{1.27\pi D_{Pm}^2}{4I_{RMS}} \cdot \left(\frac{1000}{25.4}\right)^2} = \frac{1.28 I_{RMS}}{D_{Pm}^2} \tag{5.9.6}$$

將 $D_{Pm} = 0.26mm$，$I_{RMS} = 0.32A$ 代入(5.9.6)式中得到 $J = 6.06A/mm^2$。
表 5.8 中實取 $6.17A/mm^2$。

若 $J > 10A/mm^2$，應選較粗的導線並配較大尺寸的鐵心和骨架，使 $J < 10A/mm^2$。若 $J < 4A/mm^2$，宜選較細的導線和較小的鐵心骨架，使 $J > 4A/mm^2$；亦可適當增加 N_P 的匝數。

查第 7 章表 7.8 可知，與直徑 0.26mm 接近的公制線規為 $\phi 0.28mm$，比 0.26mm 略粗一點，完全可滿足要求。因 $\phi 0.25mm$ 的公制線規稍細，故不宜選用。

(6) 計算鐵心中的最大磁通密度 B_M

$$B_M = \frac{100 I_P L_P}{N_P S_J} \qquad (5.9.7)$$

將 $I_P = 0.74A$，$L_P = 623\mu H$，$N_P = 54$ 匝，鐵心有效橫截面積 $S_J = 0.41cm^2$ 一併代入 (5.9.7) 式中，得到 $B_M = 0.2082T$。電子規格表格中實取 0.2085T。

需要指出，若 $B_M > 0.3T$，則需增加鐵心的橫截面積或增加初級匝數 N_P，使 B_M 在 $0.2 \sim 0.3T$ 範圍之內。如 $B_M < 0.2T$，就應選擇尺寸較小的鐵心或者減小 N_P 值。

(7) 計算鐵心的氣隙寬度 δ

$$\delta = 40\pi S_J \left(\frac{N_P^2}{1000 L_P} - \frac{1}{1000 A_L} \right) \qquad (5.9.8)$$

式中，δ 的單位是 mm。將 $S_J = 0.41cm^2$，$N_P = 54$ 匝，$L_P = 623\mu H$，鐵心不留間隙時的等效電感 $A_L = 2.4\mu H/$匝^2，一併代入 (5.9.8) 式中得到，$\delta = 0.22mm$。氣隙 δ 應加在鐵心的磁路中心處，要求 $\delta \geq 0.051mm$。若 δ 小於此值，需增大鐵心尺寸或者增加 N_P 值。

(8) 計算留有氣隙時鐵心的等效電感 A_{LG}

$$A_{LG} = \frac{L_P}{N_P^2} \qquad (5.9.9)$$

將 $L_P = 623\mu H$，$N_P = 54$ 匝代入 (5.9.9) 式中得到，$A_{LG} = 0.214\mu H/$匝^2。表 5.8 中實際結果為 $0.215\mu H/$匝^2。需要說明兩點：

① A_{LG} 值必須在選好 N_P 值以後才能確定。

② 如上所述，高頻變壓器設計是一個多次迭代的過程。例如當N_P改變後，N_S和N_F值也會按一定比例變化。此外，在改變鐵心尺寸時，需對J、B_M、δ等參數重新計算，以確信它們仍在給定範圍之內。這顯示，若計算結果與表 5.8 中所列資料略有差異，也是正常現象，因二者的迭代過程未必完全一致。

6. **確定次級參數I_{SP}、I_{SRMS}、I_{RI}、D_{Sm}、D_{SM}**

(1) 計算次級峰值電流I_{SP}

次級峰值電流取決於初級峰值電流I_P和初、次級的匝數比n，有公式

$$I_{SP} = nI_P = \frac{N_P}{N_S} \cdot I_P \tag{5.9.10}$$

已知$I_P = 0.74\text{A}$，$N_P = 54$ 匝，$N_S = 5$ 匝，不難算出$n = 10.8$。代入(5.9.10)式中得到$I_{SP} = 7.99\text{A}$。表 5.8 中為 7.95A。

(2) 計算次級有效值電流I_{SRMS}

次級漣波電流與峰值電流的比例係數K_{RP}與初級完全相同，區別僅是對次級而言，K_{RP}反映的是次級電流在工作週期為$(1 - D_{max})$時的比例係數。因此，計算次級有效值電流I_{SRMS}時，需將(5.4.5)式中的I_{RMS}、I_P、D_{max}依次換成I_{SRMS}、I_{SP}、$(1 - D_{max})$。由此得到公式

$$I_{SRMS} = I_{SP} \sqrt{(1 - D_{max}) \cdot \left(\frac{K_{RP}^2}{3} - K_{RP} + 1 \right)} \tag{5.9.11}$$

將$I_{SP} = 7.95\text{A}$，$D_{max} = 51\%$，$K_{RP} = 0.92$ 代入(5.9.11)式中求得，$I_{SRMS} = 3.35\text{A}$。表 5.8 中的計算結果為 3.36A。

(3) 計算輸出濾波電容上的漣波電流I_{RI}

先求出輸出電流$I_O = P_O/U_O = 15\text{W}/7.5\text{V} = 2\text{A}$，再代入下式計算$I_{RI}$：

$$I_{RI} = \sqrt{I_{SRMS}^2 - I_O^2} \tag{5.9.12}$$

將$I_{SRMS} = 3.36\text{A}$，$I_O = 2\text{A}$ 代入(5.9.12)式中計算出，$I_{RI} = 2.70\text{A}$。

最後計算次級裸導線直徑，有公式

$$D_{\mathrm{Sm}} = \sqrt{\frac{4I_{\mathrm{SRMS}}}{1.27\pi} \cdot \frac{1980}{J} \cdot \frac{25.4}{1000}} = 1.13\sqrt{\frac{I_{\mathrm{SRMS}}}{J}} \qquad (5.9.13)$$

將 $I_{\mathrm{SRMS}} = 3.36\mathrm{A}$，$J = 5.18\mathrm{A/mm^2}$ 代入(5.9.13)式中求出，$D_{\mathrm{Sm}} = 0.91\mathrm{mm}$。實選 $\phi0.90\mathrm{mm}$ 的公制線規。

需要指出，當 $D_{\mathrm{Sm}} > 0.4\mathrm{mm}$ 時，應採用 $\phi0.40\mathrm{mm}$ 的兩股導線雙線並繞 N_{S} 匝。與單股粗導線繞製方法相比，雙線並繞能增大次級繞組的等效橫截面積，改善磁場耦合程度，減小磁場洩漏及漏感。此外，用雙線並繞方式還能減小次級導線的電阻值，降低功率損耗。

若選用三重絕緣線來繞制次級繞組，則導線外徑(單位是 mm)的計算公式為

$$D_{\mathrm{SM}} = \frac{b - 2M}{N_{\mathrm{S}}} \qquad (5.9.14)$$

將 $b = 8.43\mathrm{mm}$，$M = 0$，$N_{\mathrm{S}} = 5$ 匝一併代入(5.9.14)式中得到，$D_{\mathrm{SM}} = 1.69\mathrm{mm}$。可選導線直徑 $D_{\mathrm{Sm}} \geq 0.91\mathrm{mm}$ 而絕緣層外徑 $D_{\mathrm{SM}} \leq 1.69\mathrm{mm}$ 的三重絕緣線。

(4) 確定次級整流二極體、回授電路整流二極體的最高反峰值電壓：$U_{\mathrm{(BR)S}}$、$U_{\mathrm{(BR)FB}}$

有公式

$$U_{\mathrm{(BR)S}} = U_{\mathrm{O}} + U_{\mathrm{Imax}} \cdot \frac{N_{\mathrm{S}}}{N_{\mathrm{P}}} \qquad (5.9.15)$$

$$U_{\mathrm{(BR)FB}} = U_{\mathrm{FB}} + U_{\mathrm{Imax}} \cdot \frac{N_{\mathrm{F}}}{N_{\mathrm{P}}} \qquad (5.9.16)$$

將 $U_{\mathrm{O}} = 7.5\mathrm{V}$，$U_{\mathrm{FB}} = 10.4\mathrm{V}$，$U_{\mathrm{Imax}} = 375\mathrm{V}$，$N_{\mathrm{S}} = 5$ 匝，$N_{\mathrm{P}} = 54$ 匝，$N_{\mathrm{F}} = 7$ 匝，分別代入(5.9.15)式和(5.9.16)式中計算出，$U_{\mathrm{(BR)S}} = 42.2\mathrm{V}$，$U_{\mathrm{(BR)FB}} = 59\mathrm{V}$。這與表5.8中給出的結果完全相同。

5.9.2　高頻變壓器的設計步驟及參數分類

1.　設計步驟

無論單晶片交換式電源工作在連續模式還是不連續模式，其高頻變壓器的設計過程均可分成以下三個步驟：

第一步：根據設計要求、所用鐵心及TOPSwitch的型號，設定或估算 11 個獨立的可直接輸入電腦的參數。這些獨立參數即表 5.8 中第 3 行至第 13 行所列參數：交流輸入電壓最大值u_{max}、交流輸入電壓最小值u_{min}、電路頻率 f_L、切換頻率 f、輸出電壓U_O、輸出功率P_O、電源效率η、損耗分配係數Z、回授電壓U_{FB}、橋式整流二極體導通時間t_c、輸入濾波電容的容量C_{IN}。

第二步：設定或計算與輸出狀態有關的 10 個參數。這些參數可分成兩大類：

(1)　由 TOPSwitch 決定的變數，包括初級感應電壓U_{OR}、汲-源導通電壓$U_{DS(ON)}$、初級脈動電流與峰值電流的比例係數K_{RP}。

(2)　由高頻變壓器鐵心及結構所決定的參數，包含鐵心有效橫截面積S_J、有效磁路長度l、鐵心不留間隙時的等效電感A_L、骨架的繞線寬度b、用於防止漏電和進行安全隔離的安全邊距M、初級層數d、次級匝數N_S。這些參數大多可預先估計，只有 3 個參數會在設計過程中發生變化，它們分別是K_{RP}、d、N_S。

第三步：確定並檢查其他相關參數，應符合設計要求。

2.　相關參數的分類

設計高頻變壓器的相關參數可劃分成以下 4 種：

(1)　直流輸入電壓參數：直流輸入電壓最小值U_{Imin}，直流輸入電壓最大值U_{Imax}。二者分別為u_{min}、u_{max}的相關參數。

(2)　初級電流波形參數：最大工作週期D_{max}，初級的平均值電流I_{AVG}，峰值電流I_P，脈動電流I_R，有效值電流I_{RMS}。

(3)　變壓器設計參數：L_P、N_F、N_P等。

(4)　電壓極限參數(亦稱耐壓參數)：TOPSwitch 關斷時的最高汲極電壓U_{Dmax}，次級整流二極體最高反峰值電壓$U_{(BR)S}$，回授電路整流二極體的最高逆向峰值電壓$U_{(BR)FB}$。

在所有相關參數中，只有 3 個參數需在設計過程中進行檢查並核對是否在允許範圍之內。它們是最大磁通密度B_M(要求$B_M = 0.2\sim0.3$T)、鐵心的氣隙寬度 δ (要求 $\delta \geq 50.051$mm)、初級電流密度 J (規定$J = 4\sim10$A/mm^2)。這 3 個參數在設計的每一步都要檢查，確保其在允許範圍之內。其他相關參數可透過查手冊、直接設定或用公式計算等方法加以確定。

3. **計算公式補充**

下面介紹計算L_P、B_{AC}、μ_r、δ的 5 個補充公式。

(1) 驗證初級電感量L_P的公式

前面曾介紹過L_P的計算公式，詳見式(5.9.1)。實際上，L_P還可表示成脈動電流I_R、初級有效輸入電壓($U_{Imin} - U_{DS(ON)}$)、最大工作週期D_{max}、切換頻率f的函數運算式：

$$L_P = \frac{10^6\,(U_{Imin} - U_{DS(ON)})\,D_{max}}{I_R\,f} \tag{5.9.17}$$

式中的I_R、($U_{Imin} - U_{DS(ON)}$)、D_{max}、f均可透過實際測量而得到，由此計算出的L_P值可作爲驗證用式(5.9.1)求得初級電感量是否正確的依據。由於所選損耗分配係數Z、汲-源導通電壓$V_{DS(ON)}$值的不同，允許二者略有差異。

(2) 交流磁通密度B_{AC}

表 5.8 中的交流磁通密度有兩個計算公式：

$$B_{AC} = \frac{B_M\,K_{RP}}{Z} \tag{5.9.18}$$

$$B_{AC} = \frac{10^8\,(U_{Imin} - U_{DS(ON)})\,D_{max}}{2\,f\,S_J\,N_P} \tag{5.9.19}$$

式中的最大磁通密度B_M值可從廠家提供的鐵心產品手冊給出的損耗曲線上查到。舉例說明，已知$B_M = 0.2085\text{T}$(符合 0.2～0.3T 的規定範圍)，$K_{RP} = 0.92$，代入(5.9.18)式算出$B_{AC} = 0.9591\text{T}$。這與表 5.8 中給出的結果完全相同。(5.9.19)式可作爲驗證公式。

(3) 鐵心無氣隙時的相對導磁率μ_r

μ_r與鐵心不留間隙時的等效電感A_L、有效磁路長度l、鐵心有效橫截面積S_J之間，存在下述關係式：

$$\mu_r = \frac{A_L\,l}{4\pi S_J} \tag{5.9.20}$$

(4)　氣隙寬度δ

前面介紹過利用(5.9.8)式計算δ的方法。下面再補充一個公式，根據μ_r值亦可計算δ：

$$\delta = \frac{0.04\pi N_P^2 S_J}{L_P} - \frac{10l}{\mu_r} \qquad (5.9.21)$$

5.9.3　兩種工作模式下的初、次級波形

在設計高頻變壓器之前，瞭解連續模式和不連續模式下的初、次級電壓和電流波形是很有必要的。2.4 節曾給出由 TOP202Y 構成 7.5V、15W 交換式電源模組的內部電路，現假定$u = 110V$，該電源工作在連續模式、不連續模式下典型的汲極電壓U_D、次級繞組電壓U_S、初級電流I_{PRI}和次級電流I_{SEC}的波形，分別如圖 5.9.1、圖 5.9.2 所示。這兩種模式所對應的初級電感量是不相同的。由圖 2.4.1 可見，TOPSwitch 導通時，直流高壓U_I能加到初級繞組的兩端，此時同名端(初級繞組上加黑圓點處)的電位要比不加黑圓點端低。初級電流I_{PRI}就沿著斜率K_1線性地增大。斜率K_1隨V_I的升高而增大，隨L_P的增加而減小。脈動電流I_R被定義為在 TOPSwitch 整個導通期間初級電流的線性增量。初級峰值電流I_P則是 TOPSwitch 關斷時刻的電流值，如果把初級繞組視為純電感，那麼正比於I_P^2的磁場能量就都儲存在鐵心中，在初級繞組會產生與初級匝數N_P成正比且和初級同名端極性相同的感應電壓U_{OR}。在 TOPSwitch 導通時，輸出整流二極體VD_2和回授電路中的整流二極體VD_3均因逆向偏置而截止，次級繞組中無電流通過。當 TOPSwitch 關斷時，迅速減弱的磁場就使高頻變壓器的所有繞組產生突變的逆向感應電壓，同名端電位高於不加黑圓點端，VD_2和VD_3受順向偏置而導通。次級繞組中的電流I_{SEC}迅速增加到峰值I_{SP}，$I_{SP} = I_P/n$。初級電流迅速降至零。TOPSwitch 的汲極電壓U_D迅速升高到$(U_I + U_{OR})$值。次級繞組電流則按斜率K_3線性地衰減。斜率K_3隨U_O的升高而增大，隨L_P的增加而減小。

圖 5.9.1 示出當L_P較大時，I_{PRI}呈現出梯形電流波形，該工作模式即為連續模式。其特徵是在 TOPSwitch 再次導通的時刻，初級電流I_{PRI}具有一個初始值。這顯示在上次關斷期間磁場能量並未全部送給負載，當 TOPSwitch 再次導通時，剩餘磁場能量仍然儲存在鐵心中。

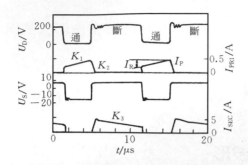

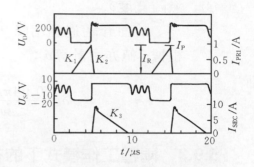

圖 5.9.1　連續模式下的電壓和電流波形　　　　圖 5.9.2　不連續模式下的電壓和電流波形

　　圖 5.9.2 示出當初級電感量L_P較小時，I_{PRI}呈現出三角形電流波形，這種工作模式稱之為不連續模式。其特點是當 TOPSwitch 再次導通之前，次級電流 I_{SEC}早已線性地減小到零。這顯示所儲存的能量全部送給負載。當初級無電流通過時，汲極電壓就降低且出現振鈴現象，然後回到直流狀態。

　　眾所周知，交換式電源的初級電流和次級電流不可能同時存在，I_{PRI}和I_{SEC}從來都不是連續的。因而單晶片交換式電源的"連續"與"不連續"有一個特定的含義，它指的是在兩個完整的開關週期內，高頻變壓器鐵心中磁場能量的傳輸是否具有連續性，即上一開關週期內鐵心中有無剩餘能量，以及下一開關週期是否承接此剩餘能量並補充新的能量後繼續給次級傳輸。因此，不要把二者相混淆。

　　每個初級電流波形都包含著峰值電流I_P、脈動電流I_R、平均值電流I_{AVG}和有效值電流I_{RMS}。這其中，I_P決定初級繞組匝數(N_P)，並且限制最大磁通密度(B_M)和TOPSwitch的峰值電流所必需的鐵心尺寸。I_{AVG}是初級平均值電流或者初級直流電流(採用直流供電時)，I_{AVG}與輸出功率成正比。當有效值電流I_{RMS}通過初級繞組的直流電阻和 TOPSwitch 的汲-源導通電阻$R_{DS(ON)}$時，就產生了初級功率消耗。I_R與I_P的比值(K_{RP})決定了單晶片交換式電源的工作模式，K_{RP}還與L_P成反比，增大L_P，使 $1 > K_{RP} > 0.4$，就選擇連續模式。在輸入電壓和輸出功率相同的情況下，連續模式的初級電感量大約是不連續模式的 4 倍。採用不連續模式能減小高頻變壓器尺寸，改善穩壓性能，但電源效率會降低。

5.9.4　其他注意事項

1.　鐵心類型

　　小型化、塑膠盒密封式交換式電源模組可選低成本的 EE 或 EI(E 形配條形)型鐵心。多通道輸出式交換式電源宜採用 EFD 型鐵心，這類鐵心能提供較大的視窗，以便容納多個次級繞組。大功率開關電源適配 ETD 型(圓中心柱)鐵心。單晶片交換式電源不得使用環形鐵心、POT 鐵心或 RM 型(大槽口罐形)鐵心，因其洩漏磁場較大。

2.　高頻變壓器的繞製技術

(1)　初級繞組必須繞在最裏層。其優點之一是能縮短每匝導線的長度，減小初級繞組的分佈電容；優點之二是初級繞組能被其他繞組所遮罩，可降低初級繞組至相鄰元件的電雜訊。另外，初級繞組的起始端應接到 TOPSwitch 的汲極端，利用初級繞組的其餘部分和其他繞組將它遮罩，減小從初級耦合到其他地方的電磁干擾。初級繞組須設計成兩層或兩層以下，才能把初級分佈電容和漏感降至最低。在初級各層之間加一絕緣層，能將分佈電容減小到原來的 1/4 左右。

(2)　回授繞組的最佳位置取決於交換式電源採用初級調整方案還是次級調整方案。採用前者時應將回授繞組置於初、次級繞組之間，這樣能對初級迴路元件上的電磁干擾產生了遮罩作用。選擇次級調整方案，需把回授繞組繞在最外層，此時回授繞組與次級繞組的耦合最強，對輸出電壓的變化反應得更靈敏，能提高調整度；另外還能減小回授繞組與初級繞組的耦合程度以及回授輸出的峰值充電效應，也有助於提高穩壓性能。兩種方案各具特點，應根據實際情況進行選擇。若對降低 EMI 要求較高，應選第一種方案。

(3)　繞製多通道輸出的次級繞組時，輸出功率最大的次級繞組應靠近初級，以減小漏感。如次級匝數較少，每匝之間可適當留出間隙，使繞組能充滿整個骨架。更好的解決辦法是採用多股並繞的方法。

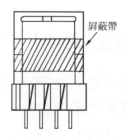

圖 5.9.3　高頻變壓器的遮罩帶

(4) 遮罩層的設計。在初、次級之間增加遮罩層，可減小初、次級之間共模干擾的容性耦合，最經濟的遮罩法是在初、次級之間專繞一層漆包線，一連接 U_I (或 U_D)；另一端浮接並且用絕緣帶絕緣，置於高頻變壓器內部而不引出來。對於中、小功率的高頻變壓器，遮罩層的導線可選 $\phi 0.35$mm 線徑。

為防止高頻變壓器洩漏磁場對相鄰電路造成干擾，亦可把一銅片環繞在變壓器外部，構成如圖 5.9.3 所示的遮罩帶。該遮罩帶相當於短路環，能對洩漏磁場產生了抑制作用，遮罩帶應與 U_D 端連通。

3. 安全性

高頻變壓器的初、次級之間必須隔離且絕緣良好。各繞組的首、尾引出端均需加絕緣襯套，襯套壁厚不得小於 0.4mm。對於 110V 交流電源，初、次級之間應能承受 2000V 交流測試電壓，持續時間為 60s，其漏電距離為 2.5～3mm。對於 220V 交流電源，需承受 3000V 的交流測試電壓，漏電距離為 5～6mm。高頻變壓器的安全邊距(M)應等於漏電距離的一半。對 220V 交流電源而言，可選 $M=$ 2.5～3mm，參見圖 5.9.4。若次級採用三重絕緣線，就不需要留出安全邊距了，見圖 5.9.5。三重絕緣線中的任何兩層均可承受 3000V(RMS) 的安全測試電壓，繞組的首、尾引線端也不必加絕緣襯套。

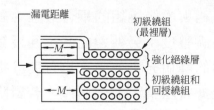

圖 5.9.4　安全邊距與漏電距離的關係

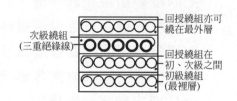

圖 5.9.5 三重絕緣線變壓器的剖面圖

5.10　多通道輸出單晶片交換式電源的設計

許多電子產品(如微型電腦、機上盒解碼器、錄影機)都需要由多通道穩壓電源來供電。在電子儀器、自控裝置中也要給各種類比與數位電路提供多通道電源。利用單晶片交換式電源可實現多路電壓輸出。下面透過一個典型實例來詳細介紹多通道輸出式交換式電源的最佳化設計。

5.10.1　電路設計方案

1.　確定多通道輸出的技術指標

　　　　假定要設計的交換式電源具有三路輸出：主輸出U_{O1}(5V、2A、10W)，輔助輸出爲U_{O2}(12V、1.2A、14.4W)和U_{O3}(30V、20mA、0.6W)。總輸出功率爲25W。其技術指標詳見表5.10.1。

　　　　各路輸出的穩壓性能對於電路結構和高頻變壓器的設計至關重要。通常，主輸出的穩定性要高於輔助輸出。現將＋5V作爲主輸出，專供CMOS、TTL數位電路使用，其負載調整率$S_I \leq 1$％。其餘兩路允許在±5％以下。

表 5.10.1　多通道輸出的技術指標

主輸出			輔助輸出						總輸出功率P_O
第1路			第2路			第3路			
U_{O1}	I_{O1}	P_{O1}	U_{O2}	I_{O2}	P_{O2}	U_{O3}	I_{O3}	P_{O3}	
＋5V (±5％)	0.4～2.0A	10W	＋12V (±10％)	0.12～1.20A	14.4W	＋30V (±10％)	10～20mA	0.6W	25W

2.　確定回授電路

　　　　多通道輸出的回授電路也有4種類型：①基本回授電路；②改進型基本回授電路；③配穩壓二極體的光耦合回授電路；④配TL431的光耦合回授電路。以第4種電路的穩壓性能爲最佳。利用表5.10.2可以選定回授電路。需要指出，多通道輸出要比單路輸出的S_I值高，並且主輸出的指標要優於輔助輸出。

(1)　基本回授電路是利用回授繞組來間接獲取輸出電壓的變化信號，因此它不需要使用光耦合器。該方案的電路最爲簡單，但交換式電源的穩定性不高，難於把負載調整率降至±5％以下，若僅爲改善輕載時的負載調整率，亦可在輸出端並聯一隻合適的穩壓二極體，使其穩定電壓$U_Z = U_{O1}$，此時輕載下的$S_I ＜±5$％。

(2)　改進型(亦稱增強型)基本回授電路。其特點是在回授電路中需串聯一隻22V的穩壓二極體(VD_{Z1})。

表 5.10.2　可供多通道輸出選擇的 4 種回授電路

回授電路類型	負載調整率		電路說明
	主輸出	輔助輸出	
基本回授電路	±5 %	> 10 %	在輸出端並聯一隻穩壓二極體，可改善輕載時的負載調整率
改進型基本回授電路	±2.5 %	> 10 %	需在回授電路中增加穩壓二極體和電容
配穩壓二極體的光耦合回授電路	±2 %	> 5 %	由穩壓二極體提供外部參考電壓
配TL431的精密光耦合回授電路	±1 %	≤5 %	由 TL431 提供高穩定度的參考電壓；除主輸出作為主要回授信號，其餘各路輸出也可按一定比例回授

(3)　配穩壓二極體的光耦合回授電路。它是利用一隻穩壓二極體的穩定電壓作為次級參考電壓。由穩壓二極體的穩定電壓(U_Z)、光耦合器中 LED的順向壓降(U_F)和用來控制迴路增益的串聯電阻R_1上的壓降(U_{R_1})這三者之和，來決定輸出電壓值。當U_Z的偏差為 1 ％時，能將主輸出的負載調整率控制在±2 ％以內。該電路的不足之處是參考電壓的穩定度不高，並且只對主輸出進行回授，其他各路輔助輸出未提供回授，因此輔助輸出的電壓穩定性較差。

(4)　配 TL431 的多通道輸出光耦合回授電路。其特點是：

①　利用TL431型可調式精密並聯穩壓器構成次級誤差電壓放大器，再透過光耦合器對主輸出進行精確地調整。

②　除主輸出作為主要的回授信號之外，其他各路輔助輸出也按照一定比例回授到TL431的 2.50V 基準端，這對於全面提高多通道輸出式交換式電源的總體穩壓性能具有重要意義，也是單晶片交換式電源的一項新技術。

3.　設計交換式電源電路

基於上述原則設計而成的多通道輸出式 25W 交換式電源的電路，如圖 5.10.1 所示。該電路採用一片 TOP223Y 型三端單晶片交換式電源，交流輸入電壓範圍是 85～265V。高頻變壓器的次級有 3 個獨立繞組，但僅在主輸出端(＋5V)設計了帶 TL431 的光耦合回授電路。

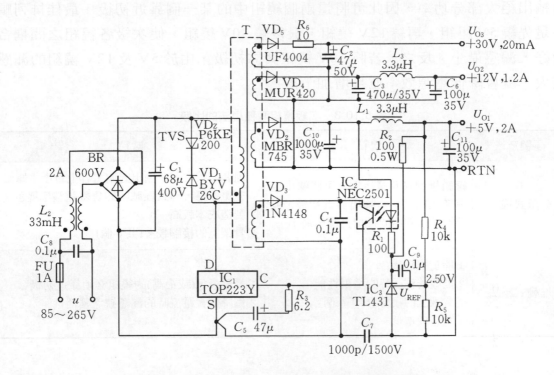

圖 5.10.1　多通道輸出式 25W 交換式電源的電路

多通道輸出交換式電源也有兩種工作模式：

① 連續模式(CUM)，其優點是能提高 TOPSwitch 的利用率。

② 不連續模式(DUM)，其優點是在輸出功率相同的情況下，能採用尺寸較小的鐵心，減小高頻變壓器的體積。多通道輸出交換式電源一般選擇連續模式，此時關注的是次級繞組如何與印刷電路實現最佳配合，而高頻變壓器的外形尺寸已不再是重要問題了。

5.12.2　多通道輸出高頻變壓器的設計

高頻變壓器採用EE29型鐵氧體鐵心，其有效磁通面積$S_J = 0.76\text{cm}^2$。留出的鐵心氣隙寬度$\delta = 0.38\text{mm}$。骨架有效寬度為 26mm。初級繞組採用$\phi 0.3\text{mm}$漆包線繞 77 匝，回授繞組用$\phi 0.3\text{mm}$漆包線繞 9 匝。

次級繞組有兩種繞製方法，一種是分離式繞法，另一種是堆疊式繞法。表5.10.3列出二者的優缺點，可供參考。圖5.10.2分別示出它們的結構。分離式的每個繞組上僅傳輸與該路特定負載有關的電流。因3個次級繞組互相獨立，故在確定各繞組的排列順序上有一定靈活性。現考慮到5V(2A)和12V(1.2A)繞組輸出絕大部分功率，因此可將這兩個繞組中的某一個靠近初級。最佳排列順序是先繞 5V 繞組，再繞 12V 繞組，最後繞 30V 繞組，使次級各繞組之間耦合最好，漏感最小。反之，若將 30V 繞組緊靠初級，由於 5V 及 12V 繞組的漏感較大，就會降低電源效率並且增加干擾。

表 5.10.3　次級繞組兩種繞法的比較

繞製方法	優點	缺點
分離式繞法	線組排列具有靈活性，可將輸出電流較大的某一路輸出靠近初級，能將漏感引起的能量損失減至最小	①因漏感較大，在輸出濾波電容上會產生峰值充電效應，導致輕載時的負載調整率變差 ②製造成本較高 ③骨架上的接腳較多(共 6 個)
堆疊式繞法	①能加強磁耦合 ②能改善輕載時的穩壓性能 ③骨架上的接腳少(僅 4 個) ④製造成本低	①電壓最低(或最高)的繞組必須靠近初級 ②為降低大電流時的漏感缺乏靈活性

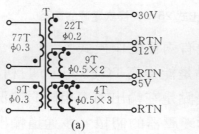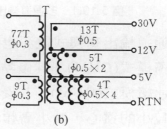

(a)分離式繞法；(b)堆疊式繞法

圖 5.10.2　次級繞組的兩種繞製方法

堆疊式繞法是變壓器生產廠家經常採用的方法。其特點是由 5V 繞組給 12V 繞組提供部分匝數及接地端；而 30V 繞組中則包含 5V、12V 繞組和新增加的匝數。各繞組的線徑必須滿足該路輸出電流與其他路輸出流過它上面電流總和的要求。堆疊式繞法的技術先進，不僅能節省導線，減小線圈體積和降低成本，還可增加繞組之間的互感量，加強耦合程度。舉例說明，當 5V 輸出滿載而 12V 和 30V 輸出輕載時，由於 5V 繞組兼作 12V、30V 繞組的一部分，因此能減小這些繞組的漏感，可以避免因漏感使 12V 和 30V 輸出電路中的濾波電容被尖峰電壓充電到峰值(亦稱峰值充電效應)，而引起輸出電壓不穩定。堆疊式繞法的不足之處是在確定哪個次級繞組靠近初級時的靈活性較差。這裏是將 5V 繞組作爲次級的始端。

在繞製時特別推薦將多股導線並聯後平行繞在骨架上。這樣能保證良好的涵蓋性，增加初級與次級之間的耦合程度。

在計算各繞組的匝數時，可取相同的"每伏匝數"。每伏匝數n_0由下式確定：

$$n_0 = \frac{N_S}{U_{O1} + U_{F1}} \tag{5.10.1}$$

其單位是"匝數/V"。將$N_S = 4$匝，$U_{O1} = 5V$，$U_{F1} = 0.4V$(肖特基整流二極體導通壓降)代入上式得到，$n_0 = 0.74$匝/V。由此可計算出其他各繞組的匝數。

對於 12V 輸出，已知$U_{O2} = 12V$，$U_{F2} = 0.7V$(快恢復整流二極體壓降)，因此$N_{12} = 0.74$匝/V$\times(12V + 0.7V) = 9.4$匝，實取 9 匝。

對於 30V 輸出，因$U_{O3} = 30V$，$U_{F3} = 0.7V$，故$N_{30} = 0.74$匝/V$\times(30V + 0.7V) = 22.7$匝，實取 22 匝。

在選擇輸出級整流二極體的參數時，應遵循以下原則：二極體的額定工作電流(I_F)至少爲該路最大輸出電流的 3 倍，二極體的最高逆向工作電壓(U_{RM})必須高於規定的最低耐壓值(U_R)。根據上述原則所選定的輸出整流二極體型號及參數，見表 5.10.4。由表可見，所選整流二極體的技術指標均留有一定的餘量。

表 5.10.4　各路輸出整流二極體的選擇

輸出電壓	規定指標		整流二極體型號與參數		
	最大輸出電流I_{OM}	最低耐壓U_R	型號	I_F	U_{RM}
5V	2.0A	30V	MBR745	7.8A	45V
12V	1.2A	70V	MUR420	4.0A	200V
30V	20mA	170V	UF4004	1.0A	400V

5.10.3　多通道輸出單晶片交換式電源的改進方案

採用堆疊式繞法的多通道輸出單晶片交換式電源電路，如圖 5.10.3 所示。下面就以該電路爲例介紹其改進方案，包括改善負載調整率、減小電磁干擾、消除峰值充電效應、增加軟啓動功能、實現正、負壓對稱輸出的方法。

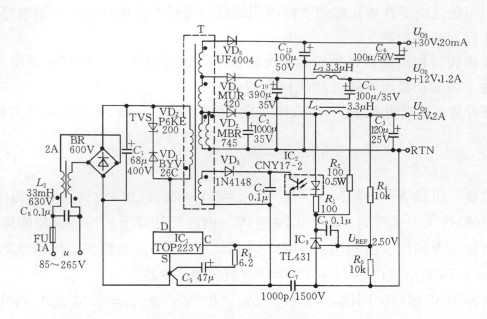

圖 5.10.3 堆疊式繞法的多通道輸出單晶片交換式電源電路

1. 改進電路

　　圖 5.10.3 所示交換式電源電路的總輸出功率仍為 25W。它與圖 5.10.1 的主要區別是高頻變壓器採用堆疊式繞法，另外部分元件及電路接線略有差異。由圖可見，它僅從 5V 主輸出上引出回授信號，其餘各路輸出未接回授電路。這樣，當 5V 輸出的負載電流發生變化時，會影響 12V 輸出的穩定性。解決方法是給 12V 輸出也增加回授，電路如圖 5.10.4 所示。在 12V 輸出端與 TL431 的基準端之間並通電阻 R_6，並將 R_4 的阻值從 10kΩ 增至 21kΩ。由於 12V 輸出亦提供一部分回授信號，因此可改善該路輸出的穩壓性能。改進前，當 5V 主輸出的負載電流從 0.5A 變化到 2.0A 時(即從滿載電流的 25 ％ 變化到 100 ％)，12V 輸出的負載調整率 S_I ＝±2 ％；改進後，S_I ＝±1.5 ％。改進前後的負載特性曲線如圖 5.10.5 所示。下面介紹 12V 輸出的回授電路設計方法。

　　12V 輸出的回授量由 R_6 的阻值來決定。假定要求 12V 輸出與 5V 輸出的回授量相等，各佔總回授量的一半，即回授比例係數 $K＝50$ ％。此時通過 R_6、R_4 上的電流應相等，即 $I_{R_6}＝I_{R_4}$。

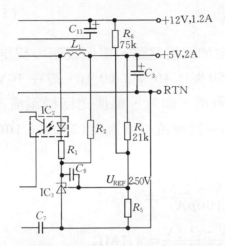

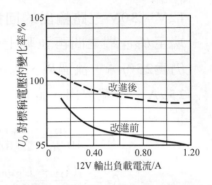

圖 5.10.4 由 5V 和 12V 輸出同時提供回授 的改進電路

圖 5.10.5 改進前後負載特性曲線的比較

改進前,全部回授電流通過R_4,因此

$$I_{R_4} = \frac{U_{O1} - U_{REF}}{R_4} = \frac{5V - 2.50V}{10k\Omega} = 250\mu A$$

改進後,50%的電流從R_6上通過,即$I_{R_6} = 250\mu A/2 = 125\mu A$。$R_6$的阻值由下式確定:

$$R_6 = \frac{U_{O2} - U_{REF}}{I_{R_6}} \tag{5.10.2}$$

將$U_{O2} = 12V$,$U_{REF} = 2.50V$,$I_{R_6} = 125\mu A$代入(5.10.2)式中得到$R_6 = 76k\Omega$,可取標稱阻值75kΩ。由於I_{R_4}已從250μA減至$I'_{R_4} = 125\mu A$,因此尚需按下式調整R_4的阻值:

$$R_4 = \frac{U_{O1} - U_{REF}}{I'_{R_4}} \tag{5.10.3}$$

將$U_{O1} = 5V$,$U_{REF} = 2.50V$,$I'_{R_4} = 125\mu A$代入(5.10.3)式中得到,$R_4 = 20k\Omega$。考慮到接上R_6之後,5V 輸出的穩定度會略有下降,應稍微增加R_4的阻值以進行補償,實取$R_4 = 21k\Omega$。

需要說明兩點:

(1) 當回授比例係數$K \neq 50\%$時,可按下式計算R_6值:

$$R_6 = \frac{U_{O2} - U_{REF}}{K \times 250\mu A} \qquad\qquad (5.10.4)$$

(2) 參照上述方法還可以給30V輸出增加回授電路。舉例說明，假定5V、12V、30V 三路輸出的回授比為50％：40％：10％，需在30V 輸出端至U_{REF}端之間再並聯上一隻電阻R_7。顯然，為使總回授電流不變，仍為250μA，流過R_4、R_6、R_7上的回授電流須依次為125μA、100μA、25μA。不難算出，此時

$$R_6 = \frac{U_{O2} - U_{REF}}{40\% \times 250\mu A} = \frac{12V - 2.5V}{100\mu A} = 95k\Omega$$

$$R_7 = \frac{U_{O3} - U_{REF}}{10\% \times 250\mu A} = \frac{30V - 2.5V}{25\mu A} = 1.1M\Omega$$

R_4的阻值仍取21kΩ。

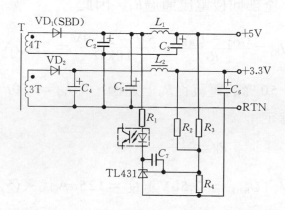

圖 5.10.6　5V 和 3.3V 雙路輸出交換式電源電路

圖 5.10.6還示出由5V和3.3V輸出同時給TL431提供回授的交換式電源單元電路，可顯著提高3.3V輸出的穩定度。回授比例係數可透過調節R_2、R_3的阻值來實現，計算方法同上。這種電路可供筆記型電腦中的交換式電源使用，現取 0.75 匝/V。

2. 減小電磁干擾的方法

當高頻變壓器初、次級繞組之間的分佈電容較大時，次級上會產生100kHz的開關雜訊電壓。為此，可在30V隔離輸出的地端與＋5V輸出的返回端RTN之間接入電容器C_{13}，將雜訊電壓旁路掉，電路如圖 5.10.7所示。要求C_{13}的耐壓值為1500V。

3. 消除峰值充電效應

　　由於高頻變壓器存在漏感而產生的次級尖峰電壓，可將輸出濾波電容反覆充電到峰值電壓，會導致輸出電壓遠高於按變壓器輸出匝數計算出的設定值。因 30V 輸出的額定負載很輕，最大負載電流僅 20mA，峰值充電效應尤為顯著。為此，可給圖 5.10.3 所示電路中的 VD_5 串聯一隻 10Ω 的小電阻 R_7。R_7 與 C_{12} 構成高頻濾波器，能夠濾除漏感產生的尖峰電壓，防止 C_{12} 充電到峰值。

4. 改善輕載時的負載調整率

　　為改善輕載時的負載調整率，除利用穩壓二極體對輸出電壓進行箝位，並聯假負載電阻之外，還可採用下述辦法，給 5V 輸出加一個虛擬負載 R_2(見圖 5.10.7)，其阻值應視負載變化範圍而定。改進後能消除因漣波電流經 R_1、C_9 加至 TL431 的基準端而造成輕載時輸出電壓不穩定現象。

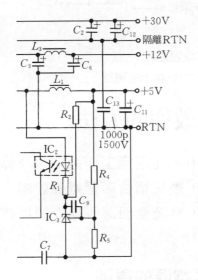

圖 5.10.7　減小次級雜訊電壓的電路

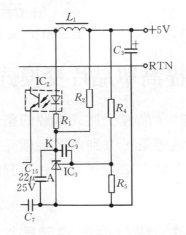

圖 5.10.8　軟啟動電路

5. 軟啟動電路

　　為避免剛接通電源時輸出電壓產生過衝現象，可增加如圖 5.10.8 所示的軟啟動電路。在 TL431 的陰極與陽極之間並聯一支軟啟動電容 C_{15}，其作用如下：剛通電時由於 C_{15} 兩端的壓降不能突變，使得 $U_{KA} = 0$，

TL431 不工作。隨著整流濾波器輸出電壓逐漸升高並由光耦合器中LED上的電流和R_2上的電流對C_{15}充電，使C_{15}上的電壓不斷升高，TL431 才逐漸轉入正常工作狀態，輸出電壓就在延遲時間內緩慢上升，最終達到＋5V 穩定值。

6.　實現正、負壓對稱輸出的電路

　　許多運算放大器、單晶片A/D轉換器需要正、負壓對稱的雙電源供電。能實現正、負壓對稱輸出的電路如圖 5.10.9 所示，其輸出電壓分別為＋U_O、－U_O。(a)圖中，VD_2為負壓整流二極體，其負極接負壓繞組的一端，負壓繞組的另一連接次級的公共端。(b)圖中是將VD_2的負極接公共地，但(b)圖對於堆疊式繞法不適用。

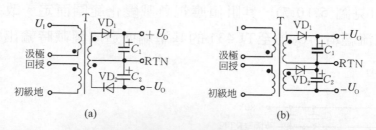

(a)電路之一；(b)電路之二

圖 5.10.9　實現正、負壓對稱輸出的電路

5.11　提高單晶片交換式電源效率的方法

　　在設計單晶片交換式電源的整個過程中，從確定工作週期、計算高頻變壓器的初級電感量，直到選擇各種元件參數，幾乎都會影響電源效率。下面首先闡述設計高效率單晶片交換式電源的原則，然後全面深入地介紹提高效率的方法。

5.11.1　設計高效率單晶片交換式電源的原則

1.　普遍原則

(1)　所設計的交換式電源應儘量工作在最大工作週期D_{max}下。這裏講的最大工作週期，是由外部設定的極限值。採用 100V/115V 交流輸入、使用 TOP100 系列時，推薦$D_{max}=40\%$。採用 $85\sim265V$ 交流輸入、使用 TOP200 系列或 TOPSwitch-II 系列時，推薦$D_{max}=60\%$為宜。

(2) 在功率切換電晶體的關斷期內，初級繞組感應電壓U_{OR}應取60V(對於100V/115V交流輸入、TOP100系列)，或者取135V(對於230V固定交流輸入或85～265V寬範圍輸入、TOP200系列和TOPSwitch-II系列)。

2. 具體原則

(1) 初級電路

① 增加初級電感量(L_P)，以減小初級峰值電流(I_P)和有效值電流(I_{RMS})，可以使高頻變壓器工作在連續模式下。此時TOPSwitch和高頻變壓器的功率消耗較低。一般不要選擇不連續模式。

② 橋式整流器的指標要留出足夠的餘量，其標稱整流電流必須大於額定電流值，才能減小能量損耗。

③ 輸入連接入負溫度係數熱敏電阻(NTC)，僅在剛通電時產生限流作用。應使之盡可能工作在熱態(即低阻態)，以減小熱敏電阻中的能量損耗。

④ 要正確估算輸入濾波電容的容量，在交流輸入電壓為100V或85～265V時，比例係數為$3\mu F/W$，即每瓦輸出功率對應於$3\mu F$的容量，依次類推。在230V交流輸入時為$1\mu F/W$，115V交流輸入時應取$2\mu F/W$。

⑤ 為提高電源效率和降低成本，應挑選最合適的TOPSwitch晶片。

⑥ 為了抑制尖峰電壓及其他電磁干擾，需增加汲極箝位保護電路和EMI濾波器。

(2) 高頻變壓器

① 為減小繞組導線上因高頻集膚效應而產生的損耗，推薦採用多股線並繞方式來繞製次級線圈。

② 選擇低損耗的鐵心材料、合適的形狀及正確的繞製方法，把漏感降至最低程度。在安裝空間允許的條件下，選擇較大尺寸的鐵心，有助於降低鐵心損耗。

③ 高頻變壓器的交變磁通量不得超過規定範圍，以免鐵心損耗增大。

(3)　次級電路

①　所選輸出整流二極體的標稱電流值至少應是連續輸出電流典型值的 3 倍。推薦使用順向壓降低、逆向恢復時間(t_{rr})極短的肖特基整流二極體。

②　在連續模式下為了降低功率消耗，輸出濾波電容上的交流電流規格值應是漣波電流的 1.5～2 倍。

5.11.2　提高單晶片交換式電源效率的方法

1.　增加初級電感量L_P

適當增加高頻變壓器的初級電感量，能夠提高電源效率。這是因為增大L_P之後，可以降低初級峰值電流I_P和有效值電流I_{RMS}，使輸出整流二極體和濾波電容上的損耗也降低。此外，還能減小儲存在高頻變壓器漏感L_{P0}上的能量W_0。該能量與I_P^2成正比，並且在汲極箝位電路的每個開關週期內被白白地消耗掉。這可歸納成下述關係：$L_P\uparrow\to I_P\downarrow$，$I_{RMS}\downarrow$，$W_0\downarrow\to\eta\uparrow$。

需要指出，為了減小I_{RMS}，除增大L_P之外，還必須降低汲極箝位保護電路上的損耗。顯然，由暫態電壓抑制器和超快恢復二極體構成的箝位電路，屬最佳設計方案。有關L_P的計算公式，詳見 5.9 節。

2.　選擇合適的D_{max}和U_{OR}參數

TOPSwitch電源在直流輸入電壓為最小值時($U_I=U_{Imin}$)，負載電路所取得的最大工作週期(D_{max})，直接影響到初、次級之間功率損耗的分配情況。但這裏講的D_{max}並非TOPSwitch本身的工作週期上限值，而是要由外部設定的一個極限值。它不僅與U_{Imin}、U_O、輸出整流二極體的順向壓降U_{F1}有關，還取決於初級對次級的匝數比($n=N_P/N_S$)。有公式

$$D_{max}=\frac{U_O+U_{F1}}{\frac{1}{n}\cdot U_{Imin}+U_O+U_{F1}} \tag{5.11.1}$$

不難看出，增加匝數比可提高最大工作週期。(5.11.1)式還可改寫成匝數比的運算式

$$n = \frac{N_P}{N_S} = \frac{D_{max}\, U_{Imin}}{(1 - D_{max})\,(U_O + U_{F1})} \tag{5.11.2}$$

匝數比還能決定初級感應電壓U_{OR}，公式為

$$U_{OR} = n(U_O + U_{F1}) \tag{5.11.3}$$

U_{OR}是在 TOPSwitch 關斷期間，初級從次級感應到的電壓值，亦即感應電動勢。在關斷期間，汲極電壓等於初級直流電壓U_I、感應電壓U_{OR}、由漏感引起的尖峰電壓這三者的總和。由於該電壓對高頻變壓器的變壓比產生了限制作用，因此也就限制了交換式電源的最大工作週期。這種限制作用就反應到U_{OR}的推薦值上。設計步驟是$u \rightarrow U_{OR} \rightarrow D_{max}$。例如，對於 TOP100 系列，$u = 85\sim132V$，$U_{OR} = 60V$，$D_{max} = 40\%$。對於 TOP200 系列，採用寬範圍輸入電壓時，$U_{OR} = 135V$，$D_{max} = 60\%$；230V 固定輸入時$D_{max} = 40\%$。TOPSwitch 的汲極峰值電壓可透過箝位二極體VD_Z加以控制。當$u = 115V$時，$U_B = 90V$，$u = 230V$或寬範圍輸入$(85\sim265V)$時，$U_B = 200V$。上述模組採用的是寬範圍輸入電壓。下面對其D_{max}進行討論。

當$L_P = 627\mu H$，$f = 100kHz$，$U_{Imin} = 90V$，預期的$\eta = 80\%$，輸出為 15V、30W。在U_{Imin}為 90V 時，TOP204Y 及外部元件上的電流最大。初級的I_{RMS}、I_P與D_{max}的關係曲線如圖 5.11.1 所示。次級的I_{SRMS}、I_{SP}和D_{max}關係曲線如圖 5.11.2 所示。次級輸出濾波電容C_2上的漣波電流有效值$I_{RI(RMS)}$與D_{max}之關係曲線見圖 5.11.3。圖 5.11.4 示出輸出整流二極體VD_2的最高反峰值電壓$U_{(BR)S}$與D_{max}的關係曲線。分析上述 4 幅插圖不難發現，當D_{max}增大時，初級的I_P、I_{RMS}以及次級的I_{SP}、I_{SRMS}、$I_{RI(RMS)}$、$U_{(BR)S}$均減小。

上述變化規律可從理論上加以驗證。由圖 5.11.1 和圖 5.11.2 可見，該電源模組在$D_{max} = 57\%$時的工作點為：$I_P = 1.0A$，$I_{RMS} = 0.53A$，$I_{SP} = 7.5A$，$I_{SRMS} = 3.1A$。

首先驗證該工作點處的I_{SP}、I_{SRMS}值。有公式

$$I_{SP} = I_P \cdot \frac{N_P}{N_S} \tag{5.11.4}$$

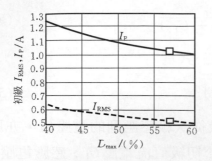

圖 5.11.1 初級 I_{RMS}、I_P 與 D_{max} 的關係曲線

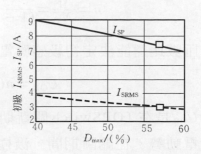

圖 5.11.2 次級 I_{SRMS}、I_{SP} 與 D_{max} 的關係曲線

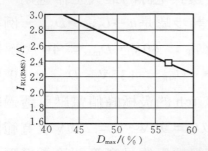

圖 5.11.3 $I_{RI(RMS)}$ 與 D_{max} 的關係曲線

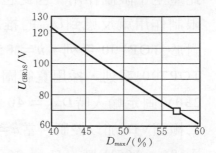

圖 5.11.4 $U_{(BR)S}$ 與 D_{max} 的關係曲線

將 $N_P = 45$ 匝、$N_S = 6$ 匝代入(5.11.4)式中得到

$$I_{SP} = 7.5 I_P \tag{5.11.5}$$

次級有效值電流的計算公式為

$$
\begin{aligned}
I_{SRMS} &= I_{SP} \cdot \sqrt{(1 - D_{max}) \cdot \left(\frac{K_{RP}^2}{3} - K_{RP} + 1 \right)} \\
&= 7.5 I_P \cdot \sqrt{(1 - D_{max}) \cdot \left(\frac{K_{RP}^2}{3} - K_{RP} + 1 \right)} \tag{5.11.6}
\end{aligned}
$$

式中的 K_{RP} 值並未給出，必須確定其具體數值。在連續模式下，K_{RP} 的允許範圍是 $0.4 \leq K_{RP} < 1$。先假定 $K_{RP} = 0.4$，與 $I_P = 1.0A$、$D_{max} = 57\%$ 一併代入(5.11.6)式中不難算出，$I_{SRMS} = 4A$，而該工作點的 I_{SRMS} 實為 3.1A，二者相差較大。這顯示實際的 $K_{RP} > 0.4$。用同樣方法不難算出，當 $K_{RP} = 0.6$ 時，$I_{SRMS} = 3.5A$；僅當 $K_{RP} = 0.8$ 時，$I_{SRMS} = 3.15A$。後者與 3.1A 非常接近，由此判定 $K_{RP} = 0.8$。

然後，選 $D_{max} = 45\,\%$ 時的 I_{SP}、I_{SRMS} 值作爲另一工作點。查圖 5.11.1 可知，此時 $I'_{P} = 1.15A$。再用(5.11.5)式和(5.11.6)式分別計算出

$$I'_{SP} = 7.5I_{P} = 7.5 \times 1.15 = 8.6A$$

$$I'_{SRMS} = 7.5 \times 1.15 \sqrt{(1 - 45\,\%)\left(\frac{0.8^2}{3} - 0.8 + 1\right)} = 3.56A$$

這與從圖 5.11.2 上查到 $D_{max} = 45\,\%$ 時的 I'_{SP}、I'_{SRMS} 值相符。這顯示，其變化規律爲 $D_{max} \downarrow \rightarrow I_{SP}$ 及 $I_{SRMS} \uparrow$。反之，$D_{max} \uparrow \rightarrow I_{SP}$ 及 $I_{SRMS} \downarrow$。

由此證明關係曲線上所反應出的 I_{SP}、I_{SRMS} 隨 D_{max} 而變化的規律是正確的。

需要說明兩點：第一，當 D_{max} 較高時，輸出整流二極體的順向電流增大，而整流二極體壓降則降低。

第二，當 $U_O \leq 24V$ 時，選擇較高的 D_{max} 可降低次級有效值電壓，以便採用耐壓較低、順向壓降很小的肖特基整流二極體，來代替耐壓高、二極體壓降大的超快恢復整流二極體，提高電源效率。當 $D_{max} \geq 50\,\%$ 時，$U_{(BR)S}$ 要儘量低，才能使用肖特基二極體。對於 TOPSwitch，透過設計變壓器的匝數比，可使 U_{OR} 達到推薦值，自動將 D_{max} 設定到最大推薦值上。

3. 切換頻率

交換式電源的工作頻率也是應重點考慮的問題之一。儘管從理論上講切換頻率愈高，高頻變壓器的體積就愈小，電源效率也愈高。但實際上鐵心損耗、銅導線電阻損耗(簡稱銅損耗)、整流二極體和 MOSFET 的切換損耗，將隨切換頻率的升高而增大，反而導致電源效率降低。因此應權衡利弊，選擇最合適的切換頻率。當交流輸入電壓爲 100V/115V/230V 時，選擇切換頻率爲 100kHz，此時損耗低，高頻變壓器的尺寸較小，而且電源效率較高，電磁干擾也較弱。這正是 TOPSwitch 之所以選擇 100kHz 切換頻率的重要原因。

4. 減小高頻變壓器的損耗

高頻變壓器是交換式電源中進行能量儲存與傳輸的重要零件，它對電源效率有較大的影響。一個高效率的高頻變壓器應具備下列條件：直

流損耗和交流損耗低、漏感小、繞組本身的分佈電容及各繞組之間的耦合電容要小。

⑴ 直流損耗

　　高頻變壓器的直流損耗是由線圈的銅損耗而造成的。為提高效率，應儘量選較粗的導線，並使電流密度在$(4 \sim 10)\text{A/mm}^2$範圍內，現取$J = 6\text{A/mm}^2$。

⑵ 交流損耗

　　高頻變壓器的交流損耗是由於高頻電流的集膚效應以及鐵心的損耗而引起的。高頻電流透過導線時總是趨向於從表面流過，此現象稱作集膚效應。集膚效應會使導線的有效流通面積減小，並使導線的交流等效阻抗遠高於銅電阻。高頻電流對導體的穿透

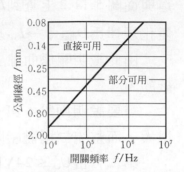

圖 5.11.5　導線線徑與切換頻率的關係曲線

能力與切換頻率的平方根成反比，為減小交流銅損耗，導線半徑不得超過高頻電流可達深度的兩倍。可供選用的導線公制線徑與切換頻率的關係曲線，如圖 5.11.5 所示。舉例說明，當$f = 100\text{kHz}$，導線直徑理論上可取$\phi 0.40\text{mm}$。但為減小集膚效應，實際用比$\phi 0.40\text{mm}$更細的導線多股並繞，而不用一根粗導線繞製。

　　高頻變壓器的鐵心損耗也使得電源效率降低。其交流磁通密度可用下面二式之一來進行估算：

$$B_{\text{AC}} = \frac{0.4\pi N_{\text{P}} I_{\text{P}} K_{\text{RP}}}{2\delta} \tag{5.11.7}$$

$$B_{\text{AC}} = \frac{10^8 U_{\text{Imin}} D_{\text{max}}}{2N_{\text{P}} S_{\text{J}} f} \tag{5.11.8}$$

式中，B_{AC}代表交流磁通密度(單位元是 T)。(5.11.7)式中用"安匝"($N_{\text{P}} \cdot I_{\text{P}}$)來表示磁通量的單位，(5.11.8)式則用"韋伯(即伏·秒)"來表示。鐵心的氣隙寬度δ的單位應取 cm，鐵心的有效橫截面積單位是cm^2。上述二式是完全等價的，應視具體情況(例如高頻變壓器的哪些參數為已知的)進行選擇。欲設計在連續模式下工作的高頻變壓器，

B_{AC}的典型值約爲 0.04～0.075T。鐵氧體鐵心在 100kHz時的損耗應低於 50mW/cm²。

(3)　洩漏電感

　　洩漏電感簡稱漏感。在設計低損耗的高頻變壓器時，必須把漏感減至最小。因爲漏感愈大，產生的尖峰電壓幅度愈高，汲極箝位電路的損耗就愈大，這必然導致電源效率降低。對於一個符合絕緣及安全性國際標準的高頻變壓器，其漏感量應爲次級開路時初級電感量的 1％～3％。要想達到 1％以下的指標，在製造技術上將難於實現。

　　減小漏感時可採取以下幾種措施：①減小初級繞組的匝數N_P；②增大繞組的寬度(例如選 EE 型鐵心，以增加骨架寬度b)；③增加繞組尺寸的高、寬比；④減小各繞組之間的絕緣層；⑤增加繞組之間的耦合程度。

(4)　減小初級繞組匝數並增加高、寬比

　　挑選合適的鐵心形狀，並且減小初級匝數和增加高、寬比，能有效地降低漏感。漏感量與初級繞組匝數的平方(N_P^2)成正比。所選鐵心尺寸應足夠大，使初級繞組能繞成兩層甚至不到兩層，這樣可將初級漏感與分佈電容減至最小。高洩漏和低洩漏鐵心的形狀分別如圖 5.11.6(a)、(b)所示。(a)圖中使用矮胖視窗的鐵心，因其尺寸大，高、寬比值較小，漏感量大，而不宜採用。它對應於POT、RM、PQ型和部分 E 型鐵心。(b)圖中所用鐵心形狀符合要求，呈瘦高形，具有較大的高、寬比，它對應於 EE、ETD、EI、EC 型鐵心。

　　高頻變壓器的最佳化設計是採用普通高強度漆包線繞製初級和回授級，而用三重絕緣線繞製次級。這樣可使漏感量大爲減小。由於不需留出安全邊距，高頻變壓器的體積可減小 1/3～1/2。

(5)　繞組排列

　　爲減小漏感，繞組應按同心方式排列，如圖 5.11.7(a)、(b)所示。(a)圖中次級採用三重絕緣線；(b)圖中全部用漆包線，但要留出安全邊距，且在次級繞組與回授繞組之間加上強化絕緣層。

　　對於多通道輸出的交換式電源，輸出功率最大的那個次級繞組應靠近初級，以增加耦合，減少磁場洩漏。當次級匝數很少時，爲了增加與初級的耦合，宜採用多股線平行並繞方式均勻分佈在整個骨架上，以增加涵蓋面積。在條件允許的情況下，用箔繞組作為次級也是增加耦合的一種好辦法。

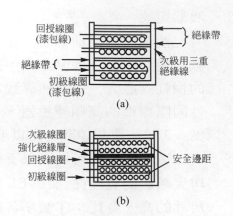

(a)次級用三重絕緣線；(b)全部用漆包線

圖 5.11.7　繞組的排列方式

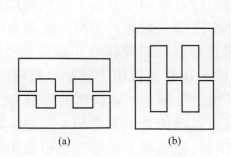

(a)高洩漏鐵心；(b)低洩漏鐵心

圖 5.11.6　兩種鐵心的形狀

(6)　減小繞組的分佈電容及耦合電容

在TOPSwitch的每個通、斷轉換期間，繞組分佈電容反覆被充、放電，其上的能量都被吸收掉了。分佈電容不僅使效率降低，它還與繞組的分佈電感構成 LC 振盪器，產生振鈴雜訊。初級繞組分佈電容的影響尤為顯著。為減小分佈電容，應儘量減小每匝導線的長度，並將初級繞組的始連接汲極，利用一部分初級繞組產生遮罩作用，減小鄰近繞組的耦合電容。在初級繞組之間加絕緣層，也能減小其分佈電容，並降低MOSFET的電容損耗($CV^2 f$)。

5.　初級元件

⑴　限流保護電路

為避免剛通電時有大電流透過輸入濾波電容，必須設計限流保護電路。具體方案有以下 3 種：

①　利用一支低阻值的固定電阻R產生限流作用。此法的缺點是交換式電源轉入正常工作後，R上仍要消耗同樣的電能。

②　利用共模扼流圈(L_2)的感抗來減小輸入電流，亦可用濾波電感代替之。這種方法的效果較好，使用得最為普遍。

③　選用負溫度係數的熱敏電阻(NTC)進行限流。其特點是剛通電時NTC呈現較大的阻抗，但隨著電流通過它時產生的熱效應，NTC受

熱後阻值就迅速降低，當交換式電源轉入正常工作之後，其損耗可忽略不計。需要注意：所用NTC的電阻率應具有緩慢變化之特點，不要使用具有開關特性的負溫度係數熱敏電阻，更不得誤用正溫度係數熱敏電阻(PTC)來代替NTC。

(2)　輸入橋式整流器

　　　由二極體構成的橋式整流器，其標稱電流應大於在u_{min}時的I_{RMS}值。計算初級有效值電流的公式為

$$I_{RMS} = \frac{P_O}{\eta\, u \cos \phi} \tag{5.11.9}$$

式中，輸入電路的功率因數$\cos \phi = 0.6 \sim 0.8$，具體數值取決於u和輸入阻抗Z_1。選擇較大容量的整流器，使之工作在較小電流下，可減小整流器的壓降和功率損耗，提高電源效率。

(3)　EMI 濾波器

　　　在低電壓輸入時共模扼流圈L_2上的功率消耗較大。為此，可適當加大L_2的外形尺寸，使之電感量保持不變而內阻減小。通過L_2的電流額定值也用式(5.11.9)進行估算。

(4)　輸入濾波電容的估算

　　　參見上文"具體原則"內容。

(5)　汲極箝位保護電路及 RC 吸收迴路

　　　這兩種電路用來限制尖峰電壓並減小電磁干擾。為降低箝位電路的損耗，必須減小高頻變壓器的漏感。在RC吸收迴路中C的電容量要小，以免在u_{max}時降低電源效率。

(6)　減小 TOPSwitch 的功率消耗

　　　TOPSwitch 的功率損耗是影響電源效率的重要因素，尤其在u_{min}時功率消耗將達到最大值。有條件者可選導通電阻較小的TOPSwitch，以減小其傳輸損耗。而減小高頻變壓器的分佈電容，能降低TOPSwitch的切換損耗，這在交流輸入電壓較高時最為顯著。

6.　次級元件

(1)　輸出整流二極體

　　　輸出整流二極體VD_2是導致電源效率下降的重要原因之一。整流二極體的損耗分為兩種：順向傳輸損耗，逆向恢復損耗。降低VD_2損

耗的有效方法可歸納爲兩點：①將交換式電源設計成連續模式，以減小次級的I_{SRMS}和I_{SP}值；②選擇肖特基整流二極體，其順向傳輸損耗低，而且不存在快恢復及超快恢復二極體的逆向恢復損耗。這是因爲肖特基整流二極體的逆向恢復時間$t_{rr} < 10$ns，可以忽略不計。但肖特基整流二極體適用於高頻、低壓、大電流整流。若$U_{(BR)S} > 100$V，則應選超快恢復整流二極體，這類二極體的耐壓值可達$50\sim1000$V。

交換式電源模組採用FMB-29型肖特基整流二極體時，規格值爲90V、8A。如選用BYW29-200型超快恢復整流二極體(亦稱快速外延型整流二極體)，規格值就變成200V、8A，而$t_{rr} < 25$ns。這兩種二極體的效率與交流輸入電壓的關係曲線如圖5.11.8所示。不難看出，當$u = 220$V 時，二者效率分別爲85 %、83.4 %。原因在於肖特基整流二極體的導通壓降低(約0.4V)，逆向恢復損耗小，所以效率高。

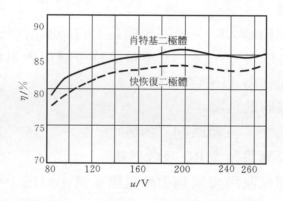

圖 5.11.8　兩種整流二極體的效率與交流輸入電壓的關係曲線

(2)　輸出整流二極體的標稱電流值

輸出整流二極體的標稱電流值應爲輸出直流電流額定值的 3 倍以上，即

$$I_{F1} > 3I_O \qquad\qquad (5.11.10)$$

在平均整流電流相同的情況下，選擇較大容量的整流二極體，能減小二極體的損耗。這是因爲整流二極體的伏安特性曲線呈非線性，電流較小時二極壓降較低。需要指出，通過整流二極體的實際有效值電流與峰值電流，有可能是I_O值的好幾倍。由圖 5.11.2 上可以看出，當I_O

$= 2$A，$D_{max} = 40$ ％時，次級的$I_{SRMS} = 3.7$A，$I_{SP} = 9.0$A。當$D_{max} = 60$ ％時，$I_{SRMS} = 3.0$A，$I_{SP} = 7.2$A。單憑這一點，也應選大容量的整流二極體。

(3) 輸出濾波電容

輸出濾波電容C_2上的漣波電流很大。在連續模式下，漣波電流的有效值可用下式進行估算：

$$I_{RI} = I_O \sqrt{\frac{D_{max}}{1 - D_{max}}} \qquad (5.11.11)$$

進而求出C_2上的功率損耗

$$P = I_{RI}^2 \cdot r_0 \qquad (5.11.12)$$

式中的r_0為濾波電容的等效串聯電阻(ESR)。在固定負載的情況下，通過C_2的交流電流規格值I_{C_2}必須滿足下列條件：

$$I_{C_2} = (1.5 \sim 2)I_{RI} \qquad (5.11.13)$$

單晶片交換式電源的電磁相容性設計與測試技術

　　交換式電源工作在高頻開關狀態，內部的電壓及電流波形都是暫態變化的，因此它屬於強雜訊源。隨著切換頻率的不斷提高，交換式電源不僅能形成射頻干擾，還會產生音頻雜訊。若按干擾源來分類，交換式電源所產生的干擾主要有尖峰干擾、諧波干擾和音頻雜訊。根據傳輸方式的不同，又可分為傳導干擾、輻射干擾。重要的是交換式電源作為電子設備的供電裝置，它不僅受外部雜訊的影響，其本身產生的干擾還直接危害到電子設備的正常工作。對此，必須給予高度重視。所謂電磁相容性(EMC)的設計，就是在抗禦外界干擾的同時，抑制交換式電源本身的雜訊，以保證電子設備能夠長期安全可靠地工作。

　　本章首先介紹電磁相容性的基本概念，然後分別闡述單晶片交換式電源的電磁相容性與安全性設計、提高TOPSwitch暫態抑制能力的方法、抑制TinySwitch音頻雜訊的方法，最後介紹單晶片交換式電源的測試技術。

6.1　電磁相容性及測試設備

　　電磁相容性的英文縮寫為EMC(Electromagnetic Compatibility)。這一概念始於20世紀40年代，直到近年來才發展成一門獨立的新學科。隨著電子、電氣、通信、電腦技術的迅速發展，電磁相容性在工業、研究、商用和軍事領域的重要意義，愈來愈引起人們的高度重視。

6.1.1　電磁相容性的研究領域

1.　電磁相容性的基本概念

電磁干擾與電子設備的抗干擾能力，是既對立、又相互關聯的矛盾統一體。一方面，電子設備的日益普及使電磁干擾日益嚴重；另一方面，電磁干擾又對電子設備的設計提出了更高要求。其核心問題是如何確保電子設備在複雜的電磁環境中能正常工作並達到設計指標。

國際電工委員會(IEC)為電磁相容性所下的定義為："電磁相容性是電子設備的一種功能，電子設備在電磁環境中能完成其功能，而不產生不能容忍的干擾"。這顯示電磁相容性具有三層含義：第一，電子設備應具有抑制外部電磁干擾的能力；第二，該電子設備所產生的電磁干擾應低於規定限度，不得影響同一電磁環境中其他電子設備的正常工作；第三，任何電子設備的電磁相容性都是可以測定的。顯然，電磁相容性要比單純講抗干擾能力的意義更為深遠。

電磁相容性在軍事上具有特殊重要的意義。例如，在 1982 年的英阿馬島之戰中，當時英國的一艘謝菲爾德導彈驅逐艦就因未解決好電磁相容問題，只得暫時關閉雷達系統以保證遠端通信不受干擾，結果被阿根廷飛機趁機發射的飛魚式導彈擊中，造成艦毀人亡。1990 年的海灣戰爭中，多國部隊在沙漠風暴行動中更是抓住伊拉克雷達通信系統抗干擾能力差的致命弱點，首先使之徹底癱瘓，然後完全佔據了制空權。

電磁干擾的危害性極大，表 6.1.1 列出能夠損壞電子元件的單個脈衝及連續脈衝的能量。此外，電磁輻射能引爆電子起爆裝置、彈藥庫，還會對人體造成危害。中國制定的微波輻射對人體的安全限度為$(0.025\sim0.05)\mathrm{mW/cm^2}$。目前中國已將電磁相容性作為檢查家電品質優劣的重要指標。歐盟在 1996 年 1 月 1 日規定電子設備(包括電器、電子儀器設備)必須進行電磁相容性測試，即對電子設備的電磁波干擾和抗干擾性能的檢驗。只有在歐盟認可的權威認證機構測試合格的電子設備，才有資格進入歐美市場。

表 6.1.1　能損壞電子元件的脈衝能量

元件名稱	單個脈衝能量/μJ	連續脈衝能量/μJ
0.25W 電阻器	10^4	10^2
電解電容器	$60\sim1000$	$0.6\sim10$
繼電器	$10^3\sim10^5$	$10\sim10^3$
點接觸型二極體	$10^{-2}\sim10$	$10^{-4}\sim10^{-1}$
小功率電晶體	$20\sim10^3$	$0.2\sim10$
大功率電晶體	10^3	10

2.　電磁相容性的研究領域

　　　主要包括電磁干擾的產生與傳輸，電磁相容性的設計，電磁干擾的診斷和抑制，電磁相容性的測試。僅以電磁干擾源為例，所研究的對象如下：

$$
電磁干擾源\begin{cases}
自然干擾源\begin{cases}
大氣雜訊源(如雷電，砂暴引起的電量放電)\\
天電雜訊源(如太陽雜訊，宇宙雜訊)\\
熱雜訊(如電阻熱雜訊)
\end{cases}\\
\\
人為干擾源\begin{cases}
電路干擾源(如50Hz電力頻率干擾，突波電壓)\\
交換式電源干擾源(如尖峰電壓，音頻雜訊)\\
電刷干擾源(由馬達引起)\\
點火系統干擾源(如汽車點火裝置)\\
家用電器干擾源(如日光燈干擾)\\
射頻干擾源(如電子遊戲機、手機發出的干擾)\\
有意製造的干擾源(如電子對抗戰)
\end{cases}
\end{cases}
$$

　　中國在該領域起步較晚，但也取得顯著成績。例如，已完成北京城區的電磁干擾測量與分析、電氣化鐵路上的電磁相容性研究、電子對抗戰研究等重大課題。

3.　電磁相容性的標準

　　　目前國外制定的電磁相容性標準已達上百個。中國也陸續制定了有關的國家標準和國家軍用標準，例如"電磁相容術語"(GB/T4365-1995)、

"無線電干擾和耐受性測試設備規範"（GB/T6113-1995）、"電動工具、家用電器和類似器具無線電干擾特性的測量方法和允許值"（GB4343-84）等。在GB4343中規定的家用電器連續干擾電壓允許值見表6.1.2。這些標準的頒佈與實施，為實現電磁相容奠定了基礎。

表 6.1.2　家用電器連續干擾電壓允許值

頻段/MHz	0.15～0.20	0.20～0.50	0.50～5.0	5.0～30
允許值/mV	3	2	1	2

6.1.2　電磁相容性的設計與測量

1.　設計要點

電磁相容性的設計是一項複雜的系統工程。應在掌握有關標準的基礎上，根據實際電磁環境提出具體要求，制定技術與技術上的實施方案。設計電子儀器儀錶時，應重點考慮電路設計、印刷電路板設計、隔離、去耦、濾波、接地、遮罩等問題。例如，設計電路時宜選雜訊容限高、抗干擾能力強的 CMOS 和高速 CMOS 電路來代替 TTL 電路，用無端點的固態繼電器取代電磁繼電器，增加消除雜訊、去耦電路，防止產生自激振盪。對於從電源線引入或輻射出去的電磁干擾，應在電源進線端加裝EMI濾波器(亦稱電源雜訊濾波器 PNF)。對於機內干擾源，可視具體情況選用低通、高通或帶通濾波器。利用隔離變壓器或光耦合器進行信號隔離、阻抗變換。在構成測控系統時，可選用電磁相容性良好的VXI匯流排系統。

設計單晶片交換式電源時，除了加EMI濾波器、汲極箝位保護電路(或 RC 吸收迴路)、安全電容，還應視具體情況採取抑制干擾的相對應措施。另外，對佈線方式和高頻變壓器的製作技術也有嚴格要求。

電子儀器的"地"有兩種。一種是"大地"，即以大地作零電位，將金屬機殼或所選定的接地點通過地線等接地裝置與大地連通，這樣能避免因外殼對地出現高壓而危及操作人員的安全，產生保護作用。另一種是"系統地"，它是將信號迴路中的導線或印製導線等參考導體設定成零電位，再把線路選定點或選定區域與參考導體相連，其作用是為信號電壓提供一個穩定的零電位參考點，根據實際情況可單點接地，亦可多點接地。高頻儀器設備須多點接地，即把各條地線就近引至公共地線區。有時還允許浮地，以減小地電流引起的電磁干擾。浮地時因被隔離部分與大地無電阻通路而容易產生靜電積累，必要時可在浮地與大地之間接一隻高阻值的洩放電阻。

　　利用遮罩既能有效防止外部干擾，又能限制機內電磁場洩漏。常見的遮罩有三種：電磁遮罩，靜電遮罩，磁遮罩。其中，電磁遮罩用於阻止高頻電磁能量在空間的傳輸，一般用對電磁波有明顯衰減作用且導電性能良好的金屬材料製成遮罩層、遮罩罩或全遮罩機殼。為加強遮罩效果，某些精密電子設備還設計了雙層遮罩甚至三層遮罩。磁遮罩用於減小因外部磁場變化而引起的感應電壓及感應電流。低頻磁遮罩一般用導磁性能良好的鐵磁性物質製成。射頻磁遮罩則用金屬導體製成，利用外磁場干擾在金屬表面產生渦流，將其能量耗散掉。開關電源模組通常採用金屬殼帶電磁遮罩作用。

2.　電磁相容性的測量

　　電磁相容性測試設備及功能見表 6.1.3，測試項目主要包括發射測試(測量電子設備工作時向外輻射或傳導發射出去的電磁能量、頻率等)，敏感度測試(測量電子設備抑制外界電磁干擾的能力)。所測量的無線電干擾電壓、干擾電流和干擾場強度的總頻率範圍是 9kHz～18GHz。

表 6.1.3　電磁相容性測試設備及功能

分類	名稱	測量功能
測試設備	電磁干擾自動測試系統	測量電磁干擾的各種參數及波形
	電磁干擾分析儀	對電磁干擾的振幅、發生率和持續時間進行自動分析
	頻譜分析儀和掃描接收機	測量並分析 1MHz～8GHz 頻率範圍內的干擾
	峰值測量接收機	測量 9kHz～1GHz 脈衝干擾的峰值
	平均值接收機	測量 9kHz～1GHz 窄頻干擾的平均值
	有效值接收機	測量 9kHz～1GHz 干擾電壓的有效值
	音頻干擾電壓表	測量 20Hz～20kHz 音頻系統對雜訊抑制能力

表 6.1.3　電磁相容性測試設備及功能(續)

分類	名稱	測量功能
輔助設備	人工電源網路	將射頻干擾電壓耦合到測量接收機上
	電流探針	採用鉗形變流器以非接觸方式測量導線上的 30MHz～1GHz 干擾電源
	電壓探針	測量電路中電源線對地的射頻干擾電壓
	吸收式功率鉗	測量引線輻射的 30MHz～1GHz 干擾功率
	天線	接收 150kHz～30MHz 無線電干擾信號
	耦合網路	測量受測設備對 150kHz～150MHz 傳導電流的耐受性

6.2　ENS-24XA 型高頻雜訊模擬產生器的原理與應用

　　高頻雜訊模擬器的主要用途是給被試設備的工作電源疊加上干擾脈衝，進行設備抗電源線干擾的測試。這裏講的 "高頻"，是指輸出波形中所含諧波成分的頻率極高。下面介紹一種目前在國內外廣泛應用的干擾模擬器——ENS-24XA 型高頻雜訊模擬產生器的原理與應用。ENS-24XA 是由上海三基電子工業有限公司生產的。

6.2.1　高頻雜訊模擬器的性能特點

　　ENS-24XA 型高頻雜訊模擬產生器的外形如圖 6.2.1 所示。該儀器能輸出 50ns～1000ns 正、負極性的矩形波(以 50ns 為週期，脈衝上升時間為 0.7ns～1ns)，在 50Ω 匹配的情況下，輸出脈衝振幅在 0～2kV 內連續可調。操作方式有以下三種：手動(按一次按鈕，產生一個脈衝)，自動(20Hz～80Hz，可調節)，與電源頻率(50Hz/60Hz)保持同步。在與電源同步的情況下，脈衝在電源波形上的相位在 0°～360°範圍內連續可調。內部單相電源耦合/去耦網路的最大輸出電流為 10A。該儀器能模擬在接通或切斷電感性負載時所產生的陡峭脈衝干擾，用於測定電子設備抑制暫態傳導干擾的性能，並能定性地對電子設備系統內部的抗干擾性能、局部輻射電磁場耐受性以及系統的接地性能進行測試。

　　ENS-24XA 型高頻雜訊模擬產生器的主要技術指標見表 6.2。

表 6.2　ENS-24XA 型高頻雜訊模擬產生器主要技術指標

參數		技術指標
脈衝寬度		矩形脈衝 50ns～1000ns(每週 50ns 可調)
輸出脈衝電壓(連續可調)		矩形脈衝 0～200V/0～2000V 兩檔
輸出脈衝極性		正或負
上升時間		矩形波 1ns±10 %
脈衝重複頻率	手動	按鈕
	外觸發	TTL 電位、最大 100Hz
	內部可變頻率觸發	約 30Hz～100Hz
	電源同步觸發	50Hz 或 60Hz
脈衝注入角度		在與電源同步時為 0°～360°連續可調
被試設備的電源容量		AC 單相 240V，10A
驅動電源		(AC)220V 或(AC)100V，50/60Hz
外形尺寸/mm		400×430×250(D×W×H)
重量/kg		20

圖 6.2.1　ENS-24XA 型高頻雜訊模擬產生器的外形圖

6.2.2　高頻雜訊模擬器的工作原理

1.　整機工作原理

　　高頻雜訊模擬器的電路方塊圖如圖 6.2.2(a)、(b)所示。(a)圖為高壓脈衝形成電路。它採用交流電源供電，一路電源經高壓電源形成高壓，另一路電源則透過直流電源去控制電路。儀器的工作模式有手動和自動兩種；觸發方式分外觸發、變週期觸發和電源同步觸發共三種。觸發頻率、脈衝在電源波形上的相位以及極性，均可由人工設定或進行調整。圖中的 50ns、100ns 等線段代表了產生相對應脈寬的延遲電纜(即延遲線)。輸出脈衝的寬度可透過改變面板上延遲電纜的接線方式來設定。

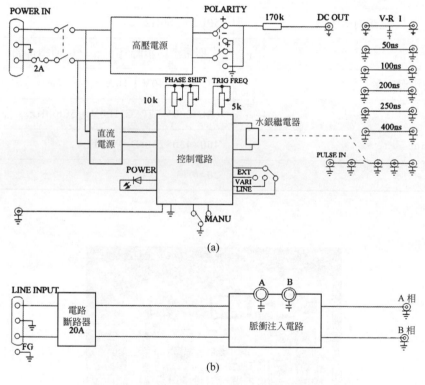

(a)高壓脈衝形成電路；(b)為被試設備提供電源電壓

圖 6.2.2　高頻雜訊模擬器的電路方塊圖

　　(b)圖所示電路用於為被試設備提供電源電壓，可以是直流，也可以是交流。單相交流電的最高電壓240V。(b)圖中脈衝注入電路的 "A"、"B" 兩個端子，用來和(a)圖中的脈衝輸出相連，以便有選擇地將干擾脈衝加到電源線 A 或 B 上。注入電路透過耦合電容實現脈衝疊加。為避免影響其他設備的工作，還專門設計了去耦電路，可濾掉通往電路連線上的脈衝。

設定脈衝寬度的 4 種接線圖如圖 6.2.3 所示。使用時必須用電纜將"DC OUT"連接到由 50ns、100ns、200ns、250ns 和 400ns 這些決定脈寬的組合延遲電纜線的入口端。組合後的延遲電纜的最後一個輸出埠則與"PULSE IN"端相連。

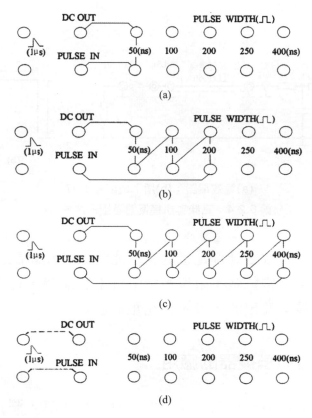

(a)50ns 矩形波；(b)350ns 矩形波；(c)1μs矩形波；(d)1μs三角波

圖 6.2.3　設定脈衝寬度的 4 種接線圖

2.　脈衝形成原理

為了說明高頻雜訊模擬器的脈衝形成原理，可以把圖 6.2.2 和圖 6.2.3 的接線關係簡化成如圖 6.2.4(a)所示的等效電路，U代表高壓電源的電壓。準備狀態是C_S已充電結束，作為延遲線使用的電纜線分佈電容也被充電到U。在水銀開關閉合的瞬間，由於負載電阻R_L(50Ω)與延遲電纜的阻抗(Z)相等，在R_L上得到的電壓將是＋$U/2$。與此同時，由於迴路阻抗發生突變，有一部分能量(其電壓幅值是＋$U/2$)就以電磁波的形式經過延遲電纜向高壓電源方向反射。反射波經過時間τ後，到達電阻R_C(170kΩ)處，由於R_C的電阻值遠大於電纜線的阻抗，因此會形成二次反射，二次反射波就以－$U/2$的振幅值向負載方向反射，負號表示相位相反。再經過時間τ後，二次反射波到達負載，正好和原來的＋$U/2$相疊加，形成一個如(b)圖所示的完整的矩形波，其脈衝寬度就等於電磁波在延遲線上兩次反射的總時間(2τ)。

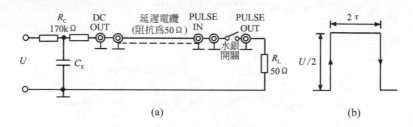

(a)等效電路；(b)所形成的矩形波

圖 6.2.4　高頻雜訊模擬器脈衝形成原理

綜上所述，改變延遲電纜的長度能調節高頻雜訊模擬器的輸出矩形波脈衝的寬度；當負載電阻與電纜阻抗不匹配時，會引起波形的多次反射而造成失真，輸出波形就不再是矩形波。

6.2.3　高頻雜訊模擬器的應用

利用高頻雜訊模擬器可對被試設備進行耐受性測試，測試方法如下：

1.　設備電源線的耐受性測試

設備電源線的耐受性測試要透過專門的電源線耦合/去耦網路來進行，電路如圖 6.2.5 所示。耦合/去耦網路採用 50Ω 同軸電纜輸出，電纜長度為 2 米。

共模干擾是指電源線對地線，或中線對地線之間的干擾。對三相交流電來講，共模干擾存在於任何一相與地線之間。共模干擾的特點如圖 6.2.6(a)所示，U_{CM}表示載流導體與大地之間的共模電壓，I_{CM}表示共模電流。串模干擾則存在於電源相線和中線之間(對三相交流電而言，還存在於各相線之間)，如圖 6.2.6(b)所示。U_{DM} 表示各載流導體之間的串模電壓，I_{DM} 表示串模電流。

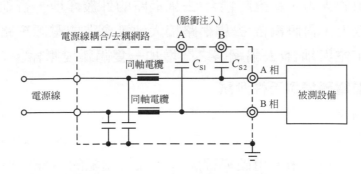

圖 6.2.5　電源線耦合/去耦網路

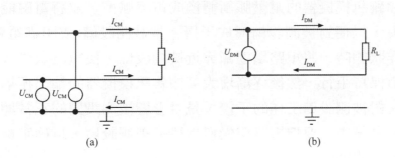

(a)共模干擾；(b)串模干擾

圖 6.2.6　共模干擾與串模干擾

　　利用高頻雜訊模擬器做共模測試時，耦合/去耦網路輸出電纜的兩根芯線分別接被試設備的電源輸入端，輸出電纜的遮罩層接參考接地板(注意，要低阻抗連接，接線要儘量短)。被試設備的接地端子也要用短而粗的導線以低阻抗方式與參考接地板接在一起。該高頻雜訊模擬器的外殼接大地，脈衝注入線 A、B 分別透過耦合電容C_{S1}和C_{S2}接電源線，而注入線的遮罩層接機殼，因此，加在電源線上的脈衝實際上是相對於機殼的，也就是相對於大地的，所以該電路是用來做共模測試的。

　　做差模測試時需要測量線與線之間的干擾。為此可以把同軸電纜的遮罩層接到 A、B 兩根線中未注入脈衝的那根線。例如，在測試時若把脈衝注入了 A 線，那麼就必須把同軸電纜的遮罩層接到 B 線。注意，嚴禁將遮罩層接到 A 線，否則脈衝會被短路。被接電纜最好是電源線的中線，避免耦合/去耦網路的外殼帶電，對測試人員造成危險。基於上述原因，在做差模測試時，干擾脈衝應注入電源的火線。這樣，電纜遮罩層就可以和電源的地線接在一起，測試就不會發生任何危險了。如果無法確定電源的火線，就應將耦合/去耦網路的外殼浮地，否則，若將遮罩層接到火線上，再將耦合/去耦網路接大地，會造成電源短路。最安全的方法是在市電與耦合/去耦網路之間增加一隻隔離變壓器。

2. 局部輻射電磁場耐受性測試

該測試用來模擬輻射電磁場的干擾，測試方法如圖 6.2.7 所示。測試時干擾信號從高頻雜訊模擬器的脈衝輸出端經過50Ω同軸電纜輸出，電纜長度仍為 2 米。用硬導線將電纜線終端處的芯線與外層銅網短路，短路導線被彎成 3cm～5cm 的短路環。短路環的作用是代替發射天線，將高頻雜訊模擬器的電壓脈衝轉換成電流脈衝，並將電磁能量集中在圓環中央，以便對被測設備形成干擾。當被測設備(或印刷電路板)處於正常工作狀態時，將短路環逐漸靠近被測設備，使短路環構成的平面與被測設備保持平行，然後逐漸增大高頻雜訊模擬器的輸出振幅。觀察輻射電磁波對被測設備工作的干擾，是否影響被測設備的正常顯示或造成誤動作。測試中，要讓短路環慢慢地移近被測設備，以確定被試設備對干擾最敏感的部位。

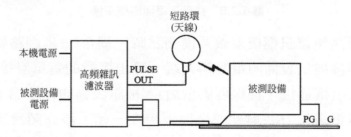

圖 6.2.7　用高頻雜訊模擬器做局部輻射電磁場耐受性測試

需用指出的是，上述各項測試波形中包含很高的諧波分量，測試條件十分嚴酷。由於脈衝經傳輸電纜輸出而被短路，為防止水銀開關因通過高壓、大電流而超載，測試電壓不宜取得太高，一般應在幾百伏以下。此外，水銀開關是一個易損件，在暫停測試時高頻雜訊模擬器不要在高電壓下工作。

3.　代替脈衝群產生器

　　高頻雜訊模擬器與脈衝產
生器屬於兩種不同的儀器，二者
的輸出波形不同(一個是矩形波，
另一個是 5ns/50ns 的三角波)；
而且高頻雜訊模擬器的脈衝在時
間上是均勻分佈的；而脈衝群則
是成群出現的。但在某些情況下
也可以用高頻雜訊模擬器來代替
脈衝群產生器，做設備電源線和
信號線的耐受性測試。需要指出
的是，高頻雜訊模擬器輸出的
2kV脈衝和脈衝群產生器的 4kV
脈衝是相當的。這是由於前者是
在 50Ω匹配負載測得的(高頻雜
訊模擬器的內阻抗也是 50Ω)，
因此高頻雜訊模擬器的內部電容
上的電壓實際為4kV。而脈衝群
產生器的內阻是50Ω，當電壓為
4kV，用50Ω匹配負載測得的脈
衝也是 2kV。

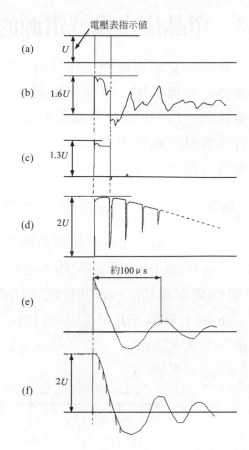

(a)接 50Ω終端；(b)接普通電子負載；(c)接帶長導
線的 50Ω固定電阻；(d)接無負載的電源轉換器(掃
描時間長)；(e)接無負載的電源轉換器(掃描時間
短)；(f)"LINE OUT"端開路

圖6.2.8　高頻雜訊模擬器接不同負載時的輸出波形

4.　觀察輸出波形

　　用即時掃描示波器，按以下步驟觀察波形：

⑴　給"PULSE OUT"端或"LINE OUT"連接上 50Ω負載阻抗，將示
　　波器探針接在電阻兩端觀察波形(只允許觀察×0.1檔的輸出脈衝，否
　　則需要專用的衰減器和匹配器)。

⑵　若只需檢測是否有脈衝輸出，亦可選用10MHz以上的高頻示波器。

⑶　高頻雜訊模擬器接不同負載時的輸出波形，分別如圖6.2.8(a)～(f)所示。

6.3 單晶片交換式電源的電磁相容性設計

單晶片交換式電源工作在高頻、高壓、大電流的開關狀態，所產生的電磁干擾亦分共模干擾、串模干擾兩種，並以傳導或輻射方式(當 $f < 30\text{MHz}$ 時為傳導雜訊，$f > 30\text{MHz}$ 時為輻射雜訊。)向外部傳播。單晶片交換式電源的電磁相容性設計，就是要把電磁干擾衰減到允許限度之內。下面首先對電磁干擾波形進行分析，然後分別介紹造成共模干擾、串模干擾的電路模型。

6.3.1 電磁干擾的波形分析

反激式單晶片交換式電源的簡化電路和電磁干擾波形，分別如圖 6.3.1(a)、(b)所示。(a)圖中，U_I 為直流輸入電壓，I_1 為高頻變壓器的初級電流。設 TOPSwitch 汲-源極電壓為 U_{DS}，輸出整流二極體上的電壓為 U_{D2}。I_2 是次級電流，R_L 為負載。(b)圖分別給出 I_1、U_{DS}、I_2 和 U_{D2} 的電磁干擾波形。下面對這 4 種波形加以分析。

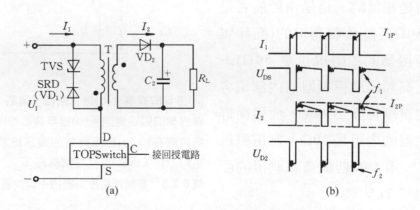

(a)簡化電路；(b)4 種電磁干擾波形

圖 6.3.1　單晶片交換式電源簡化電路及電磁干擾波形

1. 初級電流波形 I_1

初級電流 I_1 是在 TOPSwitch 導通時開始形成並沿著斜坡上升，達到峰值 I_{1P}。I_{1P} 值由直流輸入電壓 U_I、初級電感 L_P、開關頻率 f 和工作週期 D 來決定。該梯形電流波形的基頻為切換頻率，諧波即干擾波形。初級串模干擾電流經過初級繞組、TOPSwitch 和 U_I 形成迴路。當電流迴路面積較大時，I_1 還能向外部輻射共模干擾。

2.　汲-源極電壓波形 U_{DS}

U_{DS} 電壓波形的特點是其電壓變化率(dU/dt)很高，受變壓器漏感、TOPSwitch 輸出電容和變壓器分佈電容等分佈參數的影響，U_{DS} 在 $f_1 =$ 3～12MHz 的頻率範圍內形成振鈴，即減幅振盪。

3.　次級電流波形 I_2

當 TOPSwitch 關斷時，次級上就有電流 I_2 通過，並且從峰值 I_{2P} 開始，然後線性下降，下降速率由次級電感 L_S 和輸出電壓 U_O 來決定。下降過程中形成的振鈴，在時間上與 U_{DS} 相對應，振鈴電壓的頻率仍為 f_1。

4.　輸出整流二極體電壓波形 U_{D2}

U_{D2} 也具有電壓變化率高、上升緣和下降緣陡峭的特點。其峰值電壓由變壓器漏感和輸出整流二極體分佈電容所決定。振鈴干擾波形的頻率範圍是 $f_2 = 20\sim30$MHz。

6.3.2　造成電磁干擾的電路模型

1.　共模干擾的電路模型

造成共模干擾的電路模型如圖 6.3.2 所示。共模干擾主要是由汲-源極電壓 U_{DS} 和輸出整流二極體電壓 U_{D2} 產生的。圖中，C_u 是與交流電源輸入端相並聯的耦合電容，$C_{BD1}\sim C_{BD4}$ 是整流橋中 4 只整流二極體的等效電容。C_{IN} 為輸入濾波電容，其等效串聯電感和等效串聯電阻分別用 L_{ES}、R_{ES} 表示。$C_{W1}\sim C_{W6}$ 均為高頻變壓器的分佈電容。其中，C_{W1} 和 C_{W6} 分別為初級、次級繞組的分佈電容，二者組合起來可產生 400kHz～2MHz 的諧振頻率。$C_{W2}\sim C_{W5}$ 是初、次級繞組之間的各種分佈電容。C_{OSS} 為 TOPSwitch 的輸出電容，C_{S1} 和 C_{S2} 依次為汲極、次級對地的分佈電容。上述電容會造成 5 個干擾電流：I_{CS1}、I_{CW1}、I_{CW3}、I_{COSS} 和 I_{CW4}。這 5 個電流相疊加後，有一部分被抵消掉，剩下的高頻電流即形成共模干擾。

共模干擾可由 EMI 濾波器中的共模扼流圈進行抑制。共模扼流圈的電感量通常取 10～33mH。為減小分佈電容，印刷電路板上的相關導線應儘量縮短。

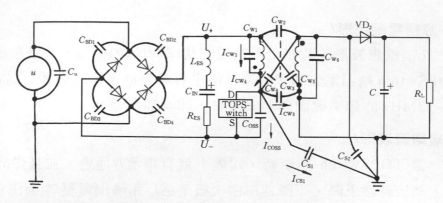

圖 6.3.2　造成共模干擾的電路模型

2. 串模干擾的電路模型

　　串模干擾的電路模型如圖 6.3.3(a)所示，(b)圖為等效電路。(a)圖中，C_D 為串模電容，L_D 和 L'_D 是兩個串模扼流圈。R_{ES} 為輸入濾波電容 C_{IN} 的等效串聯電阻。(b)圖中，兩條電源線上對地的電壓用 U_S 表示，正半周時電壓極性如圖所示。不難看出，串模干擾電流的方向是從一條電源線流入單晶片交換式電源，再從另一條電源線流出的。由 C_D、L_D 和 L'_D 構成的串模干擾濾波器能對串模干擾產生了抑制作用。舉例說明，在 2.4 節仲介紹的 7.5V、15W 交換式電源模組中，實取 $C_D = C_6 = 0.1\mu F$，$C_{IN} = C_1 = 33\mu F$，$R_{ES} = 0.375\Omega$，$L_D = L'_D = 74\mu H$。L_D 和 L'_D 可以是分立電感，也可是從共模扼流圈上分離出來的等效串聯電感。加串模干擾濾波器後，串模干擾的基本諧波電壓為 59.3mV，二次諧波降為 43.0mV。注意，在測量共模扼流圈一個繞組的等效串模電感時，應將另一繞組短路，並且要將測量值除以 2 才是 L_D(或 L'_D)電感量。

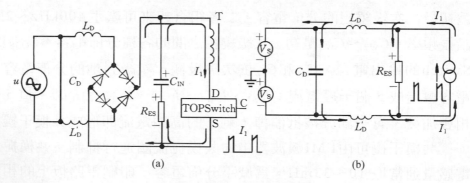

(a)電路模型；(b)等效電路

圖 6.3.3　串模干擾的電路模型

6.4　EMI 濾波器的電路及其元件配置

　　下面介紹單晶片交換式電源電磁干擾(EMI)濾波器的四種典型電路及其元件配置。

6.4.1　單晶片交換式電源常用的 EMI 濾波器電路

　　為減小體積和降低成本，單晶片交換式電源一般採用簡易式單級EMI濾波器，典型電路如圖 6.4.1(a)～(d)所示。(a)圖與(b)圖中的電容器 C 能濾除串模干擾，區別僅是(a)圖將C接在輸入端，(b)圖則接到輸出端。(c)、(d)圖所示電路較複雜，抑制電磁干擾的效果更佳。(c)圖中的L、C_1和C_2用來濾除共模干擾，C_3和C_4濾除串模干擾。R為洩放電阻，可將C_3上積累的電荷洩放掉，避免因電荷積累而影響濾波特性；斷電後還能使電源的進線端L、N不帶電，保證使用的安全性。(d)圖則是把共模干擾濾波電容C_3和C_4接在輸出端。

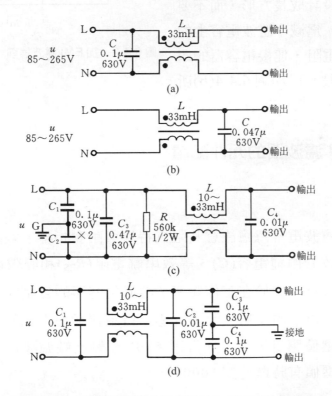

圖 6.4.1　單晶片交換式電源常用的 EMI 濾波器電路

　　EMI 濾波器能有效抑制單晶片交換式電源的電磁干擾。圖 6.4.2 中曲線 a 為不加 EMI 濾波器時開關電源上 0.15～30MHz 傳導雜訊的波形 (即電磁干擾峰值包絡線)。曲線 b 是插入如圖 6.4.1(c)所示 EMI 濾波器後的波形，電磁干擾大約被衰減 40dB$_{\mu V}$。曲線 c 為加上如圖 6.4.1(d)所示 EMI 濾波器後的波形，能將電磁干擾衰減約 50dB$_{\mu V}$～70dB$_{\mu V}$。顯然，後一種 EMI 濾波器的效果最佳。

　　EMI 濾波器的安裝位置也很重要。圖 6.4.3 給出兩種佈局方式。(a)圖為正確佈局，EMI 濾波器儘量遠離輸出級；(b)圖為錯誤佈局，因為 EMI 濾波器靠近輸出級，所以濾波元件上的干擾會串入輸出電路。此外，印刷電路板應設計成長方形，而不要是正方形。為減小濾波電容上的等效串聯電阻，連接電容器的印製導線應設計成如圖 6.4.4(b)所示的形狀。

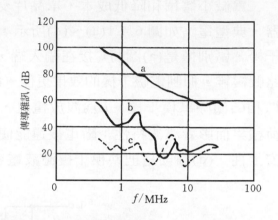

圖 6.4.2　加 EMI 濾波器前、後干擾波形的比較

6.4.2　EMI 濾波器的元件配置

1.　濾波電容

　　選擇濾波電容時應注意其阻抗特性與耐壓指標。在高頻情況下，濾波電容等效於由純電容(C)、等效串聯電阻(R_{ES})和等效串聯電感(L_{ES})構成的串聯電路。由於在工作頻率 f 超過電容器的自諧振頻率 f_r 時，電容器就產生了電感的作用，因此宜選用自諧振頻率很高的陶瓷電容器。電容器的耐壓值應足夠高，通常選 630V。輸出端濾波電容上加有尖峰電壓，其耐壓值有時還可選 1000V。

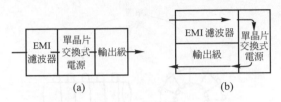

(a)正確佈局；(b)錯誤佈局

圖 6.4.3 兩種佈局方式

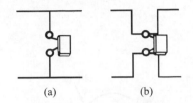

(a)錯誤引線；(b)正確引線

圖 6.4.4 減小濾波電容上的等效串聯電阻

2. 扼流圈

　　扼流圈分共模、串模兩種。通常採用共模扼流圈，其結構、等效電路和典型產品的外形如圖 6.4.5 所示。由(b)圖可見，共模扼流圈實際由共模電感、串模洩漏電感這兩部分構成，因此它對串模干擾也有一定的抑制作用。其優點是能同時產生了共模扼流圈、串模扼流圈兩種作用，而成本並未增加。共模扼流圈的線徑要能承受可能發生的突波電流。

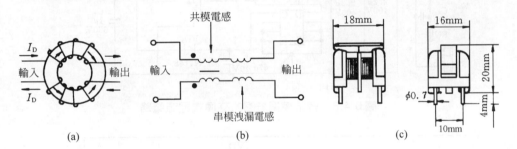

(a)結構；(b)等效電路；(c)典型產品外形

圖 6.4.5　共模扼流圈

　　有時為了抑制 $10\sim200\text{MHz}$ 範圍內的高頻共模干擾，還可在交流電源進線端再增加一個高頻共模扼流圈，其結構如圖 6.4.6 所示。選擇小型鐵氧體磁環，採用雙線平行繞 5 匝即可。這種扼流圈還可裝在交換式電源的輸出端。

　　串模扼流圈僅適用於 5W 以下的低功率交換式電源，它是由兩個分立的鐵氧體磁環線圈或螺線管線圈所構成的，每個電感的結構如圖 6.4.7 所示。帶串模扼流圈的 5V、1A 交換式電源電路如圖 6.4.8 所示。電路中使用一片 TOP210P 型單晶片交換式電源。串模扼流圈由 L_2、L_3 組成，它們與 C_1、C_4 一起對串模干擾進行衰減。L_2 和 L_3 的電感量均為 1mH。

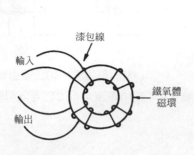

圖 6.4.6　高頻共模扼流圈

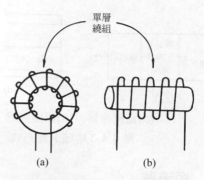

(a)磁環線圈；(b)螺線管線圈

圖 6.4.7　串模扼流圈

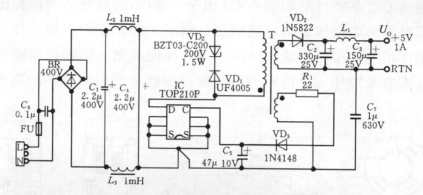

圖 6.4.8　帶串模扼流圈的交換式電源電路

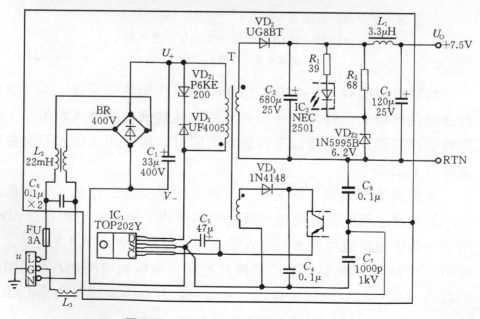

圖 6.4.9　三線輸入式交換式電源的電路

3.　遮罩

　　為避免 EMI 濾波器向外發射電磁干擾，成品 EMI 濾波器大多採用金屬遮罩殼封裝。某些電子、通信設備對電磁干擾十分敏感，可採用如圖 6.4.9 示出的三線交流輸入式單晶片交換式電源電路，將交換式電源的外殼接通大地 G。圖中，L_2 為共模扼流圈，L_3 為單只串模扼流圈。電源外殼既可透過安全電容 C_7 接初級電路，亦可經陶瓷電容 C_8 接次級電路，這取決於系統的設計。

6.5　抑制暫態干擾及音頻雜訊

　　下面介紹抑制 TOPSwitch 和 TinySwitch 系列單晶片交換式電源暫態干擾及音頻雜訊的方法。

6.5.1　抑制暫態干擾

　　暫態干擾是指交流電路上出現的突波電壓、振鈴電壓、火花放電等瞬間干擾信號，其特點是作用時間極短，但電壓振幅高、暫態能量大。暫態干擾會造成單晶片交換式電源輸出電壓的波動。當暫態電壓疊加在 U_I 上，使 $U_I > U_{(BR)DS}$ 時，還會損壞 TOPSwitch 晶片，必須採取措施來抑制暫態干擾。

1.　暫態電壓的特點

　　暫態電壓的兩種典型波形分別如圖 6.5.1(a)、(b)所示。(a)圖是由國際電工委員會制定的 IEC1000-4-5 標準中給出的典型突波電壓波形，U_P 為突波電壓的峰值，通常選 $U_P = 3000V$ 的測試電壓。T 是突波電壓從 $0.3U_P$ 上升到 $0.9U_P$ 的時間間隔。T_1 為上升時間，$T_1 = 1.67T = 1.2\mu s \pm 0.36\mu s$。突波電壓降到 $0.5U_P$ 所持續的時間為 T_2，$T_2 = 50\mu s$。(b)圖示出由 IEEE-587 標準中給出的典型振鈴電壓波形，其峰值也是 3000V（典型值）。第一個週期內的順向脈衝上升時間 $T = 0.5\mu s$，持續時間 $T_2 = 10\mu s$；負向脈衝的峰值已衰減為 $0.6U_P$。

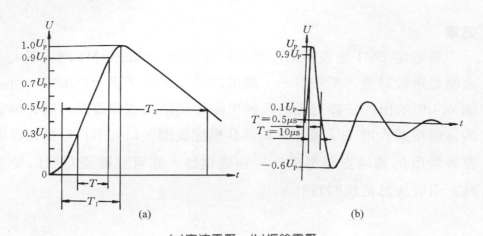

(a)突波電壓；(b)振鈴電壓

圖 6.5.1　暫態電壓的兩種典型波形

2.　抑制暫態干擾的方法

(1)　改進電路

在 2.4 節曾介紹過由 TOP202Y 構成 7.5V、15W 交換式電源模組的電路，參見圖 2.4.1。下面就以該電路為例，闡述抑制暫態干擾的方法。其改進電路如圖 6.5.2 所示，與圖 2.4.1 相比主要有以下改進：

① 將交流兩線輸入方式改成三線輸入方式，G 端須接通大地。

② 採用兩級 EMI 濾波器，為避免兩個 EMI 濾波器在產生諧振時的干擾信號互相疊加，應使L_2和$L_3 \leq 10\text{mH}$，$L_3 \geq 2L_2$。

③ 增加C_9和L_4，並將C_8換成$0.1\mu\text{F}$普通電容器。$C_7 \sim C_9$為安全電容，分別與高頻變壓器的引出端相連。其中，C_7接初級直流高壓的返回端，C_8接次級返回端，C_9接初級直流高壓端。它們的公共端則經過濾波電感L_4接通大地。L_4用鐵氧體磁環繞製而成。設計印刷電路板時，連接$C_7 \sim C_9$的各條印製導線應短而寬。採用上述連接方式可保證暫態電流被$C_7 \sim C_9$旁路掉，而不進入 TOP202Y 中。此外，回授繞組接地端和C_4的引出端，各單獨經過一條印製導線接 TOP202Y 的對應接腳。旁路電容C_5直接跨在控制端與源極上，以減小控制端上的雜訊電壓。

④ 增加電阻R_3，其阻值範圍是$270 \sim 620\Omega$。它與光耦合器的發射極相串聯。當控制迴路失控時，R_3能限制峰值電流，使之小於晶片中關斷正反器的關斷電流。

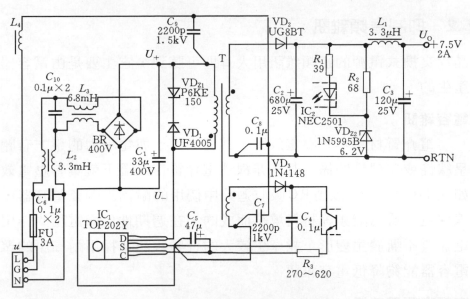

圖 6.5.2　能抑制暫態干擾的改進電路

(2)　減小暫態干擾的其他措施

① 為減小暫態峰值電流，應在初、次級繞組之間繞 3～5 層 0.05mm 厚的聚酯絕緣膠布，使高頻變壓器的分佈電容量降低。

② TOPSwitch 的外接散熱器應與晶片上的小散熱片連通。若二者之間加絕緣墊片，而散熱器與電路連通位置又不合適，則散熱器與小散熱片間的分佈電容就會和電路中的電感發生諧振，產生高頻振鈴電壓，使 TOPSwitch 中的關斷正反器誤關斷。

③ 提高橋式整流器耐壓值並適當增加輸入濾波電容 C_1 的容量。

④ 利用共模扼流圈對過大的共模干擾電流進行抑制。

⑤ 在 100～115V 交流低壓輸入時，選擇 TOPSwitch-II 系列產品，以提高晶片的汲-源崩潰電壓值。

⑥ 在交流進線端並聯一隻突波吸收器(VSR)，對突波電壓進行箝位，電路如圖 6.5.3 所示。

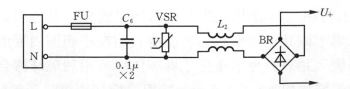

圖 6.5.3　利用突波吸收器箝位突波電壓的電路

6.5.2 抑制音頻雜訊

單晶片交換式電源的音頻雜訊用人耳即可聽到，它主要是由電容器和高頻變壓器產生的。

1. 電容雜訊

電介質材料具有壓電效應，其變形大小與電場力的平方有關，二者呈線性或非線性關係。某些非線性電介質在常溫下就具有壓電效應，例如在 TinySwitch 汲極 RC 吸收迴路中使用的耐高壓陶瓷電容器，是由非線性電介質鈦酸鋇等材料燒結而成的，在週期性尖峰電壓的作用下，使電介質不斷發生變形，能產生較大的音頻雜訊。採用耐高壓的聚酯薄膜電容器能夠降低電容雜訊。

2. 高頻變壓器雜訊

高頻變壓器中的 EE 或 EI 型鐵心之間的吸引力，能使兩個鐵心發生位移；繞組電流相互間的引力或斥力，也能使線圈產生偏移。此外，受機械振動時能導致高頻變壓器發生週期性的變形。

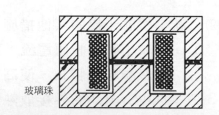

玻璃珠

圖 6.5.4　高頻變壓器的內部結構圖

上述因素均會使高頻變壓器在工作時發出音頻雜訊。10W 以下單晶片交換式電源的音頻雜訊頻率，均為 10～20kHz。

為防止鐵心之間產生相對位移，通常以環氧樹脂作膠合劑，將兩個鐵心的 3 個接觸面(含中心柱)進行黏接。但這種剛性連接方式的效果並不理想。因為這無法將音頻雜訊減至最低，況且膠合劑過多，鐵心在受機械應力時還容易折斷。國外最近採用一種特殊的"玻璃珠"(glass beads)膠合劑，來黏合 EE、EI 等類型的鐵氧體鐵心，效果甚佳。這種膠合劑是把玻璃珠和膠著物按照 1：9 的比例配製而成的混合物，它在 100℃ 以上的溫度環境中放置 1 小時即可固化。其作用與滾珠軸承有某種相似之處，固化後每個鐵心仍能獨立地在小範圍內變形或移位，而總體位置不變，這就對變形產生了抑制作用。用玻璃珠膠合劑黏接的高頻變壓器內部結構如圖 6.5.4 所示。採用這種技術可將音頻雜訊降低 5dB。

　　給線圈浸入清漆並烘乾之後，不僅能隔絕潮氣，加強堅固性，還有助於減小音頻雜訊。不過灌入清漆後也會增大初級繞組的分佈電容，降低高頻變壓器的固有諧振頻率。

3.　TinySwitch 交換式電源中的音頻雜訊

　　由 TinySwitch 構成交換式電源時，音頻雜訊主要是由箝位保護電路和 RC 吸收迴路產生的。為此可採取以下幾種措施：

(1)　將 R、C、VD 型箝位保護電路中的二極體 VD，換成高壓穩壓二極體 VD_Z；把汲極 RC 吸收迴路中的高壓陶瓷電容器換成壓電效應很小的聚酯薄膜電容器。改進電路如圖 6.5.5 所示。

(2)　為進一步減小音頻雜訊，還可選擇磁通密度較低的鐵心，例如當最大磁通密度從 0.3T 減小到 0.2T 時，可使音頻雜訊降低 10～15dB。

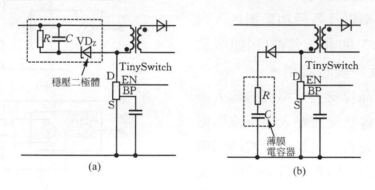

(a)箝位電路；(b)吸收迴路

圖 6.5.5　TinySwitch 交換式電源的改進電路

6.6　單晶片交換式電源的測試技術

　　下面介紹單晶片交換式電源交流輸入功率、元件功率消耗及其他主要參數的測試技術。

6.6.1　功率測量技術

　　為便於對單晶片交換式電源的效率進行計算與分析，必須準確測量各種功率參數，包括交流輸入功率、各元件上的功率損耗、總功率消耗。測量這些功率參數的方法主要有以下三種：用瓦特表直接測量功率法，透過測量電壓和電流計算功率法，直流熱等值法。下面分別加以介紹。

1. 直接測量功率法

　　普通交流有效值儀錶不適合測量交換式電源的功率參數。因爲此類儀錶僅適合測量不失眞的正弦波信號。然而單晶片交換式電源中有多種高頻非正弦波和暫態干擾存在，例如 100kHz 矩形波、鋸齒波、開關失眞波形、交流漣波、高次諧波；此外還有尖峰電壓、振鈴電壓、音頻雜訊、從電路引入的暫態電壓等電磁干擾信號。非正弦波的波峰因數均大於 1.414(正弦波的波峰因數)。波峰因數(K_P)等於峰值電壓(U_P)與有效值電壓(U_{RMS})之比，有公式

$$K_P = \frac{U_P}{U_{RMS}} \tag{6.6.1}$$

　　利用瓦特表能直接測量交流輸入功率以及各種功率損耗。對於 $K_P \geq 3$ 的非正弦波(例如窄脈衝)，瓦特表也適用。

　　單晶片交換式電源的輸入濾波電容會使交流輸入電流波形產生嚴重失眞，這是由於波峰因數較高而功率因數較低造成的。交換式電源的功率因數典型值爲 $\cos \phi = 0.6 \sim 0.8$，它取決於交流線路的阻抗和交流輸入電壓值。

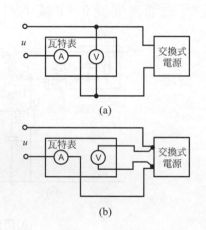

(a)錯誤接法；(b)正確接法
圖 6.6.1　利用瓦特表測量輸入功率

　　利用瓦特表測量輸入功率時，需按圖 6.6.1(b)所示接好電路。測電壓時盡可能地跨接在交換器電源的交流輸入端。否則，電源引線上的壓降也會造成 1％～2％的測量誤差，見(a)圖。

　　假如沒有瓦特表，亦可用直流高壓來代替交流輸入電壓u，直接加到交流輸入端，這樣即可使用普通的直流電壓表和電流錶來測量直流輸入功率。大多數交換式電源在交、直流兩種輸入方式下均能正常工作。但是當交流電源線上還並聯有電風扇、電源變壓器時，必須先把電風扇等切斷，然後加直流高壓。否則在輸入直流高壓時，電風扇或變壓器繞組上會形成很大的短路電流，極易將電風扇、變壓器燒毀。此外，用直

流輸入代替交流輸入時，所測得的功率值會偏高 1 ％～2 ％。原因之一是直流輸入時元件上產生的壓降較低；原因之二是濾波電容上不存在電路頻率的波動，其功率消耗也低於正常值。這顯示，用直流輸入法只能獲得電源效率的近似值。

倘若手頭無現成的直流高壓可用，亦可採用簡單的橋式整流、濾波的方法，將交流電變成直流高壓。例如，對 220V 交流電直接進行整流濾波，可獲得約 300V 的直流高壓。在測量過程中需要注意兩點：第一，交流電的波動應儘量小；第二，此法未採用電力頻率變壓器與電路隔離，必須注意安全！

2. 計算法

透過對電壓和電流的測量，也能得到元件上的功率損耗。此法適用於測量下述元件上的功率消耗：輸入濾波電容C_1、輸出濾波電容C_2、輸出濾波電感L_1、高頻變壓器 T、回授繞組及回授電路。

數位儲存示波器具有函數運算功能，它能從電壓與電流波形中直接計算並顯示出平均功率值。但需注意，有的示波器探針存在 50ns 的延遲時間，這會給測量功率消耗帶來誤差。此時，建議採用直流熱等值法測量。

3. 直流熱等值法

此法對於獲得功率損耗的近似值非常有用，尤其是功率切換電晶體、輸出整流二極體等功率元件，它們有著相似的傳輸損耗、逆向恢復時間及切換損耗等問題。採用這種方法時，首先要測出元件在正常工作時的溫升，然後用直流電流通過該元件並產生相同的溫升，最後根據測出的直流電壓和直流電流值，計算出給定元件上的平均功率損耗。直流熱等值法的測量原理是用直流電來模擬交流電的熱效應，從而將交流測量變成對熱力學溫度以及純直流參數的測量。它屬於間接測量法。

採用直流熱等值法適合測量橋式整流、TOPSwitch 晶片、箝位保護電路中的阻隔二極體VD_1、輸出整流二極體VD_2、穩壓二極體VD_z、EMI 濾波器中的共模扼流圈L_2上的功率消耗。

6.6.2　主要參數測試

單晶片交換式電源的測試電路如圖 6.6.2 所示。圖中，T 為自耦變壓器，S
是做空載測試用的開關，R_L 為可調負載。電路中使用標準交流電壓表、直流電
壓表、直流電流表(安培表或毫安培表)各一部。為提高測量準確度，亦可用經
校正後的數位電壓表和數位電流表來代替。

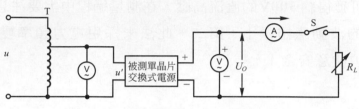

圖 6.6.2　單晶片交換式電源的測試電路

1.　測量輸出電壓的準確度

給單晶片交換式電源加上標稱輸入電壓和額定負載，用直流電壓表
測出實際輸出電壓 U'_O，再與標稱輸出電壓 U_O 進行比較，按下式計算輸
出電壓的準確度：

$$\gamma_V = \frac{U'_O - U_O}{U_O} \cdot 100\,\% \tag{6.6.2}$$

2.　測量電壓調整率

給單晶片交換式電源加上額定負載，首先測出在標稱輸入電壓時的
輸出電壓值 U'_O，然後連續調節交流輸入電壓 u，使之從規定的最小值
(u_{min}) 一直變化到最大值 (u_{max})，記下輸出電壓與規格值的最大偏差 $\Delta U'_O$，
最後代入下式計算：

$$S_V = \frac{\Delta U'_O}{U'_O} \cdot 100\,\% \tag{6.6.3}$$

3.　測量負載調整率

將 u 調至規格值，分別測出滿載與空載下的輸出電壓值 U_1、U_2，再
代入下式計算：

$$S_I = \frac{U_2 - U_1}{U_1} \cdot 100\,\% \tag{6.6.4}$$

需要指出，單晶片交換式電源模組的負載調整率通常是在 I_O 從滿載的 10％變化到 100％情況下測得的，此時應將(6.6.4)式中的 U_2 換成 $I_O=$ 10％I_{OM} 時的輸出電壓值。

4.　測量輸出漣波

　　單晶片交換式電源的輸出漣波電壓通常用峰-峰值或最大值來表示，而不採用有效值。這是因為它屬於高頻窄脈衝，當峰-峰值較高時(例如±60mV)，有效值可能僅為幾毫伏，所以峰-峰值更具代表性。測量包含高頻分量的漣波電壓時，推薦使用 20MHz 以上頻寬的示波器來觀察峰-峰值。為避免從示波器探針的地線夾上引入交換式電源發出的輻射雜訊，建議用屏蔽線或雙絞線作中間連線，使示波器儘量遠離交換式電源。

6.7　單晶片交換式電源模組的性能測試

　　對交換式電源模組進行性能測試，這是評價其技術準位、技術先進性和品質好壞的重要依據。下面介紹作者自行研製的 DK 系列單晶片交換式電源模組的典型測試方法和測試資料，可供讀者參考。對專業廠家和品檢部門，還應檢測其電磁相容性和安全性，有條件者應通過IEC950 或UL1950 國際安全認證。

6.7.1　測試儀表

對單晶片交換式電源進行典型測試所需配置的儀表如下：

1.　$3^1/_2$ 位交、直流數位電壓表 1 部，型號如 TD1915 型，亦可用 $3^1/_2$ 位數位萬用表代替。
2.　$3^1/_2$ 位數位萬用表 1 部，型號如 DT830、VC890D 等。
3.　500 型萬用表 1 部。
4.　0.5 級直流電流表 1 部，例如 C31-A 型。
5.　0～250V、0.5kVA 自耦調壓器 1 台，型號如 TDGC2-0.5 型。
6.　1kW、100Ω電阻絲 1 根，作為交換式電源模組的假負載 R_L。業餘條件下可用電爐絲代替，但測量時間應儘量短，以免電爐絲發熱後其電阻值改變。

6.7.2　單晶片交換式電源模組的性能測試

1.　測試 DK-15V 30W 型單晶片交換式電源模組

該模組採用一片 TOP224Y 型三端單晶片交換式電源，交流輸入電壓為 85～265V，直流輸出為 15V、30W。實測其輸入、輸出特性分別見表 6.7.1、表 6.7.2。

分析測量資料可知，在 $u=85\sim245V$ 的寬範圍內，$S_V\le1.6\%$；而在 $u=150\sim245V$ 時，電壓調整率的計算值已降成零，考慮到受測試儀表準確度與解析度的限制，可認為實際上 $S_V<0.1\%$。當負載電流從 8 %I_{OM}變化到 128.5 %I_{OM}時，$S_I<+0.65\%$。

表 6.7.1　測量 DK-15V30W 的輸入特性($R_L=7.5\Omega$)[①]

u/V	60	85	100	120	150	180	200	220	245
U_O/V	15.10	15.22	15.38	15.39	15.48	15.48	15.48	15.48	15.48
I_O/A	2.01	2.02	2.05	2.05	2.06	2.06	2.06	2.06	2.06
P_O/W	30.3	30.7	31.5	31.5	31.9	31.9	31.9	31.9	31.9
S_V/(%)	−2.4	−1.6	−0.65	−0.58	< 0.1	< 0.1	< 0.1	< 0.1	< 0.1

①輸出漣波電壓的有效值為 37mV。

表 6.7.2　測量 DK-15V30W 的輸出特性($u=220V$)

R_L/Ω	開路	97.4	36.2	24.7	19.5	14.8	8.6	8.1	6.0
U_O/V	15.59	15.59	15.57	15.56	15.56	15.54	15.50	15.49	15.46
I_O/A	—	0.16	0.43	0.63	0.80	1.05	1.80	1.92	2.57
P_O/W	—	2.49	6.70	9.80	12.45	16.32	27.90	29.74	39.73
S_I/(%)	—	+ 0.65	+ 0.52	+ 0.45	+ 0.45	+ 0.32	+ 0.06	0	−0.19

2.　測試 DK-5V 1.3W 微型單晶片交換式電源模組

該模組採用一片 TNY253P 型四端單晶片交換式電源，交流輸入電壓範圍為 60～265V，輸出為直流 5V、1.3W。測試該模組輸入、輸出特性的資料分別見表 6.7.3、表 6.7.4。

表 6.7.3　DK-5V 1.3W 的輸入特性($R_L = 42\Omega$)[1]

u/V	36	60	85	100	120	150	180	200	220	245
U_O/V	3.43	4.99	4.99	5.00	5.00	5.00	5.01	5.01	5.01	5.01
I_O/A	0.28	0.12	0.12	0.12	0.12	0.12	0.12	0.12	0.12	0.12

[1]輸出漣波電壓的有效值為 1.8mV。

表 6.7.4　DK-5V 1.3W 的輸出特性($u = 220$V)

R_L/Ω	開路	125	100	71.5	56	42	31	25	20	17
I_O/A	—	0.04	0.05	0.07	0.09	0.12	0.16	0.20	0.26	0.30
U_O/V	5.01	5.01	5.01	5.01	5.01	5.01	5.01	5.01	5.00	5.00

　　測試結果證明該模組已達到精密交換式電源模組的技術指標。在 u = 60～245V 的寬範圍內，S_V＝±0.2％。當 I_O 從 15.4％I_{OM}(0.04A)變化到 115.3％I_{OM}(0.30A)時，S_I＝＋0.2％。其最大輸出功率可達 1.5W(即 5.00V、0.30A)，比額定功率高 15.4％。

7

單晶片交換式電源週邊電路中關鍵元件的選擇

在研製交換式電源時，不僅要設計好電路，還必須能正確選擇元件。單晶片交換式電源的元件大致可分成四大類。第一類為單晶片交換式電源積體電路，這是其核心元件。第二類是通用元件，包括電阻、電容、橋式整流器或矽整流二極體、穩壓二極體。第三類是特種半導體元件，主要有 TL431 型可調式精密並聯穩壓器、電磁干擾濾波器、暫態電壓抑制器(TVS)、超快恢復二極體(SRD)、肖特基二極體(SBD)、光耦合器(簡稱光耦)、熔斷電阻器、自恢復保險絲(亦稱聚合物開關)、負溫度係數熱敏電阻器(NTC)。第四類為磁性材料，如高頻變壓器使用的鐵氧體鐵心、超微晶鐵心繞製高頻變壓器用的電磁線(包括漆包線、三重絕緣線)及輸出電路中的濾波電感(磁珠)。

本章從應用的角度出發，全面系統地介紹單晶片交換式電源週邊電路中的關鍵元件，內容包括各種元件的產品分類，主要參數，基本原理，選擇方法，典型應用及使用注意事項。

7.1 TL431 型可調式精密並聯穩壓器

TL431 是由美國德州儀器公司(TI)和摩托羅拉公司(Motorola)生產的 2.50～36V 可調式精密並聯穩壓器。它屬於一種具有電流輸出能力的可調基準電壓源。其性能優良，價格低廉，可廣泛用於單晶片精密交換式電源或精密線性穩壓電源中。此外，TL431 還能構成電壓比較器、電源電壓監視器、延遲電路、精密恒流源等。目前在單晶片精密交換式電源中，普遍用它來構成外部誤差放大器，再與光耦合器組成隔離式回授電路。

　　TL431 的同類產品還有低壓可調式精密並聯穩壓器 TLV431A，後者能輸出 1.24～6V 的基準電壓。

7.1.1　TL431 的性能特點

1. TL431 系列產品包含 TL431C、TL431AC、TL431I、TL431AI、TL431M 和 TL431Y，共 6 種型號。它們的內部電路完全相同，僅個別技術指標略有差異。例如，TL431C 和 TL431AC 的工作溫度範圍是 0～70℃，而 TL431I 為 -40～85℃，TL431M 為 -55～125℃。

2. 它屬於三端可調式元件，利用兩隻外部電阻可設定 2.50～36V 範圍內的任何基準電壓值。TL431 的電壓溫度係數 $\alpha_T = 30 \times 10^{-6}/℃$。

3. 動態阻抗低，典型值為 0.2Ω。

4. 輸出雜訊低。

5. 陰極工作電壓 U_{KA} 的允許範圍是 2.50～36V，極限值為 37V。陰極工作電流 $I_{KA} = 1～100mA$，極限值為 150mA。其額定功率值與元件的封裝形式和環境溫度有關。以採用雙列直插式塑膠封裝的 TL431CP 為例，當環境溫度 $T_A = 25℃$ 時，其額定功率為 1W；$T_A > 25℃$ 時則按 8.0mW/℃ 的規律遞減。

7.1.2　TL431 的工作原理

　　TL431 大多採用 DIP-8 或 TO-92 封裝形式，接腳排列分別如圖 7.1.1(a)、(b)所示。圖中，A(ANODE) 為陽極，使用時需接地。K(CATHODE)(習慣上用 K 表示陰極。) 為陰極，需經限流電阻後接正電源。U_{REF} 是輸出電壓的設定端，外接電阻分壓器。NC 為空腳。TL431 的等效電路見(c)圖，主要包括 4 部分：

1. 誤差放大器 A，其同相輸入連接從電阻分壓器上得到的取樣電壓，反相輸入端則接內部 2.50V 基準電壓 U_{ref}，並且設計的 $U_{REF} = U_{ref}$，U_{REF} 端常態下應為 2.50V，因此亦稱基準端。

2. 內部 2.50V(準確值為 2.495V) 基準電壓源 U_{ref}。

3. NPN 型電晶體 VT，它在電路中發揮調節負載電流的作用。

4. 保護二極體 VD，可防止因 K-A 間電源極性接反了而損壞晶片。

　　TL431 的電路符號和基本接線如圖 7.1.2 所示。它相當於一隻可調式齊納穩壓二極體，輸出電壓由外部精密電阻 R_1 和 R_2 來設定，有公式

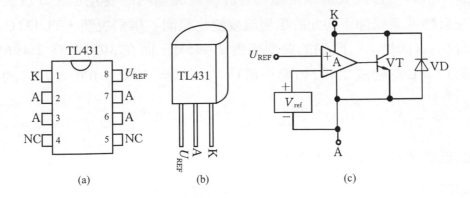

(a)DIP-8 封裝；(b)TO-92 封裝；(c)等效電路

圖 7.1.1　TL431 的接腳排列及等效電路

$$U_O = U_{KA} = \left(1 + \frac{R_1}{R_2}\right) \cdot U_{REF} \qquad (7.1.1)$$

R_3 是 I_{KA} 的限流電阻。選取 R_3 值的原則是，當輸入電壓為 U_I 時必須保證 I_{KA} 在 $1\sim100\text{mA}$ 範圍內，以便 TL431 能正常工作。

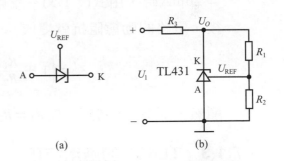

(a)電路符號；(b)基本接線

圖 7.1.2　TL431 的符號與基本接線

　　TL431 的穩壓原理可分析如下：當由於某種原因致使 $U_O\uparrow$ 時，取樣電壓 U_{REF} 也隨之升高，使 $U_{REF} > U_{ref}$，誤差放大器輸出電壓升高，致使 VT 的輸出電壓降低，即 $U_O\downarrow$。反之，$U_O\downarrow \rightarrow U_{REF}\downarrow \rightarrow U_{REF} < U_{ref} \rightarrow$ 誤差放大器輸出電壓降低 $\rightarrow$ VT 的輸出電壓升高 $\rightarrow U_O\uparrow$。最終使 U_O 趨於穩定，達到了穩壓目的，此時 $U_{REF} = U_{ref}$。在闡述單晶片精密交換式電源電路時，本書用 U_K 表示 TL431 的輸出電壓，以免同交換式電源輸出電壓 (U_O) 相混淆。

　　下面介紹 TL431 的兩個重要參數。

1.　基準電壓的平均溫度係數 α_T

　　α_T 的定義式如下：

$$\alpha_T = \frac{\Delta U_{REF}}{U_{REF} \cdot \Delta T_A} \qquad (7.1.2)$$

式中，ΔU_{REF}代表基準電壓在容許溫度範圍內的變化量，ΔT_A表示元件在自然通風條件下的允許環境溫度變化範圍。舉例說明，TL431C在25℃時U_{REF}(即U_{ref}，下同)的典型值為 2.495V，而在 30℃時為 2.496V(最大值)，0℃時變成 2.492V(最小值)，在$\Delta T_A = 70℃ - 0℃ = 70℃$的範圍內

$$\alpha_T = \frac{2.496 - 2.492}{2.495 \times 70} = 23 \times 10^{-6}/℃$$

略低於典型值($30 \times 10^{-6}/℃$)。

2.　動態阻抗Z

TL431 的動態阻抗依下式而定：

$$Z = \frac{\Delta U_{KA}}{\Delta I_{KA}} \tag{7.1.3}$$

其典型值僅為 0.2Ω，最大一般也不超過 0.5Ω。當$\Delta U_{KA} = 5mV$、$\Delta I_{KA} = 20mA$時，由式(7.1.3)不難算出$Z = 0.25\Omega$。當U_{REF}端外接電阻分壓器後，電路的動態阻抗就變成

$$Z' = \left(1 + \frac{R_1}{R_2}\right) \cdot \frac{\Delta U_{KA}}{\Delta I_{KA}} \tag{7.1.4}$$

顯然，$Z' > Z$。特別，當$R_1 = R_2$時，$Z' = 2Z \approx 0.4\Omega$。

7.1.3　TL431 的應用技巧

下面介紹幾種 TL431 在單晶片交換式電源的特殊應用。

1.　三端固定式穩壓器實現可調輸出的電路

將 7800 系列三端固定式整合穩壓器配上 TL431，即可實現可調電壓輸出，電路如圖 7.1.3 所示。現將TL431 接在 7805 型三端穩壓器的公共端(GND)與地之間，透過調節R_1來改變輸出電壓值，此時仍用式(7.1.1)計算U_o值。需要說明兩點：第一，因 7805 的靜態工作電流I_d為幾至十幾毫安培培，並且是從 GND 端輸出，恰好可為 TL431 提供合適的陰極電流I_{KA}，故U_I與 TL431 的陰極之間無須再接限流電阻；第二，TL431 能提升 7805 的 GND 端電位，使$U_{GND} = U_{KA}$，因此該穩壓器的最低輸出電壓$U_{Omin} = U_{REF} + 5V = 7.5V$。最高輸入電壓$U_{Imax} = 37.5V$，7805 的最高輸入電壓為 35V，其餘 2.5V 壓降由 TL431 承擔。

2.　5V、1.5A 精密穩壓器

　　TL431 亦可配 LM317 型三端可調式整合穩壓器，構成如圖 7.1.4 所示的 5V、1.5A 固定輸出式精密穩壓器。TL431 接在 LM317 的調整端 (ADJ) 與地之間。R_1 和 R_2 均採用誤差為 ±0.1 %的精密金屬膜電阻。鑑於 LM317 本身的靜態工作電流 $I_d = I_{ADJ} = 50\mu A \ll 1mA$，無法給 TL431 提供正常的陰極電流，因此在電路中需增加 R_3。輸出端的穩定電壓 U_O 經過 R_3 向 TL431 供給的陰極電流 I_{KA} 應大於 1mA，才能保證晶片正常工作。當 $R_3 = 240\Omega$ 時，$I_{KA} \approx 10mA$。

3.　大電流並聯穩壓器

　　前面介紹的均為 TL431 在串聯式線性穩壓器中的應用。若將 TL431 配以 PNP 型功率電晶體，還可構成大電流並聯式穩壓器，電路如圖 7.1.5 所示。調整 R_1 就能改變 U_O 值。

4.　簡易 5V 精密穩壓器

　　由 TL431 和 NPN 型功率電晶體構成 5V 串聯式精密穩壓器電路，如圖 7.1.6 所示。

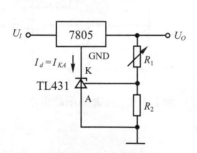

圖 7.1.3　三端固定式穩壓器實現可調輸出的電路

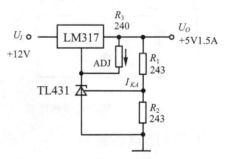

圖 7.1.4　5V、1.5A 精密穩壓器的電路

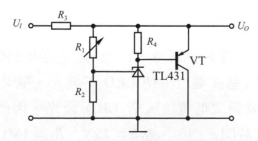

圖 7.1.5　大電流並聯穩壓器電路

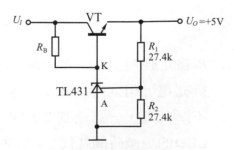

圖 7.1.6　簡易 5V 精密穩壓器電路

5. 電壓監視器

由兩片TL431 (IC_1、IC_2)所構成的電壓監視器電路如圖7.1.7所示。現利用發光二極體LED作為電源電壓正常狀態的指示燈。電壓上限(U_H)和電壓下限(U_L)分別由下式確定：

$$U_H = \left(1 + \frac{R_{1A}}{R_{2A}}\right) \cdot U_{REF} \tag{7.1.5}$$

$$U_L = \left(1 + \frac{R_{1B}}{R_{2B}}\right) \cdot U_{REF} \tag{7.1.6}$$

R_3為LED的限流電阻。R_4的阻值應使IC_2的陰極電流大於$1mA$。IC_1和IC_2可等效於兩隻並聯式開關。僅當電源電壓正常，即$U_H > U_I > U_L$時，LED發光，表示被監視電壓U_I符合規定。一旦$U_I > U_H$，出現過壓時，IC_1就導通，$U_{K1} \downarrow$，使得IC_2截止，$U_{K2} \uparrow$，LED就因負極接高電位而停止發光。倘若$U_I < U_L$，發生欠壓故障，IC_1和IC_2就同時截止，乃使LED熄滅。

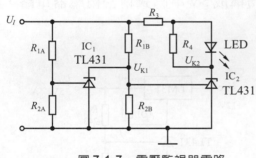

圖7.1.7 電壓監視器電路

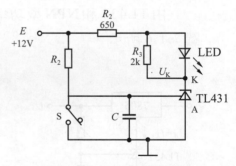

圖7.1.8 延遲指示器電路

6. TL431 的其他應用

由 TL431 構成的延遲指示器電路如圖7.1.8所示。該電路的延遲時間由下式確定：

$$t = R_1 C \ln\left(\frac{E}{E - U_{REF}}\right) \tag{7.1.7}$$

R_1為定時電阻，C是定時電容。當開關 S 切斷時，電源E就經過R_1對C進行充電，但此時$U_C < 2.50V$，故U_K呈高電位，使 LED 不發光。隨著U_C不斷升高，一旦達到$2.50V$，U_K就變成低電位，令 LED 發光。因此，LED的熄滅時間就代表電路的延遲時間。例如，當$E = 12V$、$R_1 = 1M\Omega$、

$C = 0.1\mu\text{F}$，代入(7.1.7)式計算出 $t = 23\text{ms}$。若將 S 閉合，電容 C 就迅速放電，並為下次延遲做好準備。

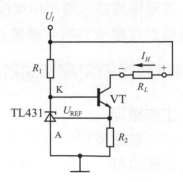

　　TL431 還能構成精密恒流源，電路如圖 7.1.9 所示，R_L 是負載，固定電流由下式確定：

$$I_\text{H} = \frac{U_\text{REF}}{R_2} \qquad (7.1.8)$$

圖 7.1.9　精密恒流源電路

7.1.4　TL431 的檢測方法

　　利用萬用表可以檢測 TL431 的品質好壞。因為它等效於可調穩壓二極體，因此在 K-A 之間應呈現出單向導電性。選擇 500 型萬用表的 R×1k 擋實測 5 只 TL431C 各接腳之間的電阻值，測量資料見表 7.1，可供參考。

表 7.1　TL431C 各接腳之間的電阻值

黑探棒位置	紅探棒位置	正常電阻值/kΩ	說明
K	A	∞	呈單向導電性
A	K	5～5.1	
U_REF	K	7.5～7.6	
K	U_REF	∞	
U_REF	A	26～29	
A	U_REF	34～36	

7.2　暫態電壓抑制器

　　暫態電壓抑制器亦稱暫態電壓抑制二極體，其英文縮寫為 TVS(Transient Voltage Suppressor)，是一種新型過壓保護元件。由於它的反應速度極快、箝位電壓穩定、體積小、價格低，因此可作為各種儀器儀表、自控裝置和家用電器中的過壓保護器，還可用來保護單晶片交換式電源積體電路、MOS功率元件以及其他對電壓敏感的半導體元件。

7.2.1 暫態電壓抑制器的工作原理及產品分類

1. 工作原理

　　暫態電壓抑制器是一種矽 PN 接面元件，其外形與塑膠封裝矽整流二極體相似，見圖 7.2.1(a)。常見的封裝形式有DO-41、A27K、A37K，它們在 75℃ 以下的額定脈衝功率分別為 2W、5W、15W，在 25℃、1/120s條件下可承受的突波電流分別可達 50A、80A、200A。外形尺寸有$\phi 2.0 \times 4.1$、$\phi 2.7 \times 5.2$、$\phi 5.0 \times 9.4$(單位是mm)等規格。目前國外研製的TVS元件，峰值脈衝功率已達 60kW，箝位電壓從 0.7V 到 3kV。TVS的符號與穩壓二極體相同，見(b)圖，伏安特性如(c)圖所示。圖中，U_B、I_T 分別為逆向崩潰電壓(即箝位電壓)、測試電流。U_R 為導通前加在元件上的最大額定電壓。有關係式：$U_R \approx 0.8 U_B$。I_R 是最大逆向漏電流。U_C是在 1ms 時間內元件可承受的最大峰值電壓。有關係式：$U_C > U_B > U_R$。I_P 是暫態脈衝峰值電流。因 I_P、I_T、I_R 分別屬於 A、mA、μA 這三個數量級，故 $I_P \gg I_T \gg I_R$。TVS 的峰值脈衝功率 P_P 與干擾脈衝的工作週期(D)以及環境溫度(T_A)有關。當 $D \downarrow$ 時 $P_P \uparrow$，反之亦然。而當 $T_A \downarrow$ 時 $P_P \uparrow$。P_P 值通常是在脈寬 1ms、脈衝上升緣為 $10\mu s$、$D = 0.01$% 的條件下測出的，使用中不得超過此值。

　　暫態電壓抑制器在承受暫態高能量電壓(例如突波電壓、雷電干擾、尖峰電壓)時，能迅速逆向崩潰，由高阻態變成低阻態，並把干擾脈衝箝位於規定值，從而保證電子設備或元件不受損壞。箝位時間定義為從零伏達到逆向崩潰電壓最小值所需要的時間。TVS的箝位時間極短，僅 1ns，所能承受的暫態脈衝電

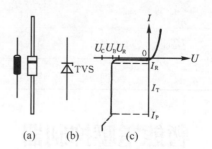

(a)外形；(b)符號；(c)伏安特性
圖 7.2.1　暫態電壓抑制器

流峰值卻高達幾十至幾百安培。其性能要優於壓敏電阻器(VSR)，且參數的一致性好。

2. **產品分類**

　　TVS元件分單向暫態電壓抑制器、雙向暫態電壓抑制器兩種類型。國內外產品有TVP、SE、5KP、P6KE、1.5KE等系列。表7.2.1列出幾種典型產品的主要參數。單晶片交換式電源中常用的TVS產品型號見表7.2.2。需要說明幾點：第一，表中的P為額定功率，t是箝位時間(典型值)，α_T為電壓溫度係數；第二，對於P6KE系列，靠近白色環為正極；第三，TVS也可串聯或並聯使用，以提高峰值脈衝功率，但在並聯時各元件的U_B值應相等。

表 7.2.1　TVS 典型產品的技術指標

型號	P_P/W	U_B/V	I_T/mA	U_R/V	I_R/μA	U_C/V	I_P/A	α_T/(%/℃)
TVP501	500	9.1	1	7.37	50	13.4	36.2	0.068
TVP519	500	51	1	41.3	5	70.1	6.8	0.102
TVP526	500	100	1	81.0	5	137.0	3.5	0.106
TVP534	500	200	1	162.0	5	274.0	1.7	0.108
TVP1034	1000	200	1	162.0	5	274.0	3.5	0.108
5KP110	500	122	5	110	10	196	26	0.147

表 7.2.2　單晶片交換式電源常用 TVS 型號

TVS 產品型號	U_B/V	P/W[①]	t/ns	生產廠家
P6KE91	91	5	1	
P6KE150	150	5	1	
P6KE200	200	5(600)	1	美國 Motorola 公司
P6KE120	120	5	1	
1.5KE120A	120	(1.5k)	1	
1.5KE200A	200	(1.5k)	1	

①括弧內數字為峰值脈衝功率P_P。

雙向暫態電壓抑制器的符號及伏安特性如圖 7.2.2 所示。典型產品有 P6KE20、P6KE250 等。這類元件能同時抑制順向、負向兩種極性的干擾信號，適用於交流電路中。

7.2.2 暫態電壓抑制器的典型應用及檢測方法

1. TVS 在單晶片交換式電源中的應用

TVS 在單晶片交換式電源中的應用如圖 7.2.3 所示。交流電壓 u 經過整流濾波後獲得直流高壓 U_I，再經過高頻變壓器初級繞組 N_P 接 TOPSwitch-II 的汲極 D。利用 VD_{Z1} 和 VD_1 對高頻變壓器的漏感產生的尖峰電壓進行箝位，可保護 TOPSwitch-II 的 D-S 極間不被崩潰。圖中的 VD_{Z1} 就選用暫態電壓抑制器 P6KE200，其反向崩潰電壓為 200V。VD_1 採用逆向耐壓為 600V 的 UF4005 型超快恢復二極體，亦稱阻隔二極體。N_S、N_F 分別為次級繞組和回授繞組。

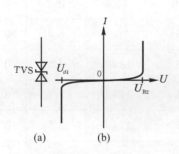

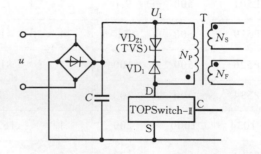

圖 7.2.2　雙向暫態電壓抑制器　　　　圖 7.2.3　TVS 在單晶片交換式電源中的應用電路

2. 檢測 TVS 的方法

利用萬用表電阻擋可以測量 TVS 的正、逆向電阻，用測量負載電壓法還能測出順向壓降 U_F。若用萬用表的 DCV 擋、DCA 擋配上兆歐表，還能測量其逆向崩潰電壓 U_B 和最大逆向漏電流 I_R，測量電路如圖 7.2.4 所示。

實例：分別選擇 500 型萬用表的 R×1k 擋、500V 擋、1mA 擋，以及 ZC25-3 型兆歐表，先後測量兩隻 P6KE200 型暫態電壓抑制器，其額定逆向崩潰電壓 $U_B = 200V$。全部測量資料整理成表 7.2.3。由表可見，兩隻被測 TVS 的品質良好。表中的 n' 是在測順向電阻的同時借用 50V 擋刻度讀出表針的倒數偏轉格數。

另外還測量一隻 P6KE250 型雙向暫態電壓抑制器，正、逆向崩潰電壓分別為230V、232V，說明該雙向 TVS 的一致性相當好。只要U_B值偏差不超過±5％～±10％，即認為合格。

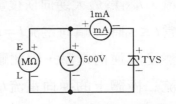

圖 7.2.4　測量U_B和I_R的電路

表 7.2.3　測量資料

TVS 元件	順向電阻 /kΩ	逆向電阻 /kΩ	n'/格	U_F/V	U_B/V	I_R/μA	計算公式
I	3.8	∞	14	0.42	206	75	$U_F = 0.03n'$(V)
II	4.0	∞	14.5	0.435	208	70	

7.3　快恢復及超快恢復二極體

快恢復二極體(FRD)和超快恢復二極體(SRD)(FRD 是快恢復二極體(Fast Recovery Diode)的英文縮寫，SRD 是超快恢復二極體(Superfast Recovery Diode)的英文縮寫。)是極有發展前途的電力電子半導體元件。它們具有開關特性好、逆向恢復時間短、耐壓高、順向電流大、體積小、安裝簡便等優點。可廣泛用於脈寬調變器、單晶片交換式電源、不間斷電源(UPS)、高頻加熱裝置、變頻調速器等領域，作高頻、大電流的阻隔二極體、續流二極體或整流二極體用。下面分別介紹它們的性能特點、檢測方法、單晶片交換式電源常用超快恢復二極體的選取原則及產品型號。

7.3.1　快恢復及超快恢復二極體的性能特點

1.　逆向恢復時間t_{rr}

逆向恢復時間t_{rr}的定義是：電流通過零點由順向轉換成逆向，再由逆向轉換到規定低值的時間間隔。它是衡量高頻續流及整流元件性能的重要技術指標。逆向恢復電流的波形如圖 7.3.1 所示。圖中，I_F為順向電流，I_{RM}為最大逆向恢復電流，I_{rr}為逆向恢復電流，通典型定$I_{rr}=0.1I_{RM}$。當$t \le t_0$時，順向電流$I=I_F$。當$t > t_0$時，由於整流二極體上的正向電壓突然變成逆向電壓，因此順向電流迅速減小，在$t=t_1$時刻，$I=0$。然後整流二極體上的逆向電流I_R逐漸增大；在$t=t_2$時刻達到最大逆向恢復電流I_{RM}值。此後受順向電壓的作用，逆向電流逐漸減小，並且在$t=t_3$時刻達到規定值I_{rr}。從t_2到t_3的逆向恢復過程與電容器放電過程有相似之處。由t_1到t_3的時間間隔即為逆向恢復時間t_{rr}。

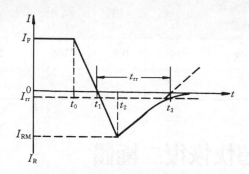

圖 7.3.1　逆向恢復電流的波形

2. 快恢復二極體的結構特點

　　快恢復二極體的內部結構與普通二極體不同，它是在 P 型、N 型矽材料中間增加了基區 I，構成 P-I-N 矽片。由於基區很薄，逆向恢復電荷很小，不僅大大減小了t_{rr}值，還降低了暫態順向壓降，使管子能承受很高的逆向工作電壓。快恢復二極體的逆向恢復時間一般為幾百奈秒，順向壓降約為 0.6V，順向電流是幾安培至幾千安培，反峰值電壓可達幾百到幾千伏。

　　超快恢復二極體則是在快恢復二極體基礎上發展而成的，其逆向恢復電荷進一步減小，t_{rr}值可低至幾十奈秒。

　　20A 以下的快恢復及超快恢復二極體大多採用 TO-220 封裝。從內部結構看，可分成單二極體、配對二極體兩種。配對二極體內部包含兩隻快恢復二極體，根據兩隻二極體接法的不同，又有共陰配對二極體、共陽配對二極體之分。圖 7.3.2(a)示出 C20-04 型快恢復二極體(單二極

體)的外形及內部結構。(b)圖和(c)圖分別是 C92-02 型(共陰配對二極
體)、MUR1680A 型(共陽配對二極體)超快恢復二極體的外形與構造。
它們大多採用 TO-220 封裝，主要技術指標見表 7.3.1。幾十安的快恢
復、超快恢復二極體一般採用 TO-3P 金屬殼封裝，更大容量(幾百安～
幾千安)的二極體則採用螺栓型或平板型封裝。

表 7.3.1　幾種快恢復、超快恢復二極體的技術指標

典型產品型號	結構特點	逆向恢復時間 t_{rr}/ns	平均整流電流 I_d/A	最大暫態電流 I_{FSM}/A	反峰值電壓 U_{RM}/V	封裝形式
C20-04	單二極體	400	5	70	400	TO-220
C92-02	共陰配對二極體	35	10	50	200	TO-220
MUR1680A	共陽配對二極體	35	16	100	800	TO-220
EU2Z	單二極體	400	1	40	200	DO-41
RU3A	單二極體	400	1.5	20	600	DO-15

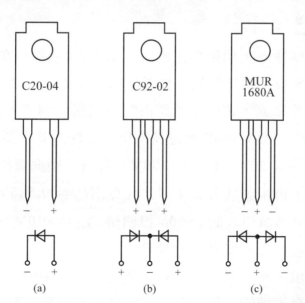

(a)單二極體；(b)共陰配對二極體；(c)共陽配對二極體

圖 7.3.2　三種快恢復及超快恢復二極體的外形及內部結構

7.3.2 檢測方法

1. 測量逆向恢復時間 t_{rr}

測量電路如圖 7.3.3 所示。由直流電流源提供規定的 I_F，脈衝產生器經過隔離直流電容器 C 加脈衝信號，利用電子示波器觀察到的 t_{rr} 值，即是從 $I = 0$ 的時刻到 $I_R = I_{rr}$ 時刻所經歷的時間。為

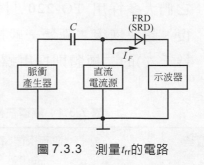

圖 7.3.3 測量 t_{rr} 的電路

了測量準確，有條件者最好使用頻寬為 200MHz 的數位儲存示波器進行觀察與分析。

設元件內部的逆向恢復電荷為 Q_{rr}，有關係式

$$t_{rr} = 2Q_{rr}/I_{RM} \qquad\qquad (7.3)$$

由(7.3)式可知，當 I_{RM} 為一定時，逆向恢復時間與逆向恢復電荷成正比。

2. 典型檢測方法

在業餘條件下，利用類比萬用表電阻擋(或數位萬用表二極體擋)，能夠檢查快恢復、超快恢復二極體的單向導電性，並測出順向導通壓降 U_F。若配以兆歐表，還能測量逆向擊穿電壓。例如，選擇 500 型萬用表的 R×1 擋測量一隻 C90-02 型超快恢復二極體，其主要參數為 $t_{rr} = 35$ns，$I_d = 5$A，$I_{FSM} = 50$A，$U_{RM} = 700$V。實測其順向電阻為 6.4Ω，逆向電阻為無窮大；再用讀取負載電壓法計算出 $U_F = 0.585$V。另用 ZC25-4 型兆歐表和 500 型萬用表的 2500V 擋測得 $U_{RM} = 870$V > 700V，說明該二極體的反峰值電壓還留有一定餘量。

需要指出，單二極體中也有 3 個接腳的，中間為空腳，出廠時一般剪掉，但也有不剪的。假如配對二極體中有一隻二極體損壞，仍可作單二極體使用。

7.3.3　單晶片交換式電源常用超快恢復二極體的選取原則及產品型號

1.　選取原則

由於單晶片交換式電源的切換頻率較高，必須採用超快恢復二極體作為阻隔二極體(VD_1)或輸出整流二極體(VD_2)、回授電路中的整流二極體(VD_3)。

(1)　阻隔二極體

在初級保護電路中與箝位二極體(TVS)配套使用的阻隔二極體(VD_1)，須用超快恢復二極體。其逆向恢復時間$t_{rr} \le 75ns$，多數二極體在20～50ns之間。典型產品有美國通用儀器公司(General Instrument，簡稱GI)生產的UF4000、UF5400兩大系列，荷蘭飛利浦公司(Philips)生產的 BYV26 系列、BYV27 系列和 BYW29 系列，美國摩托羅拉公司(Motorola)生產的MUR100系列。選取阻隔二極體的原則見表7.3.2。

表 7.3.2　選取阻隔二極體的原則

單晶片交換式電源	逆向耐壓U_{RM}	超快恢復二極體型號範例		
TOP100 系列	400V	UF4004	BYV26B	MUR140
TOP200 系列	600V	UF4005	BYV26C	MUR160
TOPSwitch-II系列	600V	UF4005	BYV26C	MUR160

(2)　輸出整流二極體

超快恢復二極體適合作為交換式電源中的高壓、大電流整流二極體。設整流二極體實際承受的最大逆向峰值電壓為$U_{(BR)s}$，所選整流二極體的最高逆向工作電壓為U_{RM}，要求$U_{RM} \ge 2U_{(BR)s}$；其額定整流電流$I_d \ge 3I_{OM}$，I_{OM}為最大連續輸出電流。

(3)　回授電路中的整流二極體

回授電路中的整流二極體通常選矽高頻開關整流二極體1N4148，但有時也可選用UF4003、MUR120、BAV21等型號的超快恢復二極體。

2. 單晶片交換式電源常用超快恢復二極體的型號及參數

單晶片交換式電源中常用的超快恢復二極體的型號及主要參數見表 7.3.3。

表 7.3.3　常用超快恢復二極體的型號及主要參數

二極體類型	產品型號	U_{RM}/V	I_d/A	t_{rr}/ns	生產廠家
阻隔二極體	UF4004	400	1	50	
	UF4005	600	1	30	
	UF4006	800	1	75	GI 公司
	UF4007	1000	1	75	
	UF5406	600	3	50	
	UF5408	1000	3	50	
	BYV26A	200	2.3	30	
	BYV26B	400	2.3	30	
	BYV26C	600	2.3	30	Philips 公司
	BYV26D	800	2.3	75	
	BYV26E	1000	2.3	75	
	BUR130	300	1		
	BUR140	400	1		
	BUR150	500	1		
	BUR160	600	1		
	BUR170	700	1		Motorola 公司
	BUR180	800	1		
	MUR820	200	8	60	
	MUR8100	1000	8	35	
輸出整流二極體	UF4001	50	1	25	
	UF4002	100	1	25	
	UF4003	200	1	25	GI 公司
	UF5401	100	3	50	
	UF5402	200	3	50	
	MUR110	100	1		
	MUR120	200	1		Motorola 公司
	MUR410	100	4		
	MUR420	200	4		

表 7.3.3　常用超快恢復二極體的型號及主要參數(續)

二極體類型	產品型號	U_{RM}/V	I_d/A	t_{rr}/ns	生產廠家
輸出整流二極體	MUR440	400	40		
	MUR610	50	60		
	MUR810	100	8		Motorola 公司
	MUR820	200	8		
	MUR1610	100	16	35	
	MUR1620	200	16		
	BYV27-100	100	2	25	
	BYV27-150	150	2	25	Philips 公司、GI 公司
	BYV27-200	200	2	25	
	BYV32-100	100	20	35	
	BYV32-150	150	20	35	Philips 公司
	BYV32-200	200	20	35	
	BYW29-200	200	8	25	Philips、GI 公司
	UGB8BT	100	8	20	
	UGB8CT	150	20	20	GI 公司
	UGB8DT	200	5	20	
回授電路整流二極體	MUR120	200	1		Motorola 公司
	BAV21	200	0.25		

7.4　肖特基二極體

　　肖特基障壁電勢二極體(Schottky Barrier Diode，英文縮寫為SBD)簡稱肖特基二極體。它屬於低壓、低功率消耗、大電流、超高速半導體功率元件，其逆向恢復時間極短(可小到幾奈秒)，順向導通壓降僅為 0.4V 左右，而整流電流卻可達幾百至幾千安培。這些優良特性是快恢復及超快恢復二極體所不具備的。它適合用做單晶片交換式電源中的低壓輸出整流二極體。

7.4.1　肖特基二極體的工作原理

　　肖特基二極體是以金、銀、鉬等貴金屬為陽極，以 N 型半導體材料為陰極，利用二者接觸面上形成的障壁電勢具有整流特性而製成的金屬-半導體元件。它屬於五層元件，中間層是以 N 型半導體為基片，上面是用砷作摻雜劑的 N⁻外延層，最上面是由金屬材料鉬構成的陽極。N 型基片具有很小的導通電阻。在基片下面依次是N⁺陰極層、金屬陰極。典型的肖特基二極體的內部結構如圖 7.4.1 所示。近年來，採用矽平面技術製造的鋁矽肖特基二極體已經問世，不僅能節省貴金屬，減少環境污染，還改善了元件參數的一致性。

　　透過調整結構參數，可在基片與陽極金屬之間形成合適的肖特基障壁電勢。當加上正偏壓E時，金屬 A 與 N 型基片 B 分別接電源的正、負極，此時障壁電勢寬度W_0變窄。加負偏壓$-E$時，障壁電勢寬度就增加，見圖 7.4.2。

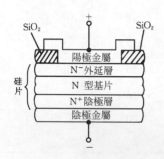

圖 7.4.1　肖特基二極體的結構圖

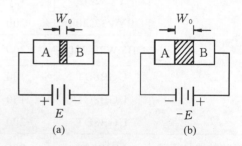

(a) 加正偏壓；(b) 加負偏壓

圖 7.4.2　加外偏壓時障壁電勢寬度的變化情況

　　肖特基二極體僅用一種載流子(電子)輸送電荷，在障壁電勢外側無過剩少數載子的積累，因此它不存在電荷儲存效應，使開關特性得到明顯改善。其逆向恢復時間可縮短到10ns以內。但它的逆向耐壓較低，一般不超過100V，適宜在低電壓、大電流下工作。利用其低壓降之特性，能提高低壓、大電流整流(或續流)電路的效率。肖特基二極體的典型伏安特性如圖 7.4.3 所示。其順向導通電壓介於鍺二極體與矽二極體之間，但它的構造原理與 PN 接面二極體有本質區別。

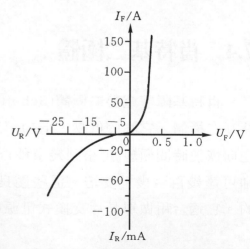

圖 7.4.3　肖特基二極體的伏安特性

表 7.4.1 列出肖特基二極體、超快恢復二極體、快恢復二極體、高頻矽整流二極體的性能比較。中、小功率肖特基二極體大多採用 TO-220 封裝。

表 7.4.1　四種二極體典型產品的性能比較

半導體整流二極體名稱	典型產品型號	平均整流電流 I_d/A	順向導通電壓		逆向恢復時間 t_{rr}(ns)	逆向峰值電壓 U_{RM}(V)
			典型值 U_F/V	最大值 U_{FM}/V		
肖特基二極體	161CMQ050	160	0.4	0.8	< 10	50
超快恢復二極體	MUR30100A	30	0.6	1.0	35	1000
快恢復二極體	D25-02	15	0.6	1.0	400	200
高頻矽整流二極體	PR3006	3	0.6	1.2	400	800

根據二極體順向壓降的大小，很容易區分肖特基二極體和超快恢復二極體。具體方法是利用數位萬用表的二極體擋測量二極體的 U_F 值，當 $U_F \approx 0.3\text{V}$ 時屬肖特基二極體，$U_F \approx 0.55 \sim 0.6\text{V}$ 時為超快恢復二極體。由於二極體擋的測試電流較小($I_F \approx 1\text{mA}$)，測出的 U_F 值要比典型值偏低些。

7.4.2　單晶片交換式電源常用肖特基二極體的選取原則及產品型號

1.　選取原則

單晶片交換式電源的輸出整流二極體宜採用肖特基二極體，這有利於提高電源效率。典型產品有 Motorola 公司生產的 MBR 系列肖特基二極體。所選肖特基二極體必須滿足下述條件：

$$U_{RM} \geq 2U_{(BR)S} \tag{7.4.1}$$

$$I_d \geq 3I_{OM} \tag{7.4.2}$$

(7.4.1)式中次級整流二極體的最大反峰值電壓 $U_{(BR)S}$ 由下式確定：

$$U_{(BR)S} = U_O + \frac{N_S}{N_P} \cdot U_{Imax} \tag{7.4.3}$$

　　舉例說明，某單晶片開關電壓的輸出電壓$U_O = 12V$，最大連續輸出電流$I_{OM} = 5A$，最大輸出功率$P_{OM} = 60W$。已知高頻變壓器初級匝數$N_P = 54$匝，次級匝數$N_S = 5$匝，直流輸入電壓最大值$U_{Imax} = 375V$(對應於交流輸入電壓最大值$u_{max} = 265V$)。由(7.4.3)式可計算出$U_{(BR)} = 46.7V$。再根據(7.4.1)式求得$U_{RM} \geq 93.4V$。將$I_{OM} = 5A$代入(7.4.2)式中得到$I_d \geq 15A$。此時可選擇 Motorola 公司生產的 MBR20100 型肖特基二極體，其$U_{RM} = 100V > 93.4V$，$I_d = 20A > 15A$，$t_{rr} < 10ns$，完全能滿足上述條件。

　　需要指出，肖特基二極體的最高逆向工作電壓一般不超過 100V，僅適合作低壓、大電流整流用。當$U_O \geq 30V$時，須用耐壓 100V 以上的超快恢復二極體來代替肖特基二極體，此時電源效率會略有下降。

2.　**單晶片交換式電源常用肖特基二極體的型號及參數**

　　單晶片交換式電源中常用的肖特基二極體型號及主要參數見表7.4.2。

表 7.4.2　常用肖特基二極體的型號及主要參數

產品型號	反峰值電壓 U_{RM}/V	平均整流電流 I_d/A	逆向恢復時間 t_{rr}/ns	生產廠家
UF5819	40	1	< 10	GI 公司
UF5822	40	3	< 10	
MBR360	60	3	< 10	Motorola 公司
MBR650	50	6	< 10	
MBR745	45	7.5	< 10	
MBR1045	45	10	< 10	
MBR1050	50	10	< 10	
MBR1060	60	10	< 10	
MBR1645	45	16	< 10	
MBR3045	45	30	< 10	
MBR3050	50	30	< 10	
MBR20100	100	20	< 10	
MBR30100	100	30	< 10	
50SQ100	100	5	< 10	

7.5　光耦合器

　　光耦合器 OC(Optical Coupler)亦稱光隔離器 OI(Optical Isolation)或光電耦合器，簡稱光耦。它是以光為媒介來傳輸電信號的元件。通常是把發光器(可見光 LED 或紅外線 LED)與受光器(光敏半導體管)封裝在同一管殼內。當輸入端加電信號時發光器發出光線，受光器接受光照之後就產生光電流並從輸出端流出，從而實現了"電-光-電"轉換。光耦合器的主要優點是單向傳輸信號，輸入端與輸出端完全實現了電氣隔離，抗干擾能力強，使用壽命長，傳輸效率高；可廣泛用於電位轉換、信號隔離、級間耦合、開關電路、遠距離信號傳輸、脈衝放大、固態繼電器(SSR)、儀器儀表、通信設備及微電腦介面電路中。在單晶片交換式電源中，利用光耦合器可構成光耦回授電路，透過調節控制端電流來改變工作週期，達到穩壓目的。

7.5.1　光耦合器的分類及檢測方法

1.　產品分類

　　光耦合器有雙列直插式、管式、光導纖維式等多種封裝，其種類達幾十種。光耦合器的分類及內部電路如圖 7.5.1 所示，括弧內是 8 種典型產品的型號。表 7.5.1 列出 3 種典型產品的主要參數。光耦合器分非線性光耦合器、線性光耦合器兩種，後者的電流傳輸比(CTR)可在一定範圍內線性調整並且在傳輸小訊號時，其交流電流傳輸比($\Delta CTR = \Delta I_C / \Delta I_F$)很接近於直流電流傳輸比 CTR 值，因此適合傳輸類比信號，使光耦合器的輸出與輸入之間呈線性關係，這種光耦合器適用於單晶片交換式電源，典型產品有 PC817、PC817A、CNY17-2、NEC2501 等。

表 7.5.1　光耦合器典型產品的主要參數

產品型號	電流傳輸比 CTR/(%)	絕緣電壓 U_{DC}/V	絕緣電阻 R/Ω	最大順向電流 I_{FM}/mA	逆向崩潰電壓 $U_{(BR)CEO}$/V	飽和壓降 U_{CES}/V	暗電流 $I_R/\mu A$	最大功率消耗 P_M/mW	封裝形式
4N30	> 100	1550	10^{11}	60	30	1.0	100	100	DIP-6
4N35	> 100	3550	—	60	30	0.3	50	—	DIP-6
GO111	≥60	1000	10^{11}	60	≥30	≤0.4	≤10	> 5	DIP-6

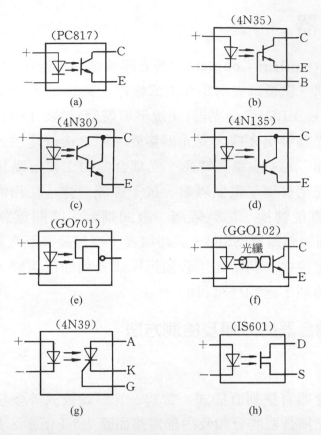

(a)通用型(無基極引線)；(b)通用型(有基極引線)；(c)達靈頓型；(d)高速
型；(e)光積體電路；(f)光纖型；(g)光敏閘流管型；(h)光敏場效電晶體型

圖 7.5.1　光耦合器的分類及內部電路

2. 檢測光耦合器

利用萬用表檢測光耦合器的方法及步驟如下：

第一步：用 R × 100(或 R × 1k)擋測量發射二極體的正、逆向電阻，
應呈現單向導電性。利用讀取負載電壓法還能測出LED的順向壓降U_F，
亦可由數位萬用表的二極體擋直接測量U_F值。

第二步，對於無基極引線的光耦合器，需測量C-E極間電阻為無窮
大，即穿透電流$I_{CEO} = 0$。對於有基極引線的光耦合器還應分別測量接收
電晶體的集極接面與射極接面正、逆向電阻，均應單向導電。

第三步：用 R × 10k 擋檢查發射二極體與接收電晶體的絕緣電阻應
為無窮大。有條件者可選兆歐表測量絕緣電阻值，但兆歐表的額定電壓
不得超過光耦合器的絕緣電壓U_{DC}值，測量時間不要超過一分鐘。

實例，測量一隻 PC817 型線性光耦合器，其接腳排列及內部電路如圖 7.5.2 所示。它採用 DIP-4 封裝，靠近黑圓點處為第 1 腳，接收電晶體的基極未引出。

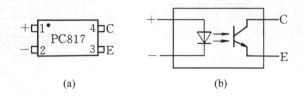

(a)接腳排列；(b)內部電路

圖 7.5.2　PC817 型光耦合器

(1)　檢測發射二極體

選擇 500 型萬用表的 R×100 擋測量發射二極體的順向電阻為 2.15kΩ，逆向電阻為無窮大。另用 VC890D 型數位萬用表的二極體擋測量紅外發光二極體 LED 的順向壓降 $U_F = 1.029V$。

(2)　檢測接收電晶體

測量接收電晶體 C-E 極間電阻為無窮大，證明 $I_{CEO} = 0$。對於有基極引線的光耦合器，還可測量 h_{FE} 值。

(3)　測量絕緣電阻

首先用 R×10k 擋測量 1-4、2-3 腳之間的絕緣電阻均應為無窮大。然後用額定電壓為 2500V 的 ZC11-5 型兆歐表測得絕緣電阻大於 10^{10} Ω，證明被測 PC817 品質良好。

3.　測量電流傳輸比

電流傳輸比(CTR)是光耦合器的重要參數。當接收電晶體的輸出電壓保持固定時，它等於輸出電流 I_C 與輸入電流 I_F 之比，通常用百分比表示。有公式

$$CTR = \frac{I_C}{I_F} \times 100\,\% \tag{7.5.1}$$

採用一隻接收電晶體的光耦合器，CTR 的範圍大多為 20 %～300 %(例如 4N35)，而 PC817 則為 80 %～160 %。達靈頓型光耦合器(如 4N30)可達 100 %～5000 %。這顯示欲獲得同樣的輸出電流，後者只需較小的輸入電流。因此 CTR 參數與電晶體的 h_{FE} 參數有某種相似之處。線性光

耦合器

與普通光耦合器典型的 CTR-I_F
特性曲線，分別如圖 7.5.3 中的
虛線和實線所示。由圖可見，普
通光耦合器的 CTR-I_F特性曲線
呈非線性，在I_F較小時的非線性
失真尤為嚴重，因此它不適合傳
輸類比信號。線性光耦合器的
CTR-I_F特性曲線具有良好的線
性度，特別是在傳輸小訊號時，

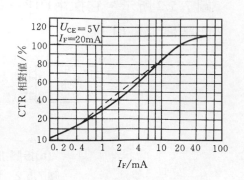

圖 7.5.3　CTR-I_F特性曲線

其交流電流傳輸比(ΔCTR-$\Delta I_C / \Delta I_F$)很接近於直流電流傳輸比CRT值，
因此它適合傳輸類比電壓或電流信號，能使輸出與輸入之間呈線性關
係。這是其重要特性。

　　採用雙表法不僅可以檢查光耦合器能否正常進行 "電-光-電" 轉換，
還能測量電流傳輸比 CTR。測量電路如圖 7.5.4 所示。表 I、表 II 代表
兩部萬用表，均撥至 R × 100 擋，電流比例係數分別為K_1、K_2。被測光
耦合器為PC817型。先不接表 I，只將表 II 的黑探棒接第 4 腳，紅探棒
接第 3 腳，因接收電晶體呈截止狀態，故電阻讀數為無窮大。然後接上
表 I，其黑探棒接 1 腳，紅探棒接 2 腳。此時觀察到表 II 的讀數從無窮
大迅速減小到幾百歐，說明接收電晶體已導通。在同樣測試條件下(即所
選萬用表型號及電阻擋均固定)，指針偏轉角度愈大，證明光耦合器的
CTR 值愈高。設測量時表 I、表 II 的順向偏轉格數分別為n_1、n_2，利用
測負載電流法得到：$I_F = K_1 n_1$，$I_C = K_2 n_2$，代入(7.5.1)式中

$$\mathrm{CTR} = \frac{I_C}{I_F} \times 100\% = \frac{K_2 n_2}{K_1 n_1} \times 100\% \qquad (7.5.2)$$

若選用同一型號的兩部萬用表且均置於 R × 100 擋，則$K_1 = K_2$，上式可
化簡成

$$\mathrm{CTR} = \frac{n_2}{n_1} \times 100\% \qquad (7.5.3)$$

(7.5.3)式為測量CTR 提供了一種簡便方法，即並不需要實際求出I_F、I_C
之值，只要記下表 I、表 II 在測量時的偏轉格數n_1、n_2，就能迅速、準

確地計算 CTR 值。

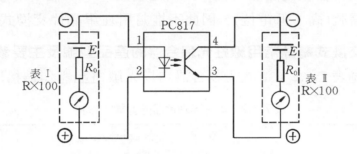

圖 7.5.4　測量電流傳輸比的電路

　　實例：選擇兩部 500 型萬用表的 R × 100 擋，測量 PC817 型線性光耦合器的電流傳輸比。按照圖 7.5.4 所示接好電路，測出 $n_1 = 16$ 格，$n_2 = 17.8$ 格。代入(7.5.3)式中

$$\text{CTR} = \frac{17.8}{16} \times 100\,\% = 111.2\,\%$$

已知 PC817 的 CTR 允許範圍是 80 %～160 %，實測結果符合規定，證明該元件性能良好。

7.5.2　單晶片交換式電源常用光耦合器的選取原則及產品型號

1.　選取原則

　　在設計光耦回授式交換式電源時必須正確選擇光耦合器的型號及參數。選取原則如下：

(1)　光耦合器的電流傳輸比(CTR)的允許範圍是 50 %～200 %。這是因為當 CTR < 50 %時，光耦合器中的 LED 就需要較大的工作電流($I_\text{F} > 5.0\text{mA}$)，才能正常控制 TOPSwitch 的工作週期，這會增大光耦合器的功率消耗。若CTR > 200 %，在啟動電路或者當負載發生突變時，有可能將 TOPSwitch 誤觸發，使之誤關斷，影響正常輸出。

(2)　推薦採用線性光耦合器，其特點是CTR值能夠在一定範圍內做線性調整。圖 2.3.1 中的R_1對 CTR 值具有一定的補償作用，改變R_1也可以調整 CTR。要求R_1的阻值誤差不得超過±5 %。

(3)　由英國埃索柯姆(ISOCOM)公司、美國摩托羅拉公司生產的 4N×× 系

列(例如 4N25、4N26、4N35)光耦合器，目前應用十分普遍。鑒於此類光耦合器呈現開關特性，其線性度差、CTR值不可控制，適宜傳輸數位信號(高、低電位)，因此不推薦用在單晶片交換式電源中。

2. **單晶片交換式電源常用線性光耦合器的產品型號及主要參數**

詳見表 7.5.2。這些光耦合器均以光敏電晶體作爲接收電晶體。

表 7.5.2　線性光耦合器的型號及參數

產品型號	CTR/(%)	$U_{(BR)CEO}$/V	國外生產廠家	封裝形式
PC816A	80～160	70	Sharp	DIP-4 (基極未引出)
PC817A	80～160	35	Sharp	
SFH610A-2	63～125	70	Siemens	
SFH610A-3	100～200	70	Siemens	
NEC2501-H	80～160	40	NEC	
CNY17-2	63～125	70	Motorola，Siemens，Toshiba	DIP-6
CNY17-3	100～200	70	Motorola，Siemens，Toshiba	
SFH600-1	63～125	70	Siemens，Isocom	
SFH600-2	100～200	70	Siemens，Isocom	
PC702V2	63～125	70	Sharp	
PC702V3	100～200	70	Sharp	
PC714V1	80～160	35	Sharp	
PC110L1	50～125	35	Sharp	
PC112L2	80～200	70	Sharp	
CN17G-2	63～125	32	Temic	
CN17G-3	100～200	32	Temic	
PC111L1	50～125	35	Sharp	DIP-6 (基極未引出)
PC113L2	80～200	70	Sharp	
CNY75GA	63～125	90	Temic	
CNY75GB	100～200	90	Temic	
MOC8101	50～80	30	Motorola，Isocom	
MOC8102	73～117	30	Motorola，Isocom	
MOC8103	108～173	30	Motorola，Isocom	
CNY17F-2	63～125	70	Siemens，Quality，Isocom	
CNY17F-3	100～200	70	Siemens，Quality，Technologies	
CNY75A	63～125	90	Temic	
CNY75B	100～200	90	Temic	

7.6　軟磁鐵氧體鐵心

在設計高頻變壓器時，必須正確選擇鐵心材料及鐵心的外形尺寸。若因鐵心材料選用不當，就會增大損耗，影響單晶片交換式電源的總體性能。鐵心尺寸偏小時會降低輸出功率；而鐵心尺寸過大，又會增加高頻變壓器的體積並造成浪費。

7.6.1　軟磁鐵氧體鐵心的性能與產品規格

經磁化後很容易退磁的磁性材料稱作軟磁性材料，其矯頑磁力很小。軟磁鐵氧體是磁性材料中的重要一類，其應用領域十分廣泛，例如交換式電源中的高頻變壓器鐵心，收音機中的磁性天線、中頻變壓器鐵心，錄影機磁頭，電視機偏向線圈的磁環等。

軟磁鐵氧體鐵心的產品繁多，形狀各異，可作如下分類：

1. 按形狀分類，主要有環形鐵心(簡稱磁環)，罐形鐵心(磁罐)，螺紋鐵心，管形鐵心，E 形、I 形、T 形、U 形、工字形、王字形、日字形。此外還有單孔、雙孔和多孔鐵心。將兩個 E 形鐵心對接起來，就構成 EE 型鐵心。若將 E 形鐵心與 I 形鐵心對接，則組成 EI 形鐵心。

2. 按工作頻率劃分，有低頻、中頻、高頻、甚高頻鐵心。

3. 按材料劃分，材料的型號如下：

   > MXO——錳鋅鐵氧體；
   > NXO——鎳鋅鐵氧體；
   > NQ——鎳鉛鐵氧體；
   > NGO——鎳鋅高頻鐵氧體；
   > GTO——甚高頻鐵氧體；

常見軟磁鐵氧體鐵心的材料性能見表 7.6.1。表中的居里溫度(T_C)是指當介質常數(現指電阻率)出現峰值時鐵電介質的溫度。由於 NQ、NGO、GTO 型軟磁鐵氧體材料的電阻率極高，接近於無窮大，故表中未列出具體數值。

表 7.6.1   幾種軟磁鐵氧體鐵心材料性能

鐵心型號	透磁率 $\mu/(H/m)$	居里溫度 $T_C/°C$	電阻率 $\rho/(\Omega \cdot cm)$	飽和磁通密度 B_S/mT	矯頑磁力 $I/(A/m)$	最高工作頻率 f_{max}/MHz
MXO-2000	2000	150	1×10^2	400	24	0.5
NXO-20	20	400	1×10^6	200	790	50
NQ-10	10	400	極高	180	2390	300
NGO-5	5	350	極高	60	3180	300
GTO-16	16	200	極高	200	500	700

　　單晶片交換式電源的工作頻率一般為幾十千赫至幾百千赫，可選MXO-2000型材料，其B-H曲線如圖7.6.1所示。由它製成的E型鐵心的外形如圖7.6.2所示。這種鐵心具有漏感小、磁耦合性能好、繞製方便等優點。大陸製E型鐵心部分產品的規格見表7.6.2。表中，S_J為鐵心有效截面積，D為鐵心厚度，有公式

$$S_J = C \cdot D \tag{7.6.1}$$

式中，C為舌寬(mm)，S_J的單位取cm^2。

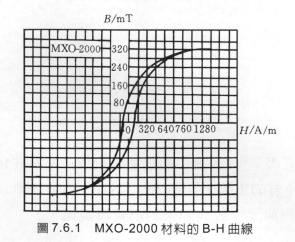

圖 7.6.1　MXO-2000 材料的 B-H 曲線　　　　　圖 7.6.2　E 型鐵心的外形

表 13.6.2　部分大陸製 E 型鐵心的尺寸規格

產品型號[①]	外形尺寸/mm[②]						鐵心截面積 S_J/cm²
	A	B	C	h	H	D	
E-16	16	12	4	6	8	4.5	0.18
E-19	19	14	4	6	7	5	0.20
E-25	25	19	7	13	17	6	0.42
E-28	28	19	7.5	8	17	10.5	0.78
E-30	30	20	11	17	21	10.5	1.15
E-35	35	25	10	18	20	10	1.00
E-40	40	28	12	21	27	11.5	1.38
E-50	50	34	15	24.5	33	15	2.25
E-60	60	44	16	36	28	16	2.56

①除表中所列型號之外，還有 E-12、E-20 等多種型號。

②外形尺寸允許有一定偏差，另外大陸製新、舊型號中所規定的外形尺寸有很大差異。例如舊型號中
　E 後面的數字代表舌寬，並且用 A 表示舌寬尺寸。

　　EI 型鐵氧體鐵心的外形如圖 7.6.3 所示，其外形尺寸見表 7.6.3。

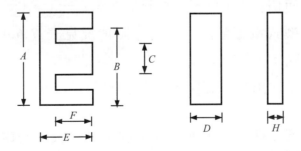

圖 7.6.3　EI 型鐵氧體鐵心的外形

表 7.6.3　EI 型鐵心的尺寸規格

部分產品型號	外形尺寸(mm)[①]						
	A	*B*	*C*	*D*	*E*	*F*	*H*
EI30	30	19	11	11	21	16	5.5
EI40	40	27	12	12	27	21	7.5
EI50	50	34	15	15	33	24.5	9
EI60	60	44	16	16	36	28	8.5

①*B*為最小尺寸，*E*為參考尺寸。

7.6.2　單晶片交換式電源中高頻變壓器鐵心的選擇

高頻變壓器的最大承受功率P_M與鐵心截面積S_J(單位是cm²)之間存在下述經驗公式：

$$S_J = 0.15\sqrt{P_M} \tag{7.6.2}$$

式中P_M的單位取 W。舉例說明，某單晶片交換式電源的額定輸出功率為 55W，設交換式電源的效率$\eta = 70$％，則高頻變壓器的額定輸入功率$P_I = 55W \div 70$％$= 78.6W$。實取 PM $= 80W$，代入(7.6.2)式中求出$S_J = 1.34cm^2$。可選擇 E-40 型鐵心，其鐵心截面積為 1.38cm²，參見表 7.6.2。

鐵心型號與交換式電源輸出功率的對照情況見表 7.6.4，可供選擇鐵心時參考。需要說明兩點：

1. 表中給出的是輸出功率範圍，在此範圍內，P_O愈大，鐵心尺寸也要相對應增加。
2. 在同樣情況下，採用三重絕緣線可選擇尺寸較小的鐵心，以減小高頻變壓器的體積。

表 7.6.4 輸出功率與鐵心型號對照表

輸出功率範圍 P_O/W	鐵氧體鐵心的型號	
	用典型漆包線繞製	用三重絕緣線繞製
0～10	EE20 EF20 EEL16 或 EEL19 EPC25 EPD25	EE16 或 EE19 EI16 或 EI19 EFD15 EF16 EPC17
10～20	EE22 EE25 EEL19 EPC25 EPD25	EE19 或 EE20 EI19 或 EI22 EPC19 EF20 EFD20
20～30	EE28 或 EE30 EI30 EF30 EFD30 EPC30 EER28 ETD29	E24 或 E25 EI25 或 EI28 EF25 EFD25 EPC25
30～50	EE30 或 EE35 EER28、EER28L 或 EER35 EI30 ETD29	EI28 或 EI30 EF30 EER28 ETD29
50～70	EE40 ETD34 或 ETD39 EER35	EE35 EI35 EER35 ETD34
70～100	EE40 或 EE45 ETD39 EER40 E21	EE40 EI40 ETD34 EER35 E21

7.7 超微晶鐵心及其應用

超微晶(nanocrystalline)亦稱奈米非晶，它是一種新型磁性材料。超微晶鐵心具有高透磁率、高矩形比、鐵心損耗低、高溫穩定性好等優點而倍受人們青睞。下面以德國 VAC 公司生產的鐵基超微晶鐵心 VITROPERM 500F、鈷基超微晶鐵心 VITROVAC 6025Z 為例，介紹其性能特點以及在交換式電源中的應用。

7.7.1 超微晶鐵心的主要特點

VITROPERM 500F 鐵基超微晶鐵心具有以下特點：

1. 極高的初始透磁率，$\mu = 30000 \sim 80000$，且透磁率隨磁通密度和溫度的變化非常小。
2. 鐵心損耗極低，並且在 $-40 \sim +120°C$ 範圍內不隨溫度而變化。
3. 非常高的飽和磁通密度($B_S = 1.2T$)，允許選擇較低的切換頻率，能降低交換式電源及 EMI 濾波器的成本。
4. 鐵心採用環氧樹脂封裝，機械強度高，無磁滯伸縮現象，能承受強振動。
5. 可取代傳統的鐵氧體鐵心以減小交換式電源的體積，提高可靠性。

幾種常用磁性材料的性能比較見表 7.7.1。超微晶鐵心的型號很多，所傳輸的功率可從 50 W 到 11kW。

表 7.7.1 幾種常用磁性材料的性能比較性

性能指標		磁性材料		MnZn 鐵氧體	坡莫合金
		超微晶			
		鐵基超微晶	鈷基超微晶		
透磁率/μ	10kHz	≥ 50000	90000	2300	20000
	100kHz	$16000 \pm 30\%$	18000	2300	
飽和磁感應度B_S/T		1.35	0.53	0.51	0.8
剩餘磁感應強度B_r/T		$0.6B_S$	$0.5B_S$	$0.2B_S$	$0.5 \sim 0.9B_S$
矯頑磁力H_C/(A/m)		1.3	0.32	8.0	2.5
功率消耗/(W/Kg)		3	5	17	14
居里溫度T_C/°C		600	210	215	400
密度/(g/cm³)		7.4	7.7	4.9	8.7

7.7.2　超微晶鐵心在交換式電源中的應用

1.　超微晶鐵心材料在高頻變壓器中的應用

目前，高頻變壓器一般選用鐵氧體鐵心。VITROPERM 500F 鐵基超微晶鐵心與德國西門子公司生產的N67系列鐵氧體鐵心的性能比較，如圖 7.7.1 所示。(a)圖為透磁率的相對變化率與溫度的關係曲線；(b)圖為磁感應強度(**B**)與矯頑磁力(**H**)的關係曲線；(c)圖則為損耗-溫度曲線。由(a)圖可見，超微晶鐵心的導磁率隨溫度的變化量遠遠低於鐵氧體鐵心，可提高交換式電源的穩定性和可靠性。由(b)圖可見，超微晶鐵心的 μB 乘積比鐵氧體鐵心高許多倍，這意味著可大大減小高頻變壓器的體積及重量。由(c)圖可見，當溫度發生變化時，超微晶鐵心的損耗遠低於鐵氧體鐵心。此外，鐵氧體鐵心的居里點溫度較低，在高溫下容易退磁。

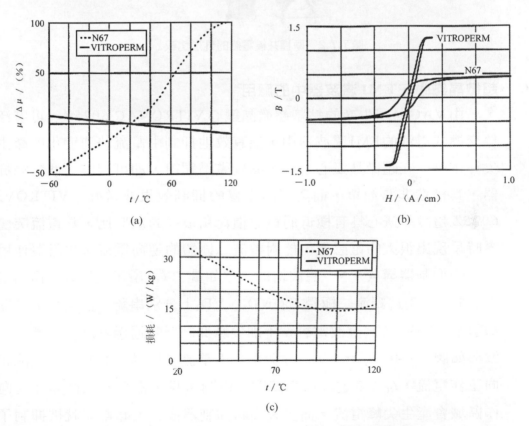

(a)μ-T 曲線；(b)B-H 曲線；(c)損耗-溫度曲線

圖 7.7.1　微晶鐵心與鐵氧體鐵心的性能比較

若採用超微晶鐵心製作變壓器，即可將工作時的磁感應強度變化量從 0.4T 提高到 1.0T，使功率切換電晶體的工作頻率降低到 100kHz 以下。

2.　超微晶鐵心在共模電感中的應用

採用超微晶鐵心製作共模電感(亦稱共模扼流圈)時，只需繞很少的匝數，即可獲得很大的電感量，從而能降低銅損，節省線材，減小共模電感的體積。用超微晶鐵心製成的共模電感具有很高的共模插入損耗，能在很寬的頻率範圍內對共模干擾產生了抑制作用，因而不需要使用複雜的濾波電路。分別用鐵氧體鐵心、超微晶鐵心製成共模電感，二者的外形比較如圖 7.7.2 所示。

鐵氧體鐵心  VITROPERM鐵心

圖 7.7.2　兩種共模電感的外形比較

3.　超微晶鐵心在 EMI 濾波器中的應用

由 VAC 公司生產的鈷基超微晶鐵心 VITROVAC 6025Z，可廣泛用於交換式電源的 EMI 濾波器中，能有效地抑制由電流快速變化所產生的尖峰電壓。在超微晶鐵心上繞一圈或幾圈銅線，即可製成一個尖峰抑制器，其構造非常簡單，而對雜訊干擾的抑制效果非常好。VITROVAC 6025Z 超微晶鐵心具有極低的鐵心損耗和很高的矩形比，當電流突變為零時呈現出很大的電感量，能對整流二極體的逆向電流產生阻礙作用。由尖峰抑制器構成 EMI 濾波器的電路如圖 7.7.3 所示。VD_1 為輸出整流二極體，VD_2 為續流二極體。在 VD_1、VD_2 上分別串聯一個尖峰抑制器。L 為儲能電感，C 為濾波電容。不加尖峰抑制器時通過整流二極體的電流波形如圖 7.7.4(a)所示，I_F、I_R 分別代表整流二極體的順向工作電流和逆向工作電流，t_{rr} 代表逆向恢復時間。由圖可見，當整流二極體在逆向工作區域會產生尖峰電流。而接入尖峰抑制器後，尖峰電流就被抑制了，參見(b)圖。

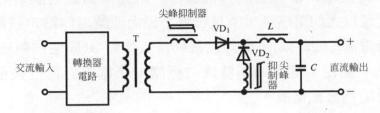

圖 7.7.3　由尖峰抑制器構成 EMI 濾波器的電路

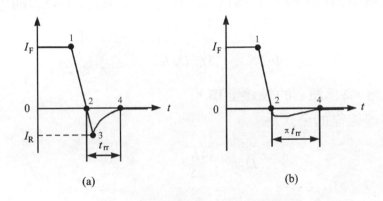

(a)不加尖峰抑制器；(b)加尖峰抑制器

圖 7.7.4　兩種情況下通過整流二極體電流波形的比較

　　尖峰抑制器典型的磁滯曲線如圖 7.7.5 所示。下面介紹尖峰抑制器的工作過程：在到達工作點 1 之前(電流導通時)，鐵心處於飽和狀態，具有非常低的電感量。當電流關斷時到達工作點 2(亦稱剩磁點)。由於整流二極體存在逆向恢

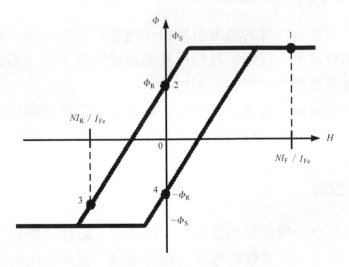

圖 7.7.5　尖峰抑制器的磁滯曲線

復時間，使得電流繼續沿著負的方向減小，但超微晶鐵心具有非常高的透磁率，這時會呈現很大的電感量，所以它就不經過理論工作點 3(該點本應對應於出現逆向尖峰電流I_R的時刻)，而是直接到達工作點 4(即逆向剩磁點)，然後又被磁化開始另一迴圈。這種抑制整流二極體尖峰電流的特性被稱之為"軟恢復"。圖中的I_{Fe}為激勵電流。

下面介紹設計尖峰抑制器的公式。若令整流二極體的逆向恢復時間為t_{rr}(單位取 s)，逆向電壓為U_R(V)，通過整流二極體的電流為I_F(A)，則尖峰抑制器必須滿足下述條件：

$$\Phi \cdot S \geq 1.5 t_{rr} \, U_R I_F \qquad (7.7.1)$$

式中，Φ為磁通，S為鐵心的繞線面積。

計算銅導線線徑的公式為

$$D = \sqrt{\frac{4 I_F}{\pi S}} \qquad (7.7.2)$$

D的單位是 mm。

所需繞製的匝數為

$$N > \pi t_{rr} U_R / \Phi \qquad (7.7.3)$$

7.8　漆包線與三重絕緣線

電磁線是一種帶絕緣層的導電金屬線，用於繞製電力頻率變壓器、高頻變壓器、電動機和發電機的繞組。其作用是通過電流來產生磁場或者是切割磁力線產生電流，實現電能與磁能的互相轉換。

電磁線分為漆包線、絲包線、無機絕緣電磁線和特種電磁線等多種類型。三重絕緣線則是新問世的一種高性能電磁線。

7.8.1　漆包線

漆包線的表面有一層均勻的漆膜，光滑柔軟，絕緣性能好，便於手工或自動化繞製，成本低廉。漆包線的線徑均指裸導線。目前常用的大多屬高強度漆包線(QQ 型)。

　　國內外漆包線規格見表 7.8。中國採用公制線規。表中的 AWG 爲美制線規，SWG爲英制線規，注意其線號愈大，導線愈細。歐美國家常用"圓密耳"作導線橫截面積單位，換算關係爲 1mm² ＝ 1980 圓密耳。

表 7.8　國內外漆包線的規格

公制裸線線徑[①] /mm	近似美制線規 AWG	近似英制線規 SWG	QQ-1 型最大外徑 /mm	裸線橫截面積 /mm²	每釐米可繞匝數[②] /(匝/cm)
0.050	43	47	0.065	0.00196	153.8
0.060	42	46	0.080	0.00283	125.0
0.070	41	45	0.090	0.00385	111.1
0.080	40	44	0.100	0.00503	100.0
0.090	39	43	0.110	0.00636	90.9
0.100	38	42	0.125	0.00785	80.0
0.110	37	41	0.135	0.00950	74.0
0.130	36	39	0.155	0.01327	64.5
0.140	35		0.165	0.01539	60.6
0.160	34	37	0.190	0.02011	52.6
0.180	33		0.210	0.02545	47.6
0.200	32	35	0.230	0.03142	43.4
0.230	31		0.265	0.04115	37.7
0.250	30	33	0.290	0.04909	34.3
0.290	29	31	0.330	0.06605	30.3
0.330	28	30	0.370	0.08553	27.0
0.350	27	29	0.390	0.09621	25.6
0.400	26	28	0.440	0.1257	22.7
0.450	25		0.490	0.1602	20.4
0.560	24	24	0.610	0.2463	16.3

表 7.8　國內外漆包線的規格(續)

公制裸線線徑[1]/mm	近似美制線規 AWG	近似英制線規 SWG	QQ-1 型最大外徑/mm	裸線橫截面積/mm²	每釐米可繞匝數[2]/(匝/cm)
0.600	23	23	0.650	0.2827	15.3
0.710	22	22	0.760	0.3958	13.1
0.750	21		0.810	0.4417	12.3
0.800	20	21	0.860	0.5027	11.6
0.900	19	20	0.960	0.6362	10.4
1.000	18	19	1.07	0.7854	9.3
1.250	16	13	1.33	1.2266	7.5
1.500	15		1.58	1.7663	6.3
2.000	12	14	2.09	3.1420	4.7
2.500			2.59	4.9080	3.8
3.00				7.0683	

[1]國外公制線徑還有 0.220、0.280、0.320、0.550(mm)等規格。
[2]僅對大陸製 QQ-1 高強度漆包線而言。

7.8.2　三重絕緣線

1.　三重絕緣線的結構特點

　　三重絕緣線(Triple Insulated Wire)是近年來國際上新開發的一種高性能絕緣導線。這種導線有三個絕緣層，中間是芯線。第一層是呈金黃色的聚醯胺薄膜，國外稱之為"黃金薄膜"，其厚度為幾個微米，卻可承受 3kV 的脈衝高壓；第二層為高絕緣性的噴漆塗層；第三層(最外層)是透明的玻璃纖維層。絕緣層的總厚度僅為 $20\sim100\mu m$。三重絕緣線適用於尖端技術、國防領域，製作微型電機繞組、小型化交換式電源的高頻變壓器繞組。其優點是絕緣強度高(任何兩層之間均可承受交流 3000V 的安全電壓)，不需要加阻擋層以保證安全邊距，也不用在級間繞絕緣膠帶層；電流密度大。用它繞製的高頻變壓器，比用漆包線繞製的體積可減小一半。三重絕緣線的質地堅韌，需加溫到200～300℃才能變軟，進行繞製。繞製完畢，遇冷後線圈即可自動成型。

三重絕緣線的結構分為三種：標準型、自黏接型、絞合線型。標準型結構的絕緣層材料可選軟鐵纖焊的聚酯類耐熱樹脂和聚酰胺類樹脂構成，具有良好的電氣性能，其結構如圖 7.8 所示。以日本古河電氣工業公司生

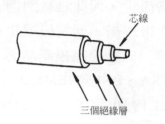

圖 7.8　標準型三重絕緣線的結構

產的UEW、TEX-E標準型三重絕緣線為例，其主要性能指標見表 7.8.2。自黏接型結構是在標準型的外側附加了自黏著層，適合於無線圈的骨架。絞合線型中的導線是多股絞合線，外側具有三個絕緣層，它適用於高頻領域。

表 7.8.2　UEW、TEX-E 標準型三重絕緣線的主要性能準則

三重絕緣線類型		UEW	TEX-E
尺寸/mm	導線直徑	0.400	0.400
	成品直徑	0.440	0.600
	被膜層厚度	0.020	0.100
絕緣崩潰電壓[共三層]/kV		11.0	> 19.1
耐電壓[1 分鐘，共三層]/kV		—	> 10.0
軟鐵焊所需焊接時間[420℃]/s		2.0	2.0
火花測試[3000V]/(個/30m)		4～15	0
軟化溫度/℃		270	231
單向磨損/N		14.31	19.31
往復磨損/次		60	285
耐化學性/混合二甲苯、苯乙烯		5H	3H

三重絕緣線特別適合於繞製小型化、高效率交換式電源中的高頻變壓器。以採用TEX-E的高頻變壓器為例，由於省去了層間絕緣帶，也不

必加阻擋層,因此它要比用漆包線繞製傳統變壓器的體積減小 1/2,而重量大約減小 2/3,可大大節省材料和加工費用。鑒於三重絕緣線的價格昂貴,因此它特別適合於繞製小型化單晶片交換式電源的高頻變壓器次級繞組,而初級繞組和回授繞組仍採用普通漆包線繞製。

三重絕緣線產品必須透過國際權威機構的安全性認證,例如 UL、CSA、BSI、NEMKO、VDE等認證。所使用的安全標準主要有IEC950、UL1950、CSA C22.2No. 950-95、EN60950A3(A4)、HD195S6。

2.　三重絕緣線的產品分類

TEX-E 標準型三重絕緣線的產品分類見表 7.8.3。

表 7.8.3　TEX-E 標準型三重絕緣線的產品分類

導線直徑 /mm	容許公差 /mm	成品標稱外徑 /mm	成品最大外徑 /mm	導線電阻 /(Ω/km)	重量/(kg/km)
0.20	±0.008	0.400	0.417	607.6	0.398
0.22	±0.008	0.420	0.437	498.4	0.465
0.24	±0.008	0.440	0.457	416.2	0.537
0.26	±0.010	0.460	0.477	358.4	0.616
0.28	±0.010	0.480	0.497	307.3	0.697
0.30	±0.010	0.500	0.520	262.9	0.786
0.35	±0.010	0.550	0.570	191.2	1.033
0.40	±0.010	0.600	0.625	145.3	1.316
0.50	±0.010	0.700	0.725	91.43	1.985
0.60	±0.020	0.800	0.825	65.26	2.793
0.70	±0.020	0.900	0.925	47.47	3.741
0.80	±0.020	1.000	1.030	36.08	4.829
0.90	±0.020	1.100	1.130	28.35	6.056
1.00	±0.030	1.200	1.230	23.33	7.422

3.　三重絕緣線的使用注意事項

(1)　存放及使用環境

　　三重絕緣線存放條件是環境溫度為−25〜30℃，相對濕度為 5 ％〜75％，保存期為一年。禁止在高溫、高濕度、日光直射、粉塵環境下存放三重絕緣線。對超過保管期的三重絕緣線，必須重新做絕緣崩潰電壓、耐壓、可繞性等測試，方可使用。

(2)　繞線時的注意事項

①　三重絕緣線是靠被膜來強化絕緣的。若被膜因受機械應力或熱應力而發生嚴重變形、損傷時，安全性標準就無法保證。

②　變壓器骨架上不得有毛刺，接觸導線的拐角部分要圓滑(形成倒角)。出線嘴的內徑應為導線外徑的 2〜3 倍。

③　切斷的導線末端十分銳利，不要貼近導線被膜。

(3)　剝離被膜的方法

　　剝離被膜時需採用專用的三重絕緣線剝膜機或可調式剝膜儀等設備。其特點是一邊熔化被膜，一邊進行剝離工作，因此不會損傷導線。如果使用普通的電線剝膜機來剝除絕緣被膜，導線有可能被拉細甚至被拉斷。

(4)　焊接裝置

　　焊接三重絕緣線的裝置有兩種。一種是靜止式軟鐵料槽，適於焊接ϕ0.40mm以下的三重絕緣線。軟鐵焊時在軟鐵料槽中準位移動並震動線圈骨架，就能在短時間內完成焊接工作。為防止在軟鐵料槽中長時間浸漬而將被膜熔化，亦可採用重複2〜3次焊接的方法。另一種焊接裝置是帶風冷的噴射式軟鐵料槽，能同時進行多個線圈骨架的焊接，適合大批量生產。

參考文獻

1.　沙占友，新編實用數位化測量技術，北京：國防工業出版社，1998.1

2.　沙占友，新型特種整合電源及應用，北京：人民郵電出版社，1998.3

3.　沙占友，類比與數位萬用表檢測及應用技術，北京：電子工業出版社，2000.5

4.　徐德高等，脈寬調變轉換器型穩壓電源，北京：科學出版社，1983.6

5.　葉慧貞等，開關穩壓電源，北京：國防工業出版社，1993

6.　曲學基等，穩定電源實用手冊，北京：電子工業出版社，1994.11

7.　趙效敏譯，交換式電源設計手冊，八四一研究所情報資料室，1990.10

8.　Power Integrations，Inc.Supplemental Data Book and Design Guide, 1998

9.　PI 公司產品手冊，1999～2000

10.　Motorola 公司產品手冊，1999

11.　SGS-Thomson 公司產品樣本，1995

12.　沙占友，單晶片開關式整合穩壓器的原理及應用，電測與儀錶，1990.No8

13.　沙占友，電源雜訊濾波器，自動化儀錶，1991.No9

14.　沙占友，小功率線性穩壓電源的最佳化設計，電子技術，1997.No1

15.　沙占友，交換式電源的電路設計，電氣自動化，1997.No3

16.　沙占友，王彥朋，筆記型電腦交換式電源的電路設計，今日電子，1997.No8

17.　沙占友，高效率脈波頻率調變式交換式電源，積體電路通訊，1997.No3

18.　沙占友，電磁相容性設計與測量，電子測量技術，1997.No4

19.　沙占友，單晶片交換式電源的發展及其應用，電子技術應用，2000.No1

20.　沙占友，張英，李春明，王曉君，單晶片交換式電源電磁干擾的分析及抑制方法，全國第六屆電子測量與儀器學術會議論文，電子測量與儀器學報，2000 增刊

21.　沙占友，劉勇，安兵菊，AC/DC 交換式電源模組的電路設計，電測與儀錶，1999.No9

22.　沙占友，王曉君，唱春來，李春明，單晶片 AC/DC 變換式精密交換式電源，電子技術應用，1999.No12

23.　沙占友，王曉君，唱春來，自恢復保險絲的原理與應用，電工技術，2000.No1

24. 沙占友，單晶片整合精密交換式電源模組的設計，積體電路通訊，2000.No2

25. 龐志鋒，沙占友，張蘇英，A Study of the Control System with Intelligent Temperature Sensors, ICEMI'99 Harbin China, 1999.8(ISTP 收錄)

26. 沙占友，唱春來，陳書旺，王彥朋，真有效值數字儀錶的設計，CTC' 2000 全國測試學術會議論文集，北京，電子測試增刊，2000.10

27. 沙占友，張英，唱春來，王彥朋，三端單晶片交換式電源的原理與應用，電測與儀錶，2000.No7

28. 沙占友，王彥朋，武衛東，TinySwitch 單晶片交換式電源的原理與應用，電子技術，2000.No10

29. 沙占友，王曉君，唱春來，MC33370 系列單晶片交換式電源的原理與應用，儀錶技術，2000.No5

30. 沙占友，單晶片交換式電源的原理，電工技術，2000.No9

31. 沙占友，王彥朋，張英，單晶片交換式電源的快速設計法，電源應用技術，2000.No9

32. 沙占友，王彥朋，手機鎳氫電池快速充電器，中國電源，2000.No3

33. 沙占友，龐志鋒，武衛東，多通道輸出式單晶片交換式電源的電路設計，電源技術應用，2000.No10

34. 沙占友，睢丙東，王彥朋，數位儀錶的線上測量技術，電工技術，1999.No11

35. 沙占友，積體電路發展的新趨向，積體電路通訊，1991.No3

36. 沙占友，王彥朋，唱春來，張英，單晶片交換式電源的電磁相容性設計，電測與儀錶，2000.No8

國家圖書館出版品預行編目資料

單晶片交換式電源：設計與應用技術 / 沙占友
　等編著. -- 初版. -- 臺北市： 全華，2006[
　民 95]
　　　面 ；　公分
　參考書目：面
　ISBN 978-957-21-5585-1(平裝附光碟片)
　1.積體電路 - 設計

448.62　　　　　　　　　　　　　　95020067

單晶片交換式電源-設計與應用技術
（附範例光碟片）

編　　著　沙占友 等

校　　訂　梁適安

執行編輯　巫柏彥

發 行 人　陳本源

出 版 者　全華科技圖書股份有限公司

地　　址　104 台北市龍江路 76 巷 20 號 2 樓

電　　話　（02）2507-1300　（總機）

傳　　眞　（02）2506-2993

郵政帳號　0100836-1 號

印 刷 者　宏懋打字印刷股份有限公司

圖書編號　05863007

初版一刷　2006 年 12 月

定　　價　新台幣 450 元

I S B N　978-957-21-5585-1(平裝附光碟片)

I S B N　957-21-5585-7

全華科技圖書
www.chwa.com.tw
book@ms1.chwa.com.tw

全華科技網 OpenTech
www.opentech.com.tw

有著作權·侵害必究